Florian Sass

Beitrag zur Systemsicherheit durch kurative Maßnahmen von HGÜ-Systemen

Ilmenauer Beiträge zur elektrischen Energiesystem-, Geräte- und Anlagentechnik (IBEGA)

Herausgegeben von
Univ.-Prof. Dr.-Ing. Dirk Westermann
(Fachgebiet Elektrische Energieversorgung) und
Univ.-Prof. Dr.-Ing. Frank Berger
(Fachgebiet Elektrische Geräte und Anlagen)
an der Technischen Universität Ilmenau.

Band 24

Florian Sass

Beitrag zur Systemsicherheit durch kurative Maßnahmen von HGÜ-Systemen

Universitätsverlag Ilmenau
2019

Impressum

Bibliografische Information der Deutschen Nationalbibliothek
Die Deutsche Nationalbibliothek verzeichnet diese Publikation in der Deutschen Nationalbibliografie; detaillierte bibliografische Angaben sind im Internet über http://dnb.d-nb.de abrufbar.

Diese Arbeit hat der Fakultät für Elektrotechnik und Informationstechnik der Technischen Universität Ilmenau als Dissertation vorgelegen.

Tag der Einreichung:	7. Mai 2018
1. Gutachter:	Univ.-Prof. Dr.-Ing. Dirk Westermann (Technische Universität Ilmenau)
2. Gutachter:	Univ.-Prof. Dr.-Ing. Matthias Luther (Friedrich-Alexander-Universität Erlangen-Nürnberg)
3. Gutachter:	Hon.-Prof. Dr.-Ing. Rainer Krebs (Siemens AG)
Tag der Verteidigung:	23. November 2018

Technische Universität Ilmenau/Universitätsbibliothek
Universitätsverlag Ilmenau
Postfach 10 05 65
98684 Ilmenau
http://www.tu-ilmenau.de/universitaetsverlag

ISSN 2194-2838
ISBN 978-3-86360-195-9 (Druckausgabe)
URN urn:nbn:de:gbv:ilm1-2018000511

Danksagung

Mein besonderer Dank gilt zunächst meinem Doktorvater Herrn Univ.-Prof. Dr.-Ing. Dirk Westermann für die vergangenen Jahre, die von persönlicher Betreuung, entgegengebrachtem Vertrauen und einem hohen Maß an Freiheit geprägt waren. Herrn Univ.-Prof. Dr.-Ing. Matthias Luther und Herrn Hon.-Prof. Dr.-Ing. Rainer Krebs danke ich ebenfalls für die Übernahme des Koreferats und für ihre wertvollen Hinweise.

Für meine fachliche und persönliche Entwicklung war die Phase der Promotion von sehr großer Bedeutung. Dies habe ich insbesondere meinem Kollegium, aber auch allen Partnern aus Industrie und Wissenschaft zu verdanken. Vielen Dank für den intensiven Austausch, der mich bei der Anfertigung dieser Arbeit unterstützt hat.

Nicht zuletzt bedanke ich mich bei meiner Familie, meiner Partnerin und meinen Freunden für die Unterstützung in den zurückliegenden Jahren, sowie für all ihre großen und kleinen, offensichtlichen und versteckten Beiträge.

Kurzfassung

Das europäische Energiesystem unterliegt derzeit einem strukturellen Wandel. Auslöser sind der verstärkte Zubau erneuerbarer Energieträger und ein sinkender Einsatz der konventionellen verbrauchernahen Kraftwerke. Um den steigenden Leistungstransiten begegnen zu können, sind Netzausbaumaßnahmen geplant, die auch den Einsatz der Hochspannungs-Gleichstrom-Übertragung (HGÜ) umfassen. Diese basieren auf der Technologie selbstgeführter Umrichter, sog. Voltage Source Converter (VSC). Da der erforderliche Netzausbau nicht ausreichend schnell erfolgen kann, erreichen einige Netzabschnitte einen hohen Wert der Auslastung. Um Überlastungen, Verletzungen der Systemsicherheit und einer Gefährdung der Versorgungssicherheit vorzubeugen, müssen die Übertragungsnetzbetreiber im Rahmen des Engpassmanagements zunehmend auf kostenintensive Redispatch-Maßnahmen zurückgreifen.

Ein koordinierter Einsatz kurativer Maßnahmen innerhalb des Netzbetriebs stellt derzeit einen relevanten Untersuchungsgegenstand dar, da kurative Maßnahmen eine senkende Wirkung auf den Redispatch-Aufwand versprechen. Das zukünftige Vorhandensein von HGÜ-Systemen – zunächst als Einzelverbindungen, perspektivisch auch als Overlay-Netz – bietet neue Freiheitsgrade innerhalb der Netzbetriebsführung, die auch zur Erbringung kurativer Maßnahmen genutzt werden können. Wie diese den unterschiedlichen Phänomenen der Systemsicherheit zugeordnet werden können, wird in dieser Arbeit beschrieben. Der Hauptbeitrag liegt im Entwurf eines Verfahrens zur automatisierten Ausführung eventbasierter kurativer Arbeitspunktanpassungen von HGÜ-Systemen zur Behebung unzulässiger Betriebszustände durch Verletzungen der Betriebsmittelauslastungen und Knotenspannungen. In Anlehnung an existierende Ansätze zur automatisierten Ausführung kurativer Maßnahmen, sog. Remedial Action Schemes, wird das in dieser Arbeit vorgestellte Verfahren als HGÜ-RAS betitelt.

Die Umsetzung erfordert eine Identifikation kritischer Events, eine systemweite Koordination der Arbeitspunktänderungen, sowie einen geeigneten Ansatz zur netzverträglichen Ausführung dieser. Die Anforderungen werden durch drei Komponenten (Identifikation, Berechnung und Aktivierung) umgesetzt, die auch außerhalb des HGÜ-RAS in ähnlichen Problemstellungen Anwendung finden können. Der Methodenentwurf erfolgt unter stetiger Berücksichtigung von – aus Sicht der Übertragungsnetzbetreiber – interessanten Aspekten, um eine mögliche Einbindung in den bestehenden Netzbetrieb zu ermöglichen.

Die Realisierbarkeit und Umsetzung der einzelnen Komponenten, sowie des gesamten HGÜ-RAS werden durch stationäre und dynamische Betrachtungen bewiesen. Dazu wird ein geeignetes AC-HGÜ-Benchmarknetz entworfen. Alle Betrachtungen erfolgen zunächst für ein vermaschtes HGÜ-Netz, können aber, wie in einem zusätzlichen Fallbeispiel gezeigt, auf einzelne HGÜ-Verbindungen übertragen werden. Die vorgestellte Methode schafft ein Werkzeug zur Erweiterung der bestehenden Netzbetriebsführung.

Abstract

Europe's electrical energy system is currently undergoing a structural change. This is triggered by the increased expansion of renewable energy sources and a decline in the use of conventional power plants nearby to consumers. Grid expansion measures which apply high-voltage direct current (HVDC) transmission, based on VSC technology, can be taken to counter rising power transits. Since the required network expansion is not able to be realized in due time, some network sections experience a high load factor. Transmission system operators increasingly have to apply cost-intensive redispatch measures to prevent congestion, system security violations and threats to supply security.

A coordinated use of corrective measures within the network operation is currently a relevant object of investigation, since this promises to reduce the redispatch volume. The future existence of VSC-based HVDC systems – initially applied as individual connections, but which can also, in time, form part of its own network– offers a new degree of freedom, as well as to provide corrective measures How these can be assigned to the different phenomena of system security is taken up in this work. This work's main contribution lies in the design of a method for the execution of event-based corrective operating point adjustments of a VSC-HVDC system to eliminate impermissible AC equipment load level and node voltages.

The proposed HVDC-RAS method is considered an innovative approach in transmission system operation. Implementing this approach relies on the identification of critical events, system-wide coordination of operating point adaptation, and a suitable approach for their execution respecting system stability. The requirements are addressed by three components (identification, calculation and execution), which can also be applied more broadly, outside of the HVDC-RAS framework. For this approach to be effectively realised and integrated into an existing grid operation, the method design is carried out under constant consideration of key aspects for transmission system operators.

The feasibility of the individual components as well as the entire HVDC-RAS is determined by steady-state and dynamic simulations. For this purpose, a suitable AC HVDC benchmark network is designed. All considerations are initially made for a meshed HVDC network superimposed on the AC network, but can, as shown in a case study, be transferred to individual HVDC links. The presented method provides corrective measures and can be considered a tool for the extension of the existing system operation.

Inhaltsverzeichnis

1 Einleitung und Motivation ... 1
1.1 Erweiterung der Netzbetriebsführung um kurative Maßnahmen ... 3
1.2 HGÜ-Overlay-Netze als Zukunftsperspektive ... 5
1.3 Struktur der Arbeit und Forschungsfragen ... 7
1.4 Begrifflichkeiten und Annahmen ... 9
2 Stand der Forschung und Technik ... 10
2.1 Verwandte Forschungsaktivitäten ... 10
2.2 Netzbetrieb nach ENTSO-E ... 11
2.2.1 Special Protection Schemes und Remedial Action Schemes ... 12
2.2.2 Systemsicherheit ... 13
2.2.3 Netzbetriebsführung ... 15
2.3 Unterstützung der Netzbetriebsführung durch HGÜ-Systeme ... 17
2.3.1 Kontinuierliche Anpassungen der Umrichter-Arbeitspunkte ... 17
2.3.2 Eventbasierte Anpassungen der Umrichter-Arbeitspunkte ... 18
2.3.3 Modulation der Umrichter-Arbeitspunkte ... 19
2.3.4 Gap-Analyse ... 21
2.4 Beobachtung und Erkennung des Systemzustandes ... 22
2.4.1 Detektion, Klassifikation, Identifikation von Events innerhalb des AC-Systems ... 23
2.4.2 Methoden zur Feature Extraction ... 27
2.4.3 Anwendungsgebiete der Erkennung von Events ... 28
2.5 Zusammenfassung ... 29
3 Methodenentwurf HGÜ-RAS ... 31
3.1 Aufbau und Struktur des HGÜ-RAS ... 34
3.2 Netzsicherheitsrechnung im HGÜ-RAS ... 37
3.3 Identifikation des Systemzustands im HGÜ-RAS ... 38
3.3.1 Beispielhaftes Verfahren zur Feature Extraction ... 40

3.3.2 Anwendung der Identifikation mittels Feature Extraction für AC-Systeme 42
3.3.3 Robustheitsanalyse 46
3.3.4 Interaktion mit dynamischem Verhalten der HGÜ-Umrichter 49
3.3.5 Erweiterung um dezentrale / zentrale Instanzen 50
3.3.6 ÜNB-Perspektive: Bereitstellung dynamischer Daten und Modelle 50
3.4 Berechnung kurativer Arbeitspunkte im HGÜ-RAS 51
3.4.1 C-SCOPF für vermaschte HGÜ-Netze 52
3.4.2 Erweiterter C-SCOP zur Umsetzung des HGÜ-RAS 55
3.4.3 Umsetzung des C-SCOPF für HGÜ-RAS 58
3.4.4 Regelzonenübergreifende Koordination der C-SCOPF-Berechnung 60
3.5 Aktivierung kurativer Arbeitspunkte im HGÜ-RAS 60
3.5.1 Leistungsgradient und Einfluss auf AC-Stabilität 62
3.5.2 Schnittstelle zur lokalen Umrichter-Regelung 64
3.5.3 Zeitversetzte Aktivierung der kurativen AP 69
3.6 Implementierung des HGÜ-RAS in den Netzbetrieb 69
3.7 Zusammenfassung der Methodenentwicklung 71
4 Design der numerischen Fallstudien 73
4.1 Stationäre Betrachtungen 73
4.1.1 Anforderungsanalyse 73
4.1.2 Bekannte Benchmarknetze 74
4.1.3 AC-HGÜ-Benchmarknetz 76
4.2 Modelle für dynamische Zeitreihensimulation 79
4.2.1 AC-Dynamik: Synchronmaschine 4ter Ordnung 80
4.2.2 Multilevel Voltage Source Converter 83
4.3 Untersuchungsszenarien 85
4.3.1 Base Case 86
4.3.2 Sonderfall parallele HGÜ-Verbindungen 87
5 Numerische Fallstudien 89

5.1 Identifikation des Systemzustandes ... 89
5.1.1 Allgemeine Leistungsfähigkeit ... 91
5.1.2 Parametervariation ... 93
5.1.3 Zwischenfazit zur Komponente Identifikation des Systemzustandes ... 95
5.2 Berechnung kurativer Arbeitspunkte ... 98
5.2.1 Stufe 1: Optimierung von Wirkleistung und DC-Spannung ... 100
5.2.2 Stufe 2: Optimierung von Wirk-, Blindleistung und DC-Spannung ... 103
5.2.3 Stufe 3: Optimierung an ausgewählten Umrichtern ... 105
5.2.4 Zwischenfazit zur Komponente Berechnung kurativer Arbeitspunkte ... 108
5.3 Aktivierung kurativer Arbeitspunkte ... 108
5.3.1 Einfluss der Leistungsgradienten auf Systemstabilität ... 109
5.3.2 Variantenvergleich zur lokalen Anpassung der Wirkleistung ... 113
5.3.3 Auswirkungen einer zeitversetzten Aktivierung der kurativen APs ... 116
5.3.4 Zwischenfazit zur Komponente Aktivierung kurativer Arbeitspunkte ... 117
5.4 Vollständige Erprobung des HGÜ-RAS ... 118
5.4.1 Ausfall AC-Leitung ... 119
5.4.2 Ausfall Kraftwerk ... 123
5.4.3 Ausfall HGÜ-Umrichter ... 125
5.4.4 Ausfall HGÜ-Verbindung ... 129
5.4.5 Zusammenfassung der Erprobung des HGÜ-RAS ... 131
6 Zusammenfassung und Ausblick ... 134
6.1 Beantwortung der Forschungsfragen ... 134
6.2 Ausblick ... 138
7 Literaturverzeichnis ... 140
A. Anhang ... 161
A.1 Lokale Spannungsregelung der VSC und DC-Stabilität ... 161
A.2 Differential Evolution zur Umsetzung eines C-SCOPF ... 162
A.3 Daten AC-HGÜ-Benchmarknetz ... 166
A.4 Parametervariation ... 170

A.5 Ergebnisse lokale Identifikation - Sonderfall 172

A.6 C-SCOPF Ergebnisse 172

B. Abkürzungsverzeichnis 179

C. Formelverzeichnis 180

D. Abbildungs- und Tabellenverzeichnis 182

1 Einleitung und Motivation

Das elektrische Energieversorgungssystem in Europa ist in seiner jetzigen Struktur das Produkt einer historischen Entwicklung. Ausgehend von der zunehmenden Elektrifizierung der Gesellschaft, bildeten zunächst einzelne Kraftwerke die Versorgungsmittelpunkte unabhängiger Netzinseln. Der stetig zunehmende Verbrauch gepaart mit neuen technischen Entwicklungen resultierte im weiteren Verlauf zu einer schrittweisen Kopplung der einzelnen Versorgungsgebiete. Das existierende Transportnetz (Netzebene 1: 380 kV/ 220 kV) diente somit zunächst der Bereitstellung von Regelleistung zwischen einzelnen Regelzonen und nicht einem ausgeprägten Leistungstransit über große Distanzen [1].

In den zurückliegenden Jahren führten der globale Klimawandel, schwindende fossile Ressourcen und wachsende Zweifel an der Kernenergie zu einem Umdenken der politischen Entscheidungsträger [2–5]. Dies mündet in einer Transformation des elektrischen Energiesystems. So erfolgt sowohl auf europäischer Ebene [6, 7], als auch auf nationaler Ebene [8] einen signifikant steigenden Einsatz erneuerbarer Energieträger (EE). Abb. 1.1 zeigt die wachsende EE-Erzeugung in Deutschland. Bei gleichbleibendem Bedarf nimmt diese einen wachsenden Anteil an der Gesamterzeugung ein. Die on- und offshore Windenergie stellt dabei mit einer installierten Leistung von 59,5 GW im Jahr 2018 [9] einen wesentlichen Anteil dar.

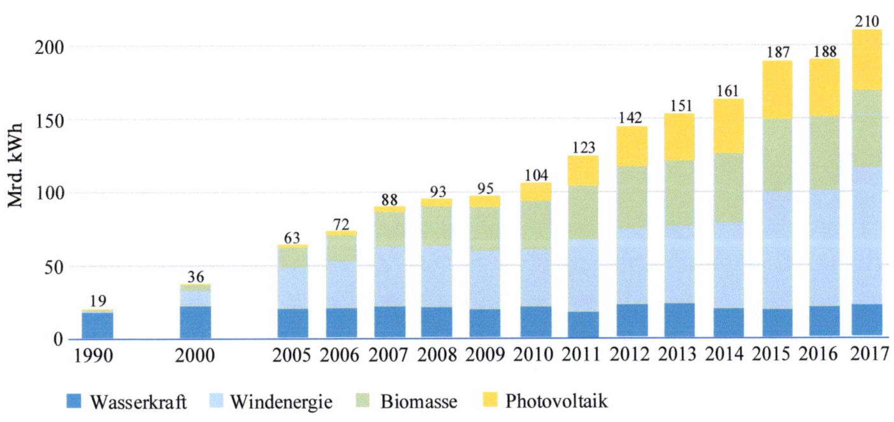

Abb. 1.1: Stromerzeugung in Mrd. kWh in Deutschland [8]

Die in Abb. 1.1 gezeigte Entwicklung führt zu einem regionalen Ungleichgewicht zwischen Erzeugung und Verbrauch, da die konventionellen Kraftwerke in Erzeugernähe, ein Großteil der EE-Potentiale aber in verbrauchsarmen Regionen zu finden sind (vgl. auch [10]). Dieser Umstand führt in Kombination mit der beschriebenen Netzstruktur vermehrt zu Engpässen innerhalb des Transportnetzes. Der im Rahmen des Bundesbedarfsplans [11] festgestellte Bedarf von Netzverstärkungs- bzw. Netzausbaumaßnahmen wird im sog.

Netzentwicklungsplan (NEP, [12]) beschrieben. Auf europäischer Ebene geschieht Ähnliches in Form des Ten-Year-Network-Development-Plan (TYNDP [13]). Trotz mehrerer Gesetzesinitiativen, darunter das Energieleitungsausbau- (EnLAG, [14]) und des Netzausbaubeschleunigungs-Gesetz (NABEG, [15]), wird die Umsetzung der geplanten Maßnahmen zur Steigerung der Transportkapazität verzögert [12, 16]. Die Verzögerungen führen dazu, dass der Ausbau der EE zu einem kritischen Faktor im Netzbetrieb wird. Um die Versorgungssicherheit zu gewährleisten und Netzengpässe zu vermeiden, greifen die Übertragungsnetzbetreiber vermehrt auf Redispatch-Maßnahmen zurück. Sowohl die Häufigkeit, als auch das Volumen der resultierenden Eingriffe in die Wirkleistungsarbeitspunkte nahmen in den letzten Jahren deutlich zu (siehe Abb. 1.2). Daraus erwächst ein Kostenaufwand, der über das Netzentgeld auf den Strompreis umgelegt wird. So beziffert beispielsweise die TenneT TSO GmbH den Kostenaufwand für Redispatch-Maßnahmen innerhalb der eigenen Regelzonen im Jahr 2017 auf über 1 Mrd. € [17].[1]

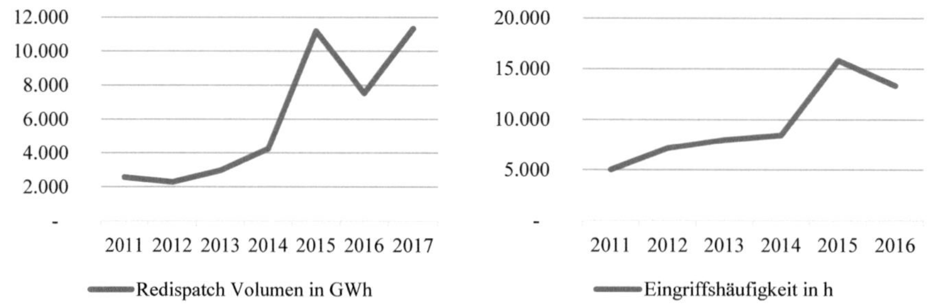

Abb. 1.2: Historische Entwicklung des Redispatch-Aufwandes (Einspeisemanagement, Strom- und Spannungsbedingter Redispatch) in Deutschland nach [18–20]

Um den Netzausbaubedarf innerhalb Deutschlands auf ein Mindestmaß zu begrenzen, wird das sog. ***NOVA-Prinzip*** (Netz-Optimierung vor -Ausbau, [12]) angewandt. Dieses priorisiert zur Erhöhung der Transportkapazität die Verstärkung und Optimierung bestehender Trassen gegenüber Neubaumaßnahmen. Mögliche Maßnahmen umfassen u. a. Leiterseil-Monitoring, oder den Umbau bestehender Wechselspannungs- zu Gleichspannungs-Verbindungen (siehe Abb. 1.3)

Die Auswirkung des NOVA-Prinzips, auf den Netzausbaubedarf und den Redispatch-Aufwand werden u. a. in einer von TenneT beauftragten Studie [21] untersucht und als positiv, jedoch nicht ausreichend bewertet. Das in Abb. 1.3 markierte Schlagwort ***Erweiterung des Netzbetriebs*** ist nach [12, 21] kein Teil des NOVA-Prinzips, kann aber aus der Perspektive der Netzbetriebsführung als logische Fortführung dessen angesehen werden.

[1] Aufgrund der geographischen Ausprägung des Verantwortungsbereichs der TenneT TSO GmbH (von Nord- bis Süddeutschland) entfällt auf diesen der größte Redispatch-Aufwand, weshalb TenneT derzeit einer besonderen Aufmerksamkeit ausgesetzt ist. Zahlen für alle vier ÜNB existieren dagegen leider nicht.

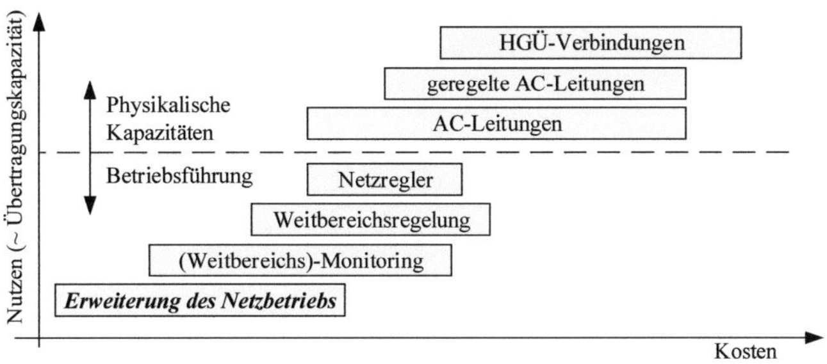

Abb. 1.3: Maßnahmen zur Erhöhung der nutzbaren Übertragungskapazität [22]

Neben einer Überschreitung der zulässigen Betriebsmittelauslastungen des Netzes führen das beschriebene regionale Erzeugungsungleichgewicht und der Wegfall rotierender Massen zu Stabilitäts- und Spannungshaltungsproblemen [23, 24]. Diese stellen ebenfalls eine Begrenzung der zulässigen Netzauslastung dar, die in manchen Fällen die Einschränkungen durch thermische Betriebsmittelgrenzen übersteigen [25]. Auch in diesen Fällen kann eine Erweiterung der Netzbetriebsführung den Redispatch-Aufwand zur Wahrung der Stabilität und Systemsicherheit reduzieren.

1.1 Erweiterung der Netzbetriebsführung um kurative Maßnahmen

Derzeit folgt der Netzbetrieb entsprechend der (n-1)-Sicherheit (siehe Abschnitt 2.2) einem präventiven Ansatz zur Wahrung der Systemsicherheit: Das System wird so betrieben, dass kein Ereignis zu einem Verlassen des zulässigen Zustands führt. Ein Abweichen davon erscheint möglich, wenn die beschriebene Wiederherstellung des zulässigen Systemzustandes innerhalb eines zu definierenden Zeitraums durch eine ***kurative Maßnahme*** sichergestellt wird. Der Begriff ***korrektive Maßnahmen*** wird häufig gleichwertig verwendet. Eine ENTSO-E Arbeitsgruppe kommt in [26] zu dem Schluss, dass der derzeitige Ansatz einer vollständigen (n-1)-Sicherheit unwirtschaftlich ist, wenn durch kurative Maßnahmen ein neues Instrument zur Wahrung der Balance von Wirtschaftlichkeit und Sicherheit eingeführt wird. Der regulatorische Rahmen nach ENTSO-E lässt eine derartige Erweiterung bereits jetzt zu (siehe Abschnitt 2.2). Auch auf Seiten der Netzbetreiber ist man sich der zukünftigen Relevanz kurativer Maßnahmen bewusst. So sieht beispielsweise TenneT diese zwar „noch nicht als Stand der Technik“ an, stuft die Vorgehensweise allerdings als „grundsätzlich interessante Option für die mittelfristige Zukunft“ ein [21]. Die vorangestellten Überlegungen gehen zurück bis in das Jahr 1997 [27].

Abbildung 1.4 beschreibt das Prinzip kurativer Maßnahmen anhand des Systemzustandes. Das Eintreten bestimmter Ereignisse führt zu einem Verlassen des zulässigen Systemzustandes, da definierte Kriterien (z. B. Bereiche der Frequenz, Spannung oder Betriebsmittelauslastung) verletzt werden. Das Ausführen einer geeigneten kurativen Maßnahme erlaubt eine Überführung des Systems zurück in einen zulässigen Zustand. In dieser Arbeit erfolgt eine Gliederung kurativer Maßnahmen in kontinuierliche und eventbasierte Vorgänge. Die Gruppe der kontinuierlichen Maßnahmen umfasst vereinfachend den erweiterten Einsatz von Reglern und Steuerungen, die eine kontinuierliche und automatisierte Unterstützung des betrachteten AC-Systems gewährleisten. So ermöglichen beispielsweise leistungselektronische Betriebsmittel aufgrund ihrer kurzen Antwortzeiten durch den Einsatz geeigneter Regler eine aktive Adressierung unterschiedlicher Stabilitäts-Phänomene.

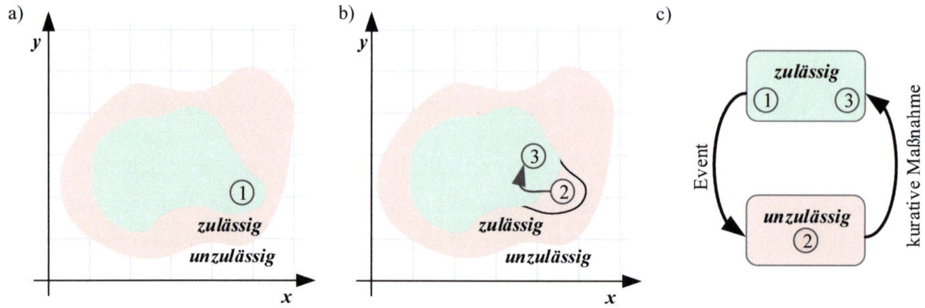

Abb. 1.4: Zustandsraumdarstellung a) vor und b) nach Eintritt eines Betriebsmittelausfalles inkl. Ausführung der kurativen Maßnahme; c) Zustandsgraph

Die Gruppe der eventbasierten kurativen Maßnahmen beschreibt dagegen einen gezielten Eingriff in das System nach Eintritt von bestimmten Ereignissen, wie Betriebsmittelausfälle und/oder signifikanten Änderungen von Erzeugung und Verbrauch. Sie umfassen nach [28, 29] prinzipiell alle Stellmöglichkeiten innerhalb des Systems, darunter Topologie-Änderungen, das Schalten von Shunt- und Serienkompensation, Last- und Erzeugungsabwurf oder Arbeitspunktänderungen von leistungsflusssteuernden Betriebsmitteln, wie ***Phase Shifting Transformer*** (PST) oder der ***Hochspannungs-Gleichstrom-Übertragung*** (HGÜ, Abschnitt 1.2). Ein automatisiertes Ausführen kurativer Maßnahmen firmiert nach bisheriger ENTSO-E Definition unter dem Begriff ***Special Protection Schemes*** (SPS, [26]). Die North American Reliability Coorperation (NERC) verwendet dagegen den Begriff der ***Remedial Action Schemes*** (RAS [30]). Bisher zur Anwendung kommende Ansätze umfassen dabei sämtliche Freiheitsgrade der Betriebsführung, darunter:

- Automatisierter Lastabwurf und Einspeisemanagement zur Engpassvermeidung [31–33];
- Automatisierter Lastabwurf [34] und Einspeisemanagement [35] zur Frequenzhaltung;
- Automatischer Lastabwurf zur Spannungshaltung [36];
- STATCOM-Arbeitspunktanpassung [37];
- Koordination von HGÜ-Arbeitspunkten [38–40];
- Schalten von Kompensationsanlagen [38, 41] und
- Topologie-Änderungen [39].

Der Einsatz kurativer Maßnahmen innerhalb der Netzbetriebsführung zur Erweiterung des präventiven Betriebsführungsregimes ist aktuell Gegenstand der Forschung. Durch eine geeignete Koordination muss klar sein, bei welchen Ereignissen die vorgesehenen RAS/SPS wirken und, ob sie geeignet sind, das System rechtzeitig in einen zulässigen Zustand zurückzuführen. Für alle nichtzutreffenden Fälle bleiben präventive Anpassungen (u. a. Redispatch) erforderlich. Zudem ist zur Gewährleistung der Systemsicherheit ein erfolgreiches Auslösen der vorgesehenen SPS/RAS sicherzustellen.

1.2 HGÜ-Overlay-Netze als Zukunftsperspektive

Der durch den in Deutschland eingeführten Netzentwicklungsplan Strom (NEP) beschriebene Ausbau des Übertragungsnetzes wird zukünftig nicht nur durch die konventionelle AC-Technologie erfolgen, sondern auch durch HGÜ-Verbindung auf Basis selbstgeführter Umrichter. Die dabei eingesetzte Technik der Voltage Source Converter (VSC) erlaubt eine getrennten Bereitstellung von Wirk- und Blindleistung (siehe u. a. [42]). In Deutschland befinden sich, neben den bereits bestehenden offshore HGÜ-Anbindungen zur Integration von Windenergie, derzeit die ersten onshore Verbindungen entweder in der Umsetzung (Ultranet) oder in der Planung (Südlink). Diese und weitere geplante Verbindungen sind in Abb. 1.5 abgebildet.

a) b)

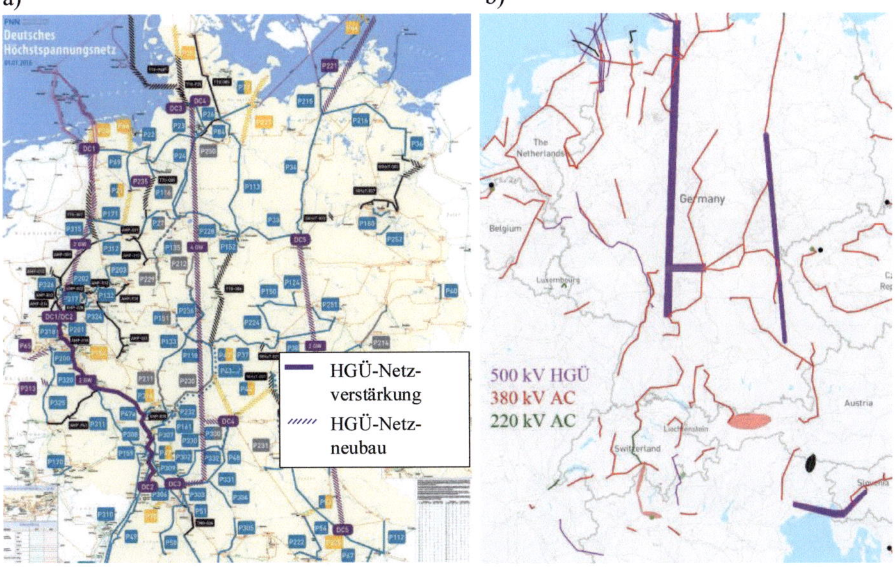

Abb. 1.5: HGÜ-basierter Netzausbau nach a) NEP 2030, Stand 2017 (DC-Szenarien I) [12] und b) ENTSO-E TYNDP, Stand 2018 [13]

Die einzelnen HGÜ-Verbindungen können perspektivisch zu einem vermaschten HGÜ-Netz zusammengeführt werden. Die Perspektive eines dem bestehenden AC-Netz überlagerten HGÜ-Netz wird in mehreren Studien erwähnt (z. B. [21, 43, 44]). Eine Betrachtung der Betreibbarkeit eines solchen HGÜ-Overlay-Netzes wird u. a. in [45] durchgeführt. Abb. 1.6 zeigt die beschriebene Erweiterung der Netzebene 1 auf AC-Seite (380/220 kV) um eine neue, durch das HGÜ-Overlay-Netz gebildete, Netzebene 0.

Durch ihre Wirkleistungsarbeitspunkte (P_{VSC}) bestimmen die Umrichter den Wirkleistungsaustausch zwischen AC- und HGÜ-Overlay-Netz. Innerhalb der Netzebene 0 können somit die Wirkleistungsflüsse direkt gesteuert werden. Entsprechend der Standorte der Umrichter und der Sensitivität des AC-Netzes, können auch die Leistungsflüsse innerhalb Netzebene 1 durch eine Koordination von P_{VSC} gezielt beeinflusst werden. Dieser Effekt wird beim Betrieb hybrider AC-HGÜ-Netze zur Entlastung des AC-Netzes genutzt. Zusätzlich können die Umrichter durch die jeweils lokale Bereitstellung von Blindleistung (Q_{VSC}) eine aktive Rolle in der AC-Spannungshaltung übernehmen.

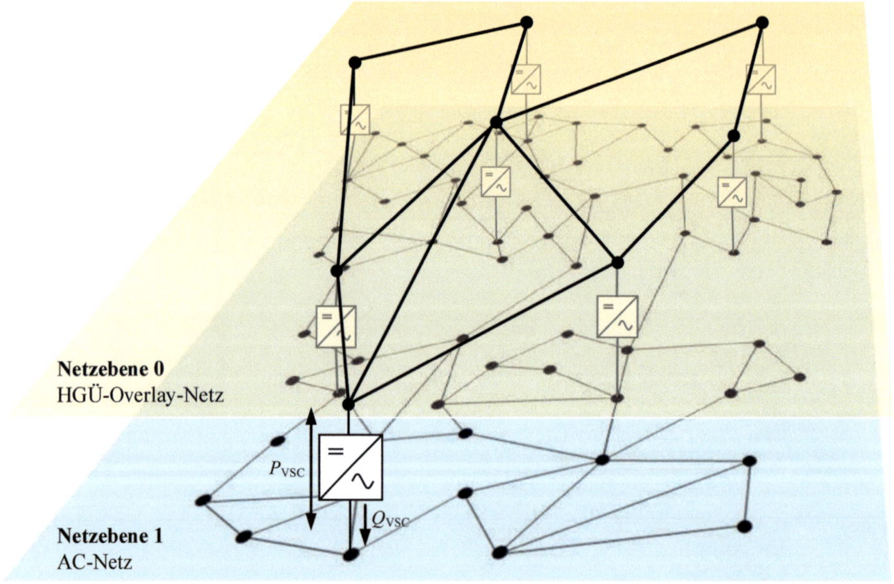

Abb. 1.6: Beispielhafte Struktur eines AC-Netzes mit überlagertem HGÜ-Netz

Ein perspektivisches HGÜ-Overlay-Netz umfasst aufgrund seiner geographischen Ausdehnung mehrere bestehende Regelzonen (vgl. [43], [44]). Eine Koordination der Umrichter-Arbeitspunkte umfasst somit immer mehrere Übertragungsnetzbetreiber und erfordert eine Erweiterung bisheriger Vorgänge der Netzbetriebsführung. Zusätzlich erlaubt die Fähigkeit der VSCs ihre Wirk- und Blindleistung dynamisch zu modulieren einen aktiven Beitrag zur Wahrung der AC-Stabilität zu leisten (vgl. [42]).

Der geschilderte Einfluss des HGÜ-Overlay-Netzes auf das bestehende AC-Netz wird in dieser Arbeit zur Erbringung kurativer Maßnahmen eingesetzt. Alle in dieser Arbeit behandelten Inhalte werden mit dem Hintergrund eines existierenden HGÜ-Overlay-Netzes erarbeitet. Die Ergebnisse können im Anschluss auf ein AC-Netz mit HGÜ-Punkt-zu-Punkt bzw. Multiterminal-Verbindungen übertragen und skaliert werden.

1.3 Struktur der Arbeit und Forschungsfragen

Um eine fundierte Grundlage für die in dieser Arbeit angestellten Betrachtungen zu schaffen, werden die bestehenden Prinzipien des Europäischen Netzbetriebs nach ENTSO-E in Abschnitt 2.2 aufgearbeitet. Der darauffolgende Abschnitt beschreibt das derzeit bereits genutzte Potential der VSC-basierten HGÜ-Technik im Kontext des Netzbetriebs. Dies umfasst die Koordination der stationären Arbeitspunkte und die Spannungshaltung. Aus den in Abschnitt 1.2 angestellten Überlegungen kurativer Maßnahmen zur Wahrung der AC-Sicherheit einzusetzen resultiert die erste Forschungsfrage F1. Diese bildet die Grundlage für weitere Betrachtungen.

F1: Welchen Beitrag zur AC-Systemsicherheit kann die VSC-basierte HGÜ-Technologie leisten?

Zur Beantwortung dieser Fragestellung wird der aktuelle Stand der Forschung unter Berücksichtigung stationärer Kriterien und der für AC-Betrachtungen gültigen Stabilitätsklassen aufgearbeitet. Es erfolgt eine Gliederung der identifizierten Methoden nach Zeitbereich und Wirkungsweise. Die dafür in Abschnitt 2.3 durchgeführte Gap-Analyse zeigt, dass in der Gruppe der kontinuierlichen kurativen Maßnahmen bereits eine Vielzahl unterschiedlicher Methoden zur Wahrung der AC-Stabilität durch VSC-basierte HGÜ-Systeme existiert. Der Einsatz eventbasierter kurativer Maßnahmen beschränkt sich dagegen auf wenige Sonderfälle. Ein Verfahren, das den direkten Einfluss von HGÜ-Verbindungen auf die AC-Leistungsflusssituation zur Behebung möglicher Systemsicherheitsverletzungen nutzt, existiert nicht. Somit lautet die zentrale Forschungsfrage dieser Arbeit:

F2: Wie können HGÜ-basierte kurative Maßnahmen als SPS/RAS umgesetzt werden?

Die Beantwortung der Forschungsfrage F2 erfolgt in Kapitel 3 durch den Entwurf eines Verfahrens, das ein automatisiertes Ausführen geeigneter Arbeitspunktanpassungen der HGÜ-Umrichter bei AC-seitigen Betriebsmittelausfällen ermöglicht. Dabei erfolgt eine Beschränkung auf die Einhaltung der stationären Netzsicherheit (Betriebsmittelauslastungen, Knotenspannungen). Das vorgestellte Verfahren ist in die drei Komponenten Koordination, Identifikation und Aktivierung gegliedert. Gegenseitige Abhängigkeiten, Schnittstellen und Restriktionen der Einzelkomponenten werden im Gesamtansatz berücksichtigt. Der entstehende systemische und ganzheitliche RAS-Ansatz zur Ausführung kurativer

Maßnahmen durch die Umrichter eines vermaschten HGÜ-Netzes wird im weiteren Verlauf dieser Arbeit verkürzt als ***HGÜ-RAS*** bezeichnet.

Der Betrieb eines vermaschten HGÜ-Systems erfordert eine Koordination aller Umrichter-Arbeitspunkte. Dementsprechend sind auch die kurativen Arbeitspunktanpassungen zu koordinieren. Aus dieser Anforderung resultiert die Forschungsfrage **F2-1**, die in die Entwicklung eines erweiterten Optimal Power Flow Ansatzes mündet (Abschnitt 3.2).

F2-1: Wie können HGÜ-basierte kurative Maßnahmen koordiniert bestimmt werden?

Innerhalb des kontinentaleuropäischen Übertragungsnetz ist eine große Anzahl unterschiedlicher Betriebsmittelausfälle (Events) zu erwarten, die jeweils eine geeignete und individuelle kurative Arbeitspunktanpassung erfordern. Zur Unterscheidung dieser wird eine Identifikation eintretender Events benötigt. Die damit verbundenen Erkenntnisse können auch außerhalb des vorgestellten HGÜ-RAS genutzt werden. Aus dieser Anforderung resultiert die Forschungsfrage **F2-2**. Zu deren Beantwortung wird zunächst der aktuelle Stand der Forschung analysiert (Abschnitt 2.3) und darauf aufbauend ein vereinfachter Ansatz der ***Feature Extraction*** entworfen und eingesetzt (Abschnitt 3.2).

F2-2: Wie können auftretende Events identifiziert werden, um geeignete kurative Maßnahmen zu aktivieren?

Eine Aktivierung kurativer Maßnahmen als Teil des in dieser Arbeit entworfenen HGÜ-RAS hat eine ausreichend schnelle und synchronisierte Anpassung der Wirk- und Blindleistungsarbeitspunkte durch die beteiligten Umrichter zum Ziel. Derartige Vorgänge können auf Seite des HGÜ-Systems Wechselwirkungen mit der vorhandenen DC-Spannungsregelung hervorrufen. Weiterhin erlaubt die eingesetzte VSC-Technologie Leistungsgradienten von bis zu 100 GW/s[2]. Mögliche Auswirkungen auf das AC-Netz und dessen Stabilität sind bisher nur unzureichend untersucht. Deshalb werden diese Aspekte und daraus abzuleitende Restriktionen für die Aktivierung in Abschnitt 3.4 entsprechend Forschungsfrage **F2-3** adressiert.

F2-3: Welche Restriktionen sind bei der Aktivierung HGÜ-basierter kurativer Maßnahmen zu berücksichtigen?

Der Nachweis der Funktionsfähigkeit des entwickelten HGÜ-RAS erfolgt in Kapitel 5 zunächst individuell für die einzelnen Komponenten und wird im Anschluss durch eine Erprobung des HGÜ-RAS in Fallstudien erbracht. Um die Legitimität der erfolgten Untersuchungen zu gewährleisten, basieren alle Untersuchungen auf einem in Kapitel 4 vorgestellten AC-HGÜ-Benchmarknetz.

[2] Der angegebene Leistungsgradient resultiert aus der Leistungselektronischen Machbarkeit und nicht aus tatsächlich eingesetzten Gradienten.

Kapitel 6 schließt die Arbeit mit einer Zusammenfassung der erzielten Erkenntnisse zur Beantwortung der Forschungsfragen ab. Das vorgestellte HGÜ-RAS ist, neben anderen Methoden, als ein Werkzeug für die zukünftige Netzbetriebsführung anzusehen. Erste Schritte und Überlegungen zu einer erfolgreichen Implementierung und Reduktion des Redispatch-Aufwandes werden ebenfalls behandelt. Abb. 1.7 fasst die in dieser Arbeit behandelten Themenkomplexe zunächst ungeordnet zusammen.

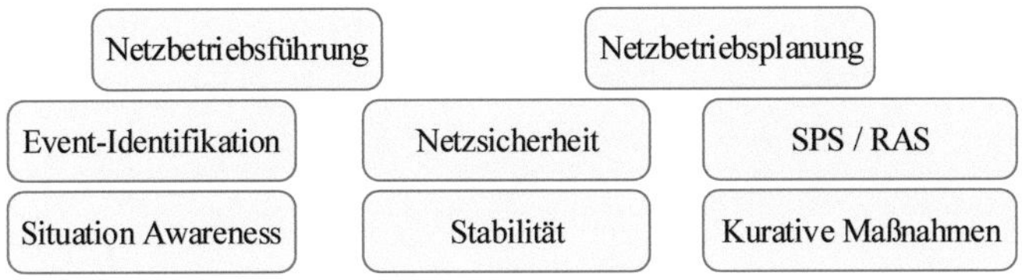

Abb. 1.7: Übersicht der in dieser Arbeit behandelten Themenkomplexe

1.4 Begrifflichkeiten und Annahmen

Zur besseren Lesbarkeit dieser Arbeit werden an dieser Stelle häufig verwendete Fachbegriffe eingeführt und für den weiteren Gebrauch definiert. Die enthaltenen Anglizismen werden nicht durch deutsche Ersatzbegriffe ausgetauscht, um den internationalen Sprachgebrauch beizubehalten. Der Abschnitt greift in manchen Fällen Kapitel 2 vor.

AC-Netz und AC-System: Nach IEC 60050-601 [46] beinhaltet der Begriff AC-Netz alle Betriebsmittel, Schaltstationen, Kabel oder Freileitungen, zur Übertragung der elektrischen Energie. Das AC-System umschließt dagegen zusätzlich auch die Erzeugungsanlagen und Verbraucher.

HGÜ-Netz und HGÜ-System: Analog zu den Definitionen für AC-Netz bzw. -System, beinhaltet das HGÜ-System auch die HGÜ-Umrichter, die im Begriff des HGÜ-Netzes nicht enthalten sind. Zusätzlich wird für ein HGÜ-Netz mindestens eine Masche als Kennzeichen der Topologie angenommen. In allen anderen Fällen wird der Begriff der ***HGÜ-Verbindung*** gewählt. Diese kann sowohl als Punkt-zu-Punkt-, als auch als Multiterminal-Verbindung ausgeführt sein.

Operational Security Limits: Die definierten Grenzwerte für die thermische Auslastung von Betriebsmitteln und die zulässigen Knotenspannungen werden in dieser Arbeit mit dem Anglizismus Operationl Security Limits zusammengefasst. Ein Verlassen dieser stellt eine Verletzung der Systemsicherheit dar (siehe auch Abschnitt 2.2).

Event: Vereinfachend werden unerwartet eintretende Ereignisse im Zeitverlauf, deren Ursache klar benannt werden können, in dieser Arbeit als Event bezeichnet. Dazu zählen z. B. Ausfälle von Übertragungsleitungen oder anderen Netzbetriebsmitteln.

Kritische Contingency: ungeplante Betriebsmittelausfälle, die zu einem Verletzen der Operational Security Limits führen, werden als kritische Contingency bezeichnet.

2 Stand der Forschung und Technik

Dieses Kapitel dient einer Darstellung des aktuellen Stands von Forschung und Technik, der für diese Arbeit relevanten Themenkomplexe. Nach einer Vorstellung themenverwandter Forschungsprojekte im deutschen und europäischen Rahmen, wird in Abschnitt 2.2 der geltende Standard des Netzbetriebs nach ENTSO-E beschrieben. Dies umfasst eine Aufarbeitung und Erläuterung grundlegender Begrifflichkeiten, darunter die Systemsicherheit. In Abschnitt 2.3 werden die Betrachtungen der Betriebsführung um den Einsatz VSC-basierter HGÜ-Systeme und deren potentiellen Einfluss auf die Systemsicherheit erweitert. Im Anschluss werden in Abschnitt 2.4 Verfahren zur Detektion und Identifikation von Events im Netzbetrieb eruiert.

2.1 Verwandte Forschungsaktivitäten

Dieser Abschnitt dient der Einordnung der in der vorliegenden Arbeit behandelten Themenkomplexe in gegenwärtige Forschungsvorhaben auf nationaler und europäischer Ebene. Projekte, in die Ergebnisse dieser Arbeit einflossen (***OVANET***, ***DynaGridControlCenter***), werden an dieser Stelle nicht ausgeführt.

Das Projekt ***Zukunftsfähiges Engpass Management*** (***ZEM***) betrachtet einen Agenten-basierten Ansatz zur Erkennung und Behebung von entstehenden Netzengpässen. Dieser soll zunächst als Unterstützung der manuellen Netzbetriebsführung dienen, danach als vollautomatisiertes Engpassmanagement weiterentwickelt werden. Werkzeuge zur Engpassbehandlung sind PSTs, HGÜ-Punkt-zu-Punkt-Verbindungen und Redispatch. In Abschnitt 2.3.2 erfolgt eine Abgrenzung des HGÜ-RAS von einem Einsatz von Agenten.

Auf europäischer Ebene beinhaltete das ***UMBRELLA Project*** die Entwicklung einer Toolbox zur überregionalen Koordination von präventiven und kurativen Maßnahmen zum Leistungsflussmanagement, insbesondere durch Topologie-Änderungen, zwischen mehreren ÜNB. Dabei wird zwischen unterschiedlichen Zeithorizonten und den damit verbundenen Prognosefehlern, unterschieden.

Das Projekt ***iTesla*** adressiert die durch den EE-Zubau sinkende Prognosegenauigkeit im Netzbetrieb. Um eine Evaluierung des Systemzustandes zu gewährleisten, mögliche Systemsicherheitsgefährdungen zu identifizieren, sowie die Wirksamkeit kurativer Maßnahmen zu verifizieren, wird eine Toolsammlung erstellt. Die eingesetzten kurativen Maßnahmen beinhalten insbesondere Schalthandlungen im AC-Netz.

Das ebenfalls europäische Verbundvorhaben ***GARPUR*** erarbeitet einen alternativen Ansatz zur bestehenden präventiven (n-1)-Sicherheit. Bei der vorgestellten probabilistischen Systemsicherheit steht allerdings nicht der Einsatz kurativer Maßnahmen, sondern eine Risikobewertung möglicher kritischer Contingencies im Vordergrund.

2.2 Netzbetrieb nach ENTSO-E

Die Regeln für den Betrieb des kontinentaleuropäischen Verbundnetzes (ENTSO-E Continental Europe (CE)) werden u. a. durch den ENTSO-E Network Code on Operational Security (NC-OS) [29] vorgegeben. Detaillierte Ausführungen bietet das ENTSO-E Continental Europe Operation Handbook [28]. Die Integration von HGÜ-Systemen und deren Betrieb wird zusätzlich durch den Network Code on HVDC Connections (HVDC-NC) [47] adressiert. Wie in Abb. 2.1 beschrieben, setzt sich der Netzbetrieb für die Übertragungsnetzbetreiber (ÜNB) aus der ***Netzbetriebsplanung*** (Operational Planning), der ***Netzbetriebsführung*** (System Operation) und dem nachgelegten ***Reporting*** zusammen (vgl. [48]).

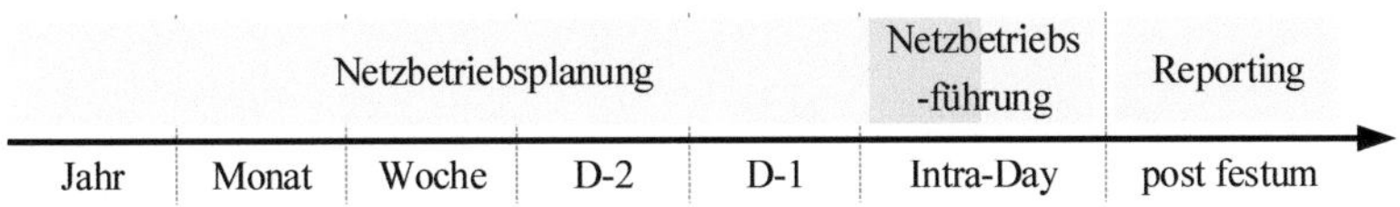

Abb. 2.1: Zeitbereiche des Netzbetriebs nach [48, 49]

Entsprechend NC-OS Artikel 8 lassen sich die in Abb. 2.2 aufgeführten Netzzustände unterscheiden. Ziel der Netzbetriebsführung ist es, das betrachtete System im sicheren Zustand (***normal state***) zu betreiben, bzw. diesen Zustand nach Störung wiederherzustellen. Als Störung werden entsprechend NC-OS, Artikel 2, alle Kurzschlüsse bezeichnet, die zu einem Ausfall des betroffenen Betriebsmittels und möglicher weiterer Betriebsmittel führen. Entsprechend Abb. 2.2 sind die ***Operational Security Limits*** (NC-OS, Artikel 10 und 12), die ***(n-1)-Sicherheit*** sowie eine zulässige Netzfrequenz (NC-OS, Artikel 9) einzuhalten. Weiterhin ist die Wahrung der Stabilität des Systems im Falle einer Störung zu gewährleisten (NC-OS, Artikel 15). Ein Erfüllen dieser Anforderungen wird als ***Systemsicherheit*** (Operational Security, NC-OS, Artikel 2) definiert. Eine detaillierte Betrachtung erfolgt in Abschnitt 2.2.2.

Die (n-1)-Sicherheit ist im Netzbetrieb dann gegeben, wenn der Ausfall eines Betriebsmittels nicht zu einer Verletzung der Operational Security Limits führt (NC-OS, Artikel 2). Im Rahmen der Netzbetriebsplanung ist durch eine ***Netzsicherheitsrechnung*** (NC-OS, Artikel 13) das Einhalten der (n-1)-Sicherheit zu überprüfen. Dafür werden die in der sog. ***Contingency Liste*** aufgeführten Störungen nacheinander hinsichtlich ihrer Auswirkungen auf die Systemsicherheit untersucht (NC-OS, Artikel 15). Störungen, die zu einer Verletzung der Operational Security Limits führen, werden als ***kritische Contingencies*** bezeichnet. Eine Contingency Liste ist von jedem ÜNB für seinen Verantwortungs- und Beobachtungsbereich anzufertigen und enthält alle Störungen mit signifikantem Einfluss. Perspektivisch erfolgt eine Erweiterung der Netzsicherheitsrechnung von rein stationären Betrachtungen zu Aspekten der AC-Stabilität [25, 28].

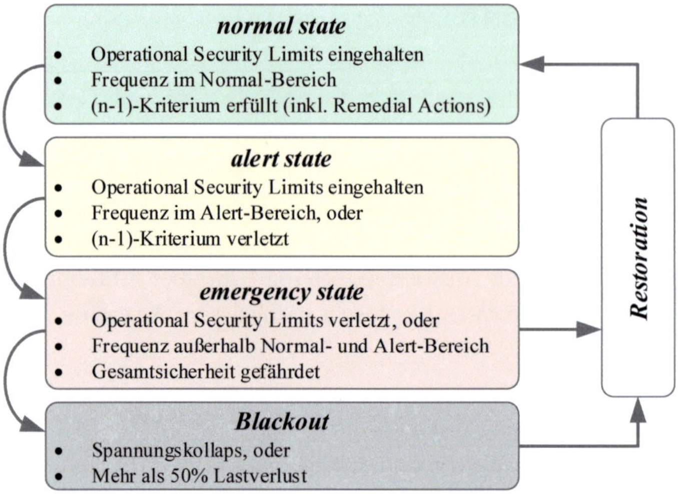

Abb. 2.2: Übersicht der Systemzustände entsprechend ENTSO-E NC-OS und CE-OH

Aufbauend auf der Netzsicherheitsrechnung ist das Vorhalten von ***Remedial Actions*** für die identifizierten kritischen Contingencies erforderlich (NC-OS, Artikel 2 und Artikel 13). Diese umfassen alle durch den ÜNB unternommenen Maßnahmen, um die (n-1)-Sicherheit zu wahren bzw. diese wieder herzustellen (siehe auch [25]). Es erfolgt eine Differenzierung zwischen den Begriffen präventiv und kurativ. Präventive Maßnahmen beschreiben Anpassungen während der Netzbetriebsplanung, die für den betrachteten Arbeitspunkt eine (n-1)-Sicherheit herstellen. Sie umfassen Redispatch bzw. Countertrading der Erzeugung, Schaltmaßnahmen oder manuelle Anpassung von Leistungsfluss- und Blindleistungs-beeinflussenden Betriebsmitteln.

Der derzeitige Stand des NC-OS beinhaltet auch den Einsatz kurativer Maßnahmen und erlaubt somit bereits grundsätzlich das in Kapitel 1 angesprochene Abweichen von einer reinen präventiven (n-1)-Sicherheit. Nach NC-OS Artikel 2 kann der zulässige Zustand bei ausgewählten kritische Contingencies nach deren Eintritt durch kurative Remedial Actions wiederhergestellt werden (vgl. Abb. 2.2). Diese Maßnahmen umfassen Redispatch bzw. Countertrading, Blindleistungsregelung, Emergency Power Control durch HGÜ-Systeme, sowie die Aktivierung von Special Protection Schemes (siehe Abschnitt 2.2.1). Eine ausführliche Betrachtung möglicher Remedial Actions für Deutschland wird in [48] durchgeführt.

2.2.1 Special Protection Schemes und Remedial Action Schemes

Eine Definition von ***Special Protection Schemes*** (SPS) findet sich in einem Bericht der ENTSO-E Subgroup Protection and Dynamics [26]. Die SPS umfassen automatisiert ausgeführte Maßnahmen, die der Einhaltung der (n-1)-Sicherheit dienen und einen zulässigen Systemzustand nach dem Eintritt von Störungen sicherstellen. Häufig sind die SPS auf den

Eintritt eines oder mehrerer ähnlicher Events und deren Auswirkung auf die Systemsicherheit ausgelegt. Deshalb fordert [26] eine vorherige Evaluierung dieser eventbasierten Maßnahmen durch offline Studien. Die bestehenden Regularien erlauben den grundsätzlichen Einsatz kontinuierlicher Arbeitspunktanpassungen von Netzbetriebsmitteln durch ein SPS, ohne Beispiele zu nennen. Der Eingriff kann auf dynamische und stationäre Aspekte der Systemsicherheit abzielen. Bisherige Anwendungen sind (nach ENTSO-E) Systemen mit niedriger Kurzschlussleistung oder hoher Netzauslastung. vorbehalten [26]. Mögliche Maßnahmen beinhalten kontrollierten und koordinierten Lastabwurf oder Generatorabschaltungen, sind allerdings nicht explizit auf diese beschränkt. SPS werden entsprechend NC-OS als Teil der Remedial Actions aufgeführt.

Abweichend von der europäischen Definition nach ENTSO-E, beschreiben der NERC Reliability Standard [30] und ein zugehöriges Glossar [50] alle automatisiert ausgeführten kurativen Remedial Actions als sog. ***Remedial Action Schemes*** (RAS). Ziel ist die Wahrung eines zulässigen Systemzustandes hinsichtlich Stabilität, Spannungen und Leistungsflüssen nach Erkennung eines vorherbestimmten unzulässigen Systemzustandes durch eine Störung. Der zuvor ebenfalls durch die NERC verwendete Begriff der SPS wurde 2015 vollständig durch RAS ersetzt. Es besteht eine gewisse Übereinstimmung mit dem ENTSO-E Begriff (SPS), allerdings fällt die NERC-Definition mit Blick auf die konkreten Anforderungen an ein RAS präziser aus. Nach der NERC-Definition beinhalten die Maßnahmen einerseits das eventbasierte Schalten von Erzeugung und Last, Topologie-Änderungen und das Anpassen von HGÜ-Sollwerten. Explizit nicht enthalten sind dagegen u. a. ein frequenzabhängiger Last-/Erzeugungsabwurf oder eine temporäre Modulation der HGÜ-Arbeitspunkte.

Im weiteren Verlauf dieser Arbeit wird der NERC-geprägte Begriff des RAS eingesetzt. Eine detaillierte Aufarbeitung erfolgt in Abschnitt 3.1, da dort eine RAS-orientierte Spezifizierung des vorgestellten Verfahrens zur Erbringung kurativer Maßnahmen durch HGÜ-Systeme erfolgt.

2.2.2 Systemsicherheit

Die ***Operational Security Limits*** setzen sich aus einem durch Spannungsregelung und Blindleistungsmanagement einzuhaltenden Spannungsbereich (NC-OH, Artikel 10) und den durch die jeweiligen ÜNBs zu definierenden Sicherheitslimits für den Leistungsfluss über alle Übertragungselemente innerhalb ihres Verantwortungsbereiches (NC-OH, Artikel 12) zusammen. Diese sind zur Wahrung der (n-1)-Sicherheit sowohl im Normalbetrieb, als auch nach Eintreten einer Störung zu respektieren.

Die Betrachtung der Stabilität im Rahmen der Netzbetriebsführung rückt in den letzten Jahren stärker in den Fokus der Betrachtungen (vgl. u. a. [25, 51]). Die Untersuchung der AC-Stabilität durch Studien oder den Einsatz sog. ***Dynamic Security Assessment*** Systeme (DSA, siehe auch [51, 52]) wird nach NC-OH Artikel 15 für Netze gefordert, bei denen eine Gefährdung der Stabilität nach Störungen erwartet wird, ohne dass die Operational Security Limits verletzt werden [28]. Die ÜNBs sind nach NC-OH, Artikel 6 aufgefordert, Maßnahmen zur Sicherstellung der Stabilität zu implementieren. Abb. 2.3 zeigt die gängige Gliederung der AC-seitigen Stabilität in drei Kategorien (vgl. [53, 54]).

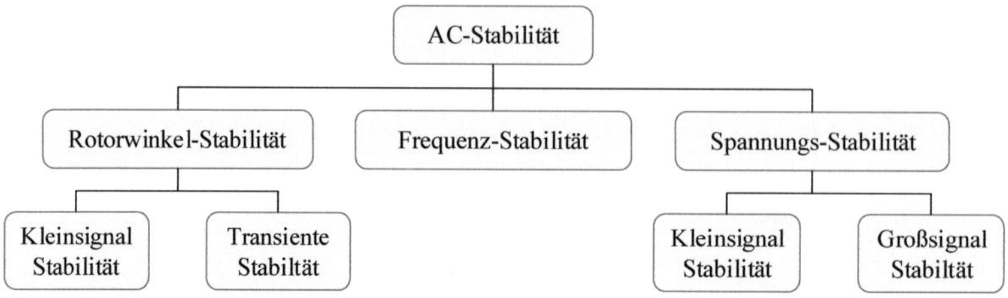

Abb. 2.3: Einteilung und Gliederung der AC-Stabiltät nach CIGRÉ Study Committee 38 und IEEE Power System Dynamic Performance Committee

a) Rotorwinkel-Stabilität

Die Rotorwinkelstabilität beschreibt die Fähigkeit der Synchronmaschinen, ihren Synchronismus nach einer Störung beizubehalten. Die Betrachtung gliedert sich in Kleinsignal- und Großsignal-Stabilität. Aus Sicht des heutigen Netzbetriebs umfasst die Kleinsignalstabilität vor allem die unzureichende Dämpfung lokaler Schwingungsmoden und das Auftreten von Leistungspendelungen. Durch das zunehmende Einbringen neuer leistungselektronischer Betriebsmittel nimmt die Bedeutung der Kleinsignal-Stabilität zu. Der Fokus richtet sich auf die Parametrierung der schnellen Regelungsinstanzen im System (vgl. [55, 56]).

Die Großsignal bzw. transiente Stabilität adressiert das Verhalten der Synchronmaschinen nach Eintritt großer Störungen, u. a. generatornaher Kurzschlüsse, hinsichtlich der sog. first swing stability und der Ausbreitung nachgelagerten Schwingungen in ausgedehnten Netzen [54].

b) Frequenz-Stabilität

Frequenzstabilität besteht, wenn das System nach Eintritt einer Störung des Wirkleistungsgleichgewichts eine konstante Frequenz einnimmt. Einzuhaltende Frequenzbänder sind durch NC-OS, Artikel 9 vorgegeben und liegen für die statische Frequenzabweichung im Bereich zwischen 49,0 und 51,0 Hz. Die Frequenzstabilität umfasst auch die Gefahr von Inselnetzbildungen: Innerhalb der resultierenden Netzinseln muss eine ausreichende Regelungsreserve zur Einhaltung der Frequenzstabilität bereitstehen.

c) Spannungs-Stabilität

Unter Spannungsstabilität versteht man die Eigenschaft des AC-Systems nach einer Störung, eine stetige Spannung an allen Knoten zu wahren und somit den resultierenden Blindleistungsbedarf zu decken. Es erfolgt ebenfalls eine Gliederung in Kleinsignal- und Großsignal-Stabilität. Zusätzlich unterscheidet man zwischen Kurzzeit- und Langzeitbetrachtungen, die durch unterschiedliche Berücksichtigung von Reglern und Betriebsmitteln charakterisiert werden (vgl. [53]).

2.2.3 Netzbetriebsführung

In diesem Abschnitt wird die Netzbetriebsführung in ihrem derzeitigen Stand und unter Berücksichtigung der ENTSO-E Regularien beschrieben. Die Betrachtung beschränkt sich dabei nicht allein auf das AC-System, sondern wird um HGÜ-Verbindungen und Anforderungen an diese erweitert. Die in einem derartigen System bereits jetzt sichergestellten Beiträge zur Systemsicherheit werden dabei berücksichtigt. Dazu bietet Renner in [57] eine Übersicht möglicher Beiträge eines HGÜ-Systems und dessen einzelne Umrichter durch sog. Ancillary Services.

Die zur Bewertung der Systemsicherheit zu berücksichtigenden Kriterien werden in Abb. 2.4 getrennt für AC- und HGÜ-seitige Phänomene im Zeitbereich aufgetragen. So sind auf Seiten des AC-Systems die drei zuvor beschriebenen Stabilitätsarten (Winkel, Frequenz und Spannung) sowie die Grenzwerte von Betriebsmittelauslastungen und Knotenspannungen zu berücksichtigen. Auf Seiten der HGÜ-Systeme ist ebenfalls das Einhalten der Betriebsmittel- und Spannungsgrenzen zu gewährleisten. Stabilitätsbetrachtungen konzentrieren sich auf die DC-Spannungsstabilität. Diese beschreibt die Fähigkeit des HGÜ-Systems, nach Eintritt von Störungen, eine zulässige und konstante Spannung an den DC-Knoten einzunehmen. In Anhang A.1 erfolgt eine Aufarbeitung bestehender Literaturquellen zum Thema der DC-seitigen Stabilität.

Abb. 2.4 nimmt eine Zuordnung der existierenden Instanzen und der innerhalb der Netzbetriebsführung auftretenden Phänomene vor. Deren Einordung erfolgt in einer zeitlichen Auflösung ausgehend vom Eintritt einer Störung: Das existierende AC-Schutzsystem stellt eine Begrenzung der Auswirkungen auftretender Kurzschlüsse durch Trennung der fehlerhaften Betriebsmittel sicher. Nach NC-OS, Artikel 14 muss jeder ÜNB ein Schutzsystem so installieren und in ein geeignetes Gesamtkonzept integrieren, dass ein Betriebsmittelschutz für alle Betriebsmittel gewährleistet wird. Im weiteren Verlauf schließen sich AC-seitig die Prozesse der Erregung der Synchronmaschinen zur Spannungsregelung an. Diese kann zur Dämpfung von etwaigen Pendelungen um sog. Power System Stabiliser (PSS) erweitert werden. Zur Wahrung der Frequenzstabilität schließen sich die ersten beiden Instanzen der Leistungs-Frequenzregelung (Primär und Sekundär-Regelung) an. Diese Instanzen arbeiten ebenfalls automatisiert und ohne Eingriffe seitens des Bedienpersonals.

Aufgrund der Ausbildung einer geschlossenen Regelschleife werden sie als ***closed loop*** Instanzen bezeichnet.

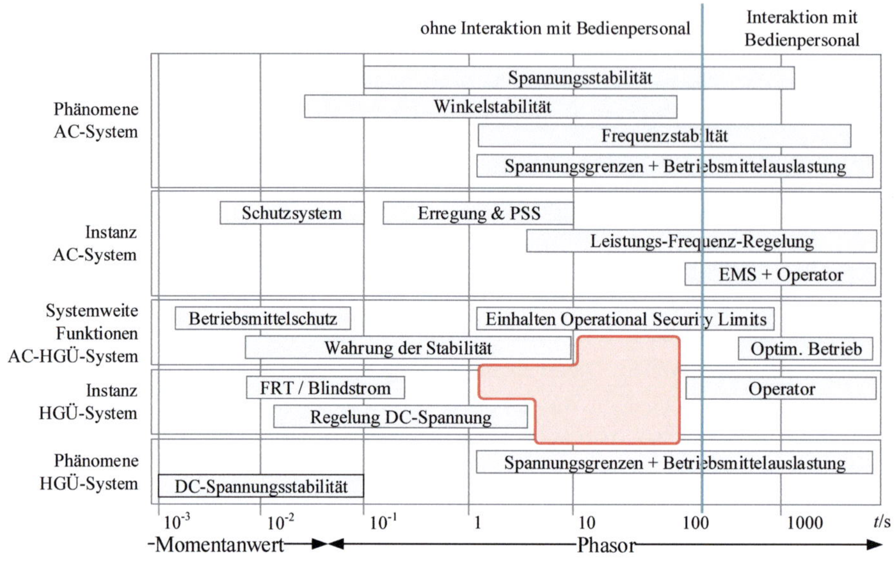

Abb. 2.4: Übersicht der Netzbetriebsführung unter Berücksichtigung AC- und HGÜ-seitiger Phänomene, Instanzen und systemübergreifender Funktionen im Zeitbereich

Nach aktuellem Stand der Technik beschränkt sich der Beitrag der HGÜ-Umrichter auf die Wahrung der DC-Spannungsstabilität (u. a. [58–60]) und eine Beteiligung an der AC-Spannungsregelung. So verlangt der HVDC-NC die Möglichkeit einer flexiblen Abgabe von Blindleistung in einem vergebenem U-$Q/P_{\max}$-Diagramm durch verschiedene Regelungsmodi (HVDC-NC Artikel 20-22). Weiterhin werden eine Blindstromeinspeisung bei 3-phasigen Fehlern (HVDC-NC, Artikel 19), sowie ein Weiterbetrieb der Umrichter im Verlauf des Kurzschlusses (Fault Ride Through, FRT), bei dessen Klärung und nach der Störung (HVDC-NC, Artikel 25) gefordert. Deren genaue Ausprägung in Abhängigkeit der Kurzschlussart erfolgt durch die individuellen ÜNBs. Somit wird durch das HGÜ-System ebenfalls ein aktiver Beitrag zur Wahrung der Spannungsstabilität erbracht.

Neben den beschriebenen closed loop Instanzen existieren im Rahmen der Netzbetriebsführung auch Maßnahmen, die das Bedienpersonal miteinschließen. Diese als ***open loop*** bezeichneten Prozesse münden erst mehrere 100 Sekunden nach Eintritt eines Ereignisses in Eingriffe in das System (vgl, Abb. 2.4). Das Eingreifen des Bedienpersonals beinhaltet auch das Ausführen kurativer Maßnahmen. Im 15-Minuten-Intervall der Netzbetriebsführung erfolgen bspw. Arbeitspunktanpassungen und Schalthandlungen, die den Betrieb in einem optimalen und (n-1)-sicheren Zustand ermöglichen. Eine Bestimmung des optimalen stationären Systemarbeitspunkt erfordert den Einsatz von Optimal Power Flow (OPF) Berechnungen. Neben Schalterstellungen und Arbeitspunkten der Erzeuger umfassen die OPF-Berechnungen auch die Bestimmung der Umrichter-Arbeitspunkte. Diese setzen sich aus Werten für Wirk- und Blindleistung und einer Sollspannung der DC-Spannungsregelung zusammen. Die Arbeitspunkte der einzelnen Umrichter eines HGÜ-Systems sind hinsichtlich Wirkleistung und DC-Spannung aufeinander abzustimmen [61]. Der unterstützende Effekt des HGÜ-Systems auf das AC-System wurde in Abschnitt 1.3 und der dazugehörigen Abb. 1.6 gezeigt. Der Einfluss eines HGÜ-Overlay-Netzes auf die Leistungsflüsse des unterlagerten AC-Netzes werden zusätzlich in [62] bestätigt.

Es wird deutlich, dass zwischen den vorgestellten automatisierten Instanzen und den manuellen Eingriffen des Bedienpersonals eine signifikante Lücke besteht, die in Abb. 2.4 (rote Umrandung) illustriert wird. Während auf Seiten des AC-Systems mehrere Regelungsinstanzen der Einhaltung der einzelnen AC-Stabilitätsklassen dienen, bleibt die Beteiligung der HGÜ-Systeme auf den Aspekt der Blindstrombereitstellung nach Kurzschlüssen beschränkt. Zusätzliche closed-loop Instanzen der HGÜ in der Netzbetriebsführung zur Wahrung der AC-Stabilität sind dagegen nicht als Standard vorauszusetzen.

2.3 Unterstützung der Netzbetriebsführung durch HGÜ-Systeme

Durch den Einsatz moderner VSC-basierten Umrichter, bieten HGÜ-Systeme die Möglichkeit schnelle Anpassungen und Modulationen der Wirk- und Blindleistung im Bereich von Millisekunden zu realisieren. Die Dynamik der Leistungselektronischen Betriebsmittel übersteigt die von Synchronmaschinen deutlich. Dadurch eröffnen sich neue Möglichkeiten in der Anwendung kurativer Maßnahmen zur Sicherstellung der Systemsicherheit. Dies beinhaltet sowohl das Einhalten von Operational Security Limits durch Beeinflussung der AC-Leistungsflüsse (vgl. Abschnitt 1.3), als auch die Wahrung der Stabilität durch dynamische Arbeitspunktanpassungen bzw. Modulationen.

In den folgenden Abschnitten erfolgt eine Darstellung bisheriger Forschungsergebnisse zur Nutzung bislang ungenutzter Potentiale der Umrichter, um einen Beitrag zur Netzbetriebsführung zu leisten. Zusätzliche zentrale und lokale Instanzen ermöglichen eine aktive Rolle der HGÜ-Systeme bei der Erbringung kurativer Maßnahmen. Es erfolgt eine Gliederung in kontinuierliche und Event-bezogenen Arbeitspunktanpassungen und Arbeitspunktmodulationen. In einer abschließenden Gap-Analyse (Abschnitt 2.3.4) werden diese zusammengefasst und in den Kontext der Netzbetriebsführung eingeordnet.

2.3.1 Kontinuierliche Anpassungen der Umrichter-Arbeitspunkte

Falls nicht anders vorgegeben behalten die Umrichter der HGÜ-Systeme ihre vorgegebenen Arbeitspunkte unabhängig von den Vorgängen innerhalb des AC-Systems bei. Um im Falle ungeplanter Änderungen der AC-Leistungsflüsse weiterhin eine Unterstützung durch das HGÜ-System zu ermöglichen, ist eine Arbeitspunktanpassung erforderlich. Soll diese nicht von dem Bedienpersonal abhängen, erlaubt eine kontinuierliche Anpassung der Wirkleistungs-Arbeitspunkte eine ständige Beteiligung des HGÜ-Systems an ungeplanten AC-Leistungsflussänderungen. Unter Voraussetzung einer ausreichenden Koordination kann das AC-System in seinen Transportaufgaben so unterstützt werden, dass kritische Betriebsmittelbelastungen vermieden werden. Für die Umsetzung einer derartigen Unterstützung des AC-Netzes gibt es unterschiedliche Ansätze.

Der von Häger et al. in [63] vorgestellte Agenten-basierte Ansatz ermöglicht auf Basis dezentraler Messungen koordinierte Leistungsflussanpassungen. Allerdings bleibt der Ansatz auf eine Punkt-zu-Punkt-Verbindung beschränkt. Eine Erweiterung auf den Einsatz für Multi-Terminal-Systeme wird als kritisch angesehen, da der Aspekt der DC-Spannungsregelung und die Auswirkungen dieser auf das Gesamtsystem bisher nicht berücksichtigt werden.

Das sog. Winkelgradientenverfahren nach [64] sieht eine Beteiligung des HGÜ-Systems an allen Sollwert-Abweichungen der AC-Leistungsflüsse vor. Diese Abweichungen werden unter Einsatz eines Wide Area Monitoring Systems (WAMS) bestimmt, die jeweiligen Umrichter passen ihre Wirkleistungsarbeitspunkte kontinuierlich an, um der auftretenden Abweichung entgegenzuwirken. Das Verfahren eignet sich sowohl für Punkt-zu-Punkt-Verbindungen, als auch für vermaschte HGÜ-Netze. Allerdings erlaubt die kontinuierliche Anpassung keine systemweite Koordination. Partielle Leitungsüberlastungen oder eine unzureichende Anpassung der Wirkleistungsarbeitspunkte sind nicht zu vermeiden. In [65] wird eine ähnliche Methode vorgestellt, die sich aber auf den Einsatz von Punkt-zu-Punkt-Verbindungen beschränkt. Die durch die Methode mögliche Emulation von AC-Leitungen durch eine HGÜ-Verbindung wird im INELFE Projekt zwischen Spanien und Frankreich als Betriebsmodus eingesetzt [66]. Ein dadurch ermöglichter Beitrag zur Systemsicherheit und dessen Berücksichtigung in der Netzbetriebsführung ist nicht dokumentiert.

2.3.2 Eventbasierte Anpassungen der Umrichter-Arbeitspunkte

Der direkte Einfluss der HGÜ-Systeme auf AC-Leistungsflüsse und Knotenspannungen, gepaart mit der hohen Geschwindigkeit möglicher Arbeitspunktanpassungen, kann zur Ausführung eventbasierter kurativer Maßnahmen genutzt werden, um unzulässigen Betriebsmittelauslastungen bzw. Betriebszuständen zu begegnen. Ein Ausführen kurativer HGÜ-Arbeitspunkte durch das Bedienpersonal wird bereits in [67] beschrieben. Dieses unterliegt allerdings zeitlichen Restriktionen. Ein automatisiertes Ausführen kurativer Maßnahmen in Verbindung mit HGÜ-Systemen ist derzeit noch auf wenige Ausnahmen beschränkt. Diese fallen alle in die in Abschnitt 2.2.1 eingeführten Begriffe SPS bzw. RAS und werden nachfolgend vorgestellt.

Seit 2003 wird ein Konzept zum vorgegebenen Lastabwurf bei Ausfall der HGÜ-Verbindung Kolar (Indien) betrieben [32]. [40] beschreibt einen zentralistischen Ansatz als Teil der Betriebsführung der Manitoba HGÜ-Verbindung (Kanada). Ausgehend von AC-Leitungsausfällen und der Detektion von Unterspannungen werden sowohl die Wirkleistungsarbeitspunkt der Umrichter reduziert, als auch Maßnahmen zum koordinierten Last- und Erzeugungsabwurf ausgeführt. Die Itaipu-Wasserkraftwerke (Brasilien) und die angebundenen LCC-HGÜ-Verbindung verfügen ebenfalls über ein RAS, das sowohl Lastabwurf als auch eine Reduktion des Wirkleistungstransfers bei Ausfalls von AC-Leitungen vorsieht [39].

Um Spannungshaltungsproblemen zu begegnen, setzt das in [38] vorgestellte Verfahren SCADA-basierte Identifikationen von AC-seitigen Ausfällen zu einer systemweiten Koordination von Shunt-Schaltungen, schnellen Einspeisemanagementmaßnahmen und einem Anpassen der Wirkleistungsbereitstellung durch eine HGÜ-Verbindung ein. [31] beschreibt das eventbasierte Zuschalten von Shunt-Elementen und das Aktivieren einer Dämpfungsregelung für die HGÜ-Verbindung zwischen Schottland und England ebenfalls als SPS/RAS. Da der Dämpfungsregler allerdings eine Modulation der Wirkleistung und nicht eine reine Änderung des Arbeitspunktes bewirkt, ist diese Zuordnung aus definitorischer Sicht unzulässig.

Die gezeigten SPS/RAS, die auch die Betriebsführung von HGÜ-Systemen involvieren, berücksichtigen vor allem Betriebsmittelausfälle in direkter Nähe zu den Umrichtern. Weiterhin sind diese auf Punkt-zu-Punkt Verbindungen beschränkt. Die Freiheitsgrade, die Multi-Terminal-Verbindungen oder Netze bieten, sowie deren steuernder und koordinierender Einfluss auf die Gesamtleistungsflüsse des AC-Systems, bleibt bisher unerschlossen. Der bei HGÜ-Netzen signifikant steigende Koordinationsaufwand bleibt somit ebenfalls unberücksichtigt.

2.3.3 Modulation der Umrichter-Arbeitspunkte

Eine Modulation der Umrichter-Arbeitspunkte ermöglicht einen aktiven Beitrag zur Wahrung der Systemstabilität nach dem Eintritt von Störungen bzw. eine Erhöhung vorhandener Stabilitätsmargen. Untenstehend werden dafür vorgesehene Methoden getrennt nach den drei AC-Stabilitätsklassen erläutert. Ein Beitrag durch Parameter-Optimierungen der Umrichter-nahen Regler (siehe u. a. [68–71]) wird an dieser Stelle nicht aufgegriffen.

a) Rotorwinkel-Stabilität

Entsprechend der Unterteilung in Kleinsignal- und transiente Stabilität erfolgt die Zuordnung möglicher Erweiterungen der Umrichter-Regelung getrennt nach den Funktionen Schwingungsdämpfung und Wahrung der transienten Stabilität.

So beschreiben Lu et al. In [72] den Einsatz einer Punkt-zu-Punkt VSC-basierten HGÜ-Verbindung zur Dämpfung von Leistungspendelungen. Die Eingangssignale der vorgesehenen PSS-ähnlichen Regler sind auf lokale Größen beschränkt. Abweichend von einem lokalen Ansatz, stellt [73] den Einsatz einer WAMS-basierten Regelungsstruktur vor.

Diese zeigt gegenüber PSS-basierten Reglern eine bessere Performanz bei der Dämpfung kritischer inter-area Schwingungsmoden. Der Ansatz bleibt zunächst auf den Einsatz von Punkt-zu-Punkt-Verbindungen beschränkt, wird allerdings in [74] auf den Einsatz eines mit dem synchronen AC-Netz verbundenen Multiterminal-Systems erweitert. [75] stellt ein streng lokales Regelungskonzept für vermaschte HGÜ-Netze vor. Lokale Frequenzmessungen reichen dabei aus, die Wirkleistung entsprechend der detektierten Schwingungen zu variieren. Gleichzeitig wird dabei die DC-Spannungsregelung der anderen Umrichter berücksichtigt und genutzt.

Die Arbeiten [76, 77] beschreiben den erfolgreichen Einsatz einer Wirkleistungsmodulation der HGÜ-Umrichter, die auf dem Ansatz der Model Predictive Control (MPC) aufbaut. Diese ermöglicht ein aktives Dämpfen auftretender inter-area Schwingungen. Allerdings bleibt der Ansatz bisher auf Punkt-zu-Punkt-Verbindungen beschränkt. Nachteilig im Konzept der MPC ist die Forderung nach einer ausreichenden Beobachtbarkeit des Systems und die damit verbundene Anfälligkeit gegenüber unvollständigen oder fehlerbehafteten Messwerten.

Die transiente Stabilität wird aus dem Verhalten der Synchronmaschinen nach Eintritt eines Fehlers abgeleitet. Eine schnelle und koordinierte Anpassung der VSC-Arbeitspunkte kann diese positiv beeinflussen. So wird in [78] der Einsatz der Control Lyapunov Funktion (kurz CLP) für eine VSC-basierte HGÜ Verbindung beschrieben. Diese bildet die Nichtlinearität des Netzes auf Basis einer sog. Energy Function ab und ermöglicht eine Steigerung der Rotorwinkelstabilitätsmarge im Falle kritischer Betriebsmittelausfälle. Eine Weiterentwicklung des Ansatzes erfolgt durch [79]. Die CLP Funktion dient als zentraler Regler, der mittels WAMS-basierte Signale der Spannungswinkel, die dynamischen Sollwertkorrekturen für die VSCs generiert. Die Ergebnisse umfassen den Einsatz eines 3-Terminal-HGÜ-Systems und ermöglichen durch die Wirkleistungs-Modulation eine Reduktion der auftretenden Rotorwinkelabweichung zwischen relevanten Generatoren. Während das Verhalten der first-swing stability nur mäßig verbessert wird, erfahren vor allem die nachgelagerten Schwingungen eine starke Dämpfung. Da der eingesetzte Regler das Verhalten der DC-Spannung vernachlässigt, ist der Einsatz in HGÜ-Netzen als kritisch anzusehen.

Ein in [80] vorgestellter lokaler und der DC-Spannungsregelung nachgelagerter Regler koordiniert die Wirkleistungsabgabe einer 3-Terminal-HGÜ-Verbindung in Abhängigkeit zur gemessenen Frequenz. Der Wert der kritischen Fehlerklärungszeit kann deutlich verlängert werden. Das Verfahren wird in [81] auf eine Modulation der Blindleistung, anstelle der Wirkleistung, übertragen. Dies führt allerdings zu einer schlechteren Wirksamkeit.

[82, 83] setzen das Konzept der MPC für eine Punkt-zu-Punkt HGÜ-Verbindung ein. Die für das Übertragungsnetz Großbritanniens durchgeführte Fallstudie belegt eine erhöhte

Rotorwinkelstabilität nach Fehlerfällen: Szenarien, die vormals zum Außertrittfallen einzelner Synchronmaschinen geführt haben, können durch die koordinierte Modulation der HGÜ-Wirkleistung beherrscht werden.

b) Spannungsstabilität

Die entsprechend des HVDC-NC definierten Maßnahmen zur Beteiligung der Umrichter an der AC-Spannungsregelung, sowie der Einspeisung von Blindströmen im Falle AC-seitiger Kurzschlüsse, tragen maßgeblich zur Wahrung bzw. Steigerung der Spannungsstabilität bei (vgl. u. a. [84]).

c) Frequenzstabilität

Da HGÜ-Systeme der Leistungsübertragung dienen und keinen nennenswerten Energiespeicher darstellen, ist das Nachbilden eines Synchronmaschinen-ähnlichen Verhaltens durch ein frequenzabhängiges Anpassen der Wirkleistungsarbeitspunkte nicht möglich (siehe dazu [85]).

Der Einfluss von HGÜ-Netzen auf die Frequenz-Stabilität ist auf den Sonderfall der Verbindung asynchroner Netze bzw. die Unterstützung von Inselnetzen beschränkt. So kann eine Erweiterung des lokalen Wirkleitungsreglers eine frequenzabhängige zusätzliche Wirkleistungsbereitstellung ermöglichen Der Umrichter beteiligt sich somit direkt an der bestehenden Primärregelung. Das Konzept wurde erstmals in [86] für offshore Anbindungen vorgestellt. Weiterentwicklungen für eine bessere Koordination und den Einsatz mehrere Umrichter in Inselnetzen erfolgen u. a. in [87–89].

2.3.4 Gap-Analyse

Die in den Abschnitten 2.3.1 bis 2.3.3 durchgeführten Betrachtungen stellen eine Zusammenstellung möglicher Beiträge VSC-basierter HGÜ-Systeme zur Unterstützung der Netzbetriebsführung dar. Die gruppierten Instanzen des HGÜ-Systems werden in Abb. 2.5 (rot markiert) den jeweils adressierten Aspekten der Systemsicherheit zugeordnet. Dabei wird der Fokus bewusst auf Phänomene innerhalb des AC-Systems gelegt. Die Abbildung baut dabei direkt auf Abb. 2.4 auf.

Durch die geforderte FRT-Fähigkeit und die Beteiligung an der Blindleistungsregelung leisten die Umrichter einen aktiven Beitrag zur Wahrung der Spannungsstabilität. Modulationen der Wirk- und Blindleistungen in verschiedenen Zeitbereichen erlauben weiterhin die Dämpfung von Pendelungen und unter Umständen das Außertrittfallen von Synchrongeneratoren. Bei einer Verbindung asynchroner AC-Systeme kann das HGÜ-System durch frequenzabhängige Arbeitspunktanpassungen einen Beitrag zur Frequenzstabilität leisten.

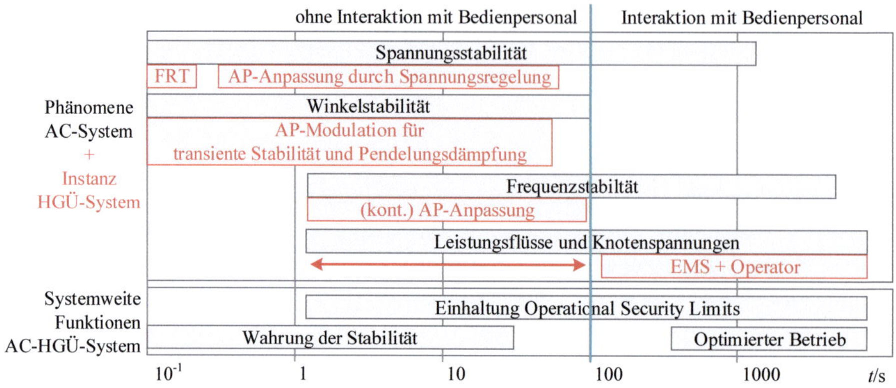

Abb. 2.5: Ergänzung der Netzbetriebsführung durch Instanzen des HGÜ-Systems Forschung (rot markiert) mit Fokus auf AC-Phänomene

Die in Abschnitt 2.3.1 vorgestellten Ansätze zur kontinuierlichen Anpassung der HGÜ-Arbeitspunkte erlauben eine Beteiligung an Änderungen der AC-Leistungsflüsse durch das HGÜ-Netz. Allerdings gestaltet sich die Koordination dieser Anpassungen als unzureichend, um eine Wiederherstellung des zulässigen Systemzustands nach signifikanten Störungen gewährleisten zu können. Das Einsatzgebiet dieser Maßnahmen liegt stattdessen beispielsweise in der Unterstützung des AC-Systems bei einem Transport von Regelleistung im Rahmen der Leistungs-Frequenz-Regelung (vgl. [61]).

Der Einsatz von eventbasierten Anpassungen der Umrichter-Arbeitspunkte wird bislang nur für einzelne HGÜ-Verbindungen eingesetzt und beschränkt sich dabei auf Events in direkter Nähe zu den Umrichtern. Somit existieren derzeit keine Ansätze zur Ausführung kurativer Maßnahmen zur Einhaltung von Operational Security Limits. Denn sowohl die Frage der Aktivierung, als auch der Koordination finden in der bisherigen Literatur keine Berücksichtigung. Bei Betrieb eines Overlay-HGÜ-Netzes ist eine Steuerung des weitreichenden Einflusses auf das AC-System unbedingt erforderlich. Netzengpässe und Betriebsmittelüberlastungen können folglich nicht automatisiert durch das HGÜ-System behoben werden, stattdessen ist dafür ein Eingreifen des Bedienpersonals erforderlich. Die somit fehlende Instanz wird in Abb. 2.5 markiert (↔). Der in dieser Arbeit entwickelte Ansatz schließt die entsprechende Lücke zwischen verzögerten Reaktionen des Bedienpersonals und schnellen Maßnahmen zur Wahrung der Stabilität.

2.4 Beobachtung und Erkennung des Systemzustandes

Aufgrund der zunehmenden Geschwindigkeit und Häufigkeit dynamischer Vorgänge innerhalb des elektrischen Energiesystems nimmt die Bedeutung der Beobachtbarkeit und der Unterstützung des Bedienpersonals zu. Dies beinhaltet eine Bewertung dynamischer Vorgänge, das Feststellen von Anomalien und ein Zuordnen dieser zu konkreten Events.

Insbesondere Ausfälle kritischer bzw. stark ausgelasteter Betriebsmittel, wie Leitungen oder Erzeuger, stehen dabei im Fokus. Derartige Ansätze ermöglichen u. a. ein automatisiertes Ausführen eventbasierter kurativer Maßnahmen, oder ein Bereitstellen von Handlungsempfehlungen für das Bedienpersonal der Leitwarte.

Die Aspekte der Erkennung und Zuordnung werden im folgenden Abschnitt detailliert betrachtet. Zur Verfügung stehende Daten umfassen, wie Abb. 2.6 zeigt, u. a. Strommessungen an Leitungsabgängen, Schalterstellungen und Spannungsamplituden, die durch ***Remote Terminal Units*** (RTU) bereitgestellt werden. Neu ist dabei der Einsatz zeitsynchronisierter Messwerte der Spannungswinkel, die mittels ***Phasor Measurement Units*** (PMU) ermittelt werden (siehe auch [90]).

Abb. 2.6: Lokale Erfassung von Messdaten mittels PMUs und RTUs

2.4.1 Detektion, Klassifikation, Identifikation von Events innerhalb des AC-Systems

Aufbauend auf der in Abschnitt 1.4 getroffenen Definition beschreiben Events unerwartet eintretende Ereignisse im Zeitverlauf, die eine Abweichung zum bisherigen Betriebspunkt darstellen. Dazu zählen neben Betriebsmittelausfällen auch signifikante Änderungen von Last und Erzeugung oder Kurzschlüsse. Jedes dieser Events hinterlässt eine individuelle Signatur, die sich aus den zur Verfügung stehenden Messdaten zusammensetzt. Besonders aussagekräftig ist dabei eine zentrale Auswertung von PMU-Daten [91, 92].

Störwerterfassungssysteme für post-mortem Analysen – zur Aufarbeitung abgeschlossener Events – werden seit Langem in der Praxis eingesetzt, um beispielsweise Großstörungen rekonstruieren zu können [93, 94]. Die derzeitige Entwicklung zielt dagegen auf eine Verwendung der Messdaten im Rahmen der Netzbetriebsführung ab. Erkenntnisse über Events und die zugrunde liegenden dynamischen Vorgänge lassen sich zusammenfassend in die drei Schritte ***Detektion***, ***Klassifikation*** und ***Identifikation*** gliedern. Diese werden in den folgenden Absätzen erläutert und in den aktuellen Stand der Forschung eingeordnet.

a) Detektion

Der Vorgang der Detektion beschränkt sich darauf zu erkennen, dass ein Event innerhalb des betrachteten System(-ausschnitts) auftritt. Aus den eingehenden Daten können mittels geeigneter Verfahren Anomalien festgestellt werden, die für das Auftreten einer Störung sprechen. Dies kann vereinfacht durch den Einsatz von definierten Threshold-Werte (z. B.

nach [95]) erfolgen. Die in der Literatur aufgeführten Verfahren zur Detektion von Events konzentrieren sich zum Großteil auf die Überwachung der zentral einlaufenden PMU-Daten [96–101].

Allen et Al. stellen in [96] zwei Methoden zur Detektion von Events vor, die auf einer Abtastung des Signals in Verbindung mit Grenzwerten und einem angelernten Entscheidungsnetzwerk beruhen. Sie sind gezielt für den online Einsatz bei PMU-Daten entwickelt und erprobt. Das in [97] vorgestellte Detektionsverfahren basiert dagegen auf dem Einsatz der sog. Linearen Dynamischen Systemtheorie [102], die mittels aufgestellter Regeln das Systemverhalten anhand der PMU-Daten bewertet und so Störungen durch Erfüllung bestimmter Regeln detektiert. Die Arbeiten in [98, 101] wiederum setzen die Wavelet Theorie zur Detektion von Events aus realen PMU-Daten ein. Eine Vorstellung weitere geeignete Detektionsverfahren für PMU-Daten und deren Vergleich erfolgen in [99]. Die Analyse umfasst mit der Fast Fourier Transformation, Matrix-Pencil Methode, Yule-Walker Spektral Analyse und der Min-Max-Methode sowohl statistische Methoden, als auch Verfahren der Signalverarbeitung.

Durch die zentrale Auswertung kommt es zu einem extrem hohen Datenaufkommen. Unter den Daten sind je nach Größe und Ort der Störung nicht alle Eingangsdaten relevant. Eine Identifikation relevanter Datensätze und ein Beschränken der Auswertung auf diese können den Prozess der Detektion optimieren. So werden beispielsweise in [97] besonders markante Pilotknoten aus dem Daten-Stream identifiziert, und die übrigen Werte ausgeblendet. Der Einsatz von Methoden zur Identifikation und zum Clustering relevanter Daten ist im Feld der Signalverarbeitung bereits Stand der Technik, siehe dazu u. a. [103, 104].

b) Klassifikation

Nachdem der Eintritt eines kritischen Events detektiert wurde, folgt eine Einordnung des Typs und der Ursache. Eine Klassifikation kann beispielsweise nach [92] unter Einsatz von zentral erfassten Messwerten von Spannungsbetrag und -Phasenlage in acht Typen erfolgen (Kurzschluss, Wegfall eines Synchrongenerators, Zu-/Abschalten einer Last, Zu-/abschalten einer Kapazität, Abschalten eines Synchronmotors, Abschalten einer Leitung). Diese Klassifikation ist aktuell das Ziel zahlreicher Arbeiten, die sich in ***datenbezogene*** (data driven) [92, 100, 105–107] und ***modellbezogene*** (physics driven) Methoden [100, 104, 108] gliedern.

Die ***datenbezogenen Methoden*** basieren auf einem Vergleich zwischen aktuellen Messdaten und einer offline erzeugten Datenbank, die bestehende Daten von Events enthält. Dieser Vergleich zielt auf eine Zuordnung der im online Betrieb auftretenden Events zu den bestehenden Informationen innerhalb der Datenbank ab. Da ein direkter Vergleich der Zeitreihen nicht zielführend ist, wird stattdessen auf das Abbilden der Zeitreihen durch geeignete Muster zurückgegriffen. Dieser Prozess wird als ***Feature Extraction*** bezeichnet. Darauf aufbauend werden anhand der Datenbank sog. ***Classifier*** trainiert. Diese erlauben eine Klassifikation möglicher Events auf Basis der eingehenden Messwerte. Die beschriebene Vorgehensweise wird in Abb. 2.7 gezeigt und u. a. in [100] im Detail erläutert. Die eingesetzte Datenbank kann sich aus historischen Messwerten, synthetischen Werten (dynamische Zeitreihensimulation) oder einer Kombination beider Quellen zusammensetzen.

Verfahren zur Abbildung von Zeitreihen können auf Methoden der Signalverarbeitung, statistische Kennwerte und künstliche Intelligenz zurückgreifen. Aufgrund der hohen Relevanz dieses Vorgangs innerhalb der vorliegenden Arbeit, werden in Abschnitt 2.4.2 mehrere Verfahren vorgestellt. Ein Vergleich unterschiedlicher Ansätze zur Event-Klassifikation erfolgt in [92].

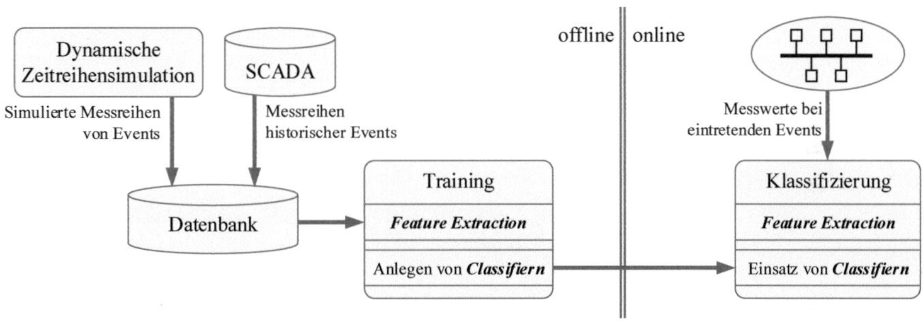

Abb. 2.7: Klassifizierung mittels Feature Extraction und Classifiern

Das Anlernen von Classifiern erfolgt mittels der in der Datenbank vorhandenen Event-Daten und deren bekannten Zugehörigkeit zu den definierten Event-Klassen. Bestehende Ansätze für den Lernprozess sind u. a. Support Vector Machines, *k*-Nearest Neighbor Classification, Naive Bayessian Classifier, Recursive Partitioning und Regression Trees [109, 110]. Dahal et al. evaluieren in [105] die Classifier anhand realer PMU-Daten. Dabei weist die Methode der Support Vector Machines die beste Performance hinsichtlich Berechnungszeit und Genauigkeit auf. Die Ergebnisse sprechen bei Einsatz geeigneter Methoden zur Feature Extraction für eine Echtzeit-fähige Applikation.

[92] baut auf den geschilderten Ergebnissen auf, allerdings konzentriert sich die zentrale Klassifikation nur auf das PMU-Signal, das die signifikanteste Veränderung aufweist. Unter Einsatz von post-Event Sequenzen von 1,5 s erfolgt eine Echtzeit-fähige Klassifikation. Die erfolgte Konzentration auf relevante Datenpunkte reduziert den Berechnungsaufwand deutlich, so dass auch aufwändige Methoden zur Feature Extraction, wie die Minimum Volume Enclosing Ellipsoid (MVEE, siehe Abschnitt 2.4.2), zum Einsatz kommen können.

Modellbezogene Methoden verzichten auf den Einsatz großer Datenmengen und bilden stattdessen das physikalische Systemverhalten ab, um daraus allgemeine Regeln zur Klassifikation von Events abzuleiten. Diese können im Anschluss auf die eingehenden Messwerte angewandt werden. Als Beispiel für einen solchen modellbezogenen Ansatz dient z.

B. [108] unter Einsatz der sog. Energy Function [111]. Im vorgestellten Verfahren werden mittels der zentral ausgewerteten Spannungswinkel die Zustandsvariablen der Synchronmaschinen (Rotorwinkel) bestimmt und ausgewählte Komponenten der Energy Function konstruiert. Eine anschließende Sensitivitätsanalyse dieser Komponenten erlaubt eine Detektion und Klassifikation von Events. Diese Methode zeigt bereits erste positive Resultate in kleinen Systemen, wobei die Erzeugung ausreichend genauer physikalischer Modelle des betrachteten Systems an eine vollständige Beobachtbarkeit des Systems gebunden ist. Eine zukünftige Anwendung zum Echtzeit-Einsatz ist nach [100] bisher nur theoretisch möglich.

c) Identifikation

Der als Identifikation beschrieben Schritt sieht eine direkte Zuordnung von Messwertanomalien und dem damit verbundenen Event vor. So soll es beispielsweise möglich sein, bei Ausfall einer Übertragungsleitung mittels geeigneter Methoden die ausgefallene Leitung innerhalb des Systems benennen zu können. Die Identifikation muss nicht zwingend auf der im Abschnitt zuvor beschriebenen Klassifikation aufbauen, sondern kann direkt auf einem geeigneten Vergleich zwischen Datenbank und Messwerten erfolgen (vgl. [92]). Bisher existieren in der Literatur keine Arbeiten, die eine Identifikation von Events anhand von PMU- und anderen Messwerten im online Betrieb behandeln. Die zuvor beschriebenen Arbeiten beschränken sich alle auf eine alleinige Klassifikation der Events.

Die in [112] beschriebene Arbeit zielt auf eine Erkennung von Fehlerkaskaden, die sich aus mehreren Events zusammensetzen, indem die einzelnen Events identifiziert werden. Allerdings beruht der SCADA-orientierte und somit zentral implementierte Ansatz nicht auf der Betrachtung dynamischer Messdaten, sondern auf der Auswertung stationärer SCADA-Daten, wie Spannungsamplitude, Spannungswinkel und Generatorarbeitspunkte. Die Datenbank basiert auf Ergebnissen einer Leistungsflussberechnung der einzelnen Ausfallszenarien in den relevanten Kombinationen (offline Lernprozess). Die online Identifikation der Events erfolgt auf Basis der Euklid'schen Abstände. Um die Geschwindigkeit der Analyse zu optimieren, wird die Gesamtmenge der Daten mittels geeigneter Analyseverfahren reduziert und geclustert (vgl. [103]). Somit erlaubt die Methode zwar eine Identifikation von quasi-stationären Zuständen, nicht aber von dynamischen Vorgängen.

Ein Sonderfall der Identifikation stellt die Erkennung von Inselnetzbildungen innerhalb eines betrachteten Übertragungsnetzes in [113] dar. Aus dynamischen Zeitreihensimulationen möglicher Ausfallszenarien werden Spannungs- und Stromsignale extrahiert und in einer Datenbank zusammengefasst. Daraus abgeleitete Entscheidungsnetzwerke erlauben im online Betrieb ein regelbasiertes Auswerten eingehender PMU-Messwerte, die zu einer echtzeitfähigen Identifikation von Netzinseln führen. Die Größe der Datenbank und die benötigte Komplexität der Szenarien sind dabei entscheidende Faktoren. Das Vorgehen ähnelt den datenbezogenen Methoden der Klassifikation.

d) Zusammenfassung

PMU-Daten umfassen den Zeitverlauf von Spannungswinkel und -Betrag, sowie der Frequenz. Somit weisen sie einen hohen Informationsgehalt für die Detektion und Klassifikation von Events auf. Dieser lässt sich durch die Bündelung und gemeinsame Betrachtung mehrerer Messgrößen zusätzlich steigern. Ein Großteil der vorgestellten Ansätze der Klassifikation ([91, 92, 106, 107]) konzentriert sich auf einen Einsatz der Spannungsamplitude und der Frequenz, ohne dafür eine Begründung zu liefern.

Zur Detektion von Events stehen bereits einige Verfahren zur Verfügung, die in elektrischen Energiesystemen erprobt sind. Diese sind auf einen zentralen Einsatz und der damit verbundenen Betrachtung mehrerer Kanäle ausgelegt. Die Detektion beruht grundsätzlich auf einer Verarbeitung der eingehenden Signale zur vereinfachten Abbildung. Auch zur Klassifikation erfolgt – die modellbezogenen Ansätze ausgeklammert – eine abstrahierte Analyse der eingehenden Zeitreihen auf Basis der Feature Extraction. Der Vorgang der Klassifikation stellt derzeit einen Schwerpunkt innerhalb der Forschung dar.

Eine automatisierte Identifikation konkreter Events innerhalb des Energiesystems anhand eingehender Messdaten existiert dagegen noch nicht. Die vorgestellten Sonderformen behandeln das Erkennen von Inselnetzbildungen und einer SCADA-basierten und somit langsamen Identifikation von Events. Letztere liefert durch den Einsatz einer Datenbank einen Ansatz, der in dieser Arbeit aufgegriffen wird und unter der Anwendung einer geeigneten Feature Extraction auf dynamische Events und Zeitreihen überführt wird.

2.4.2 Methoden zur Feature Extraction

An dieser Stelle werden in der Literatur beschriebene Verfahren zur geeigneten Repräsentation bzw. Beschreibung von Zeitreihen mittels Feature Extraction vorgestellt. Generell ist dabei zwischen Methoden der Signalverarbeitung und statistischen Methoden zu unterscheiden. Eine Übersicht und Evaluation anhand realer PMU-Daten erfolgt u. a. in [92].

a) Signalverarbeitung

Die ***diskrete Fourier Transformation*** (DFT) sieht die Zerlegung eines diskreten Zeitsignals $\chi(k)$ im Frequenzbereich sowie die Abbildung des abgetasteten Signals mittels sinus-Wellen vor (vgl. Gleichung (2.2)). Dies erlaubt eine Darstellung eines Zeitsignals unter Beibehaltung seiner Eigenschaften, allerding können zeitliche Variationen der Zeitreihen nicht ausreichend beschrieben werden.

$$\Delta x = \max_{t = t_0, \dots, t_0 + \Delta t} \left\{ \chi(t_0) - |\chi(t)| \right\} \tag{2.1}$$

Die ***Diskrete Wavelet Transformation*** (DWT) garantiert eine bessere Kompression transienter Messgrößenverläufe als die Diskrete Fourier Transformation und wird bereits zur Kompression von Zeitreihen eingesetzt [114]. Das Verfahren basiert auf einer Abtastung des Eingangssignals durch eine Fensterfunktion mit einer anschließenden Zerlegung des

Signals. Anders als bei der Fourier-Analyse kommen dabei keine überlagerten sinus-Wellen, sondern andere Wellenformen (Wavelets) zum Einsatz (u. a. [115]), deren geeignete Auswahl als sensitiv zu betrachten ist [92].

Der Ansatz der ***Slope Sequence*** greift direkt den Kurvenverlauf zu betrachtender Messwerte auf. Das Messsignal wird in mehrere Sequenzen (N) untergliedert. Darauf aufbauend werden die Steigungen der Kurve einschließlich deren Richtung mittels Gleichung (2.2) bestimmt, wobei K der Schrittweite der Abtastung entspricht. Die so erhaltenen Steigungen der einzelnen Sequenz n beschreiben das Signal in einer entsprechenden Güte. Eine Anwendung auf PMU Messwerte erfolgt bisher in [92].

$$\lambda(n) = \frac{\chi(n+K) - \chi(n-K)}{2K} \tag{2.2}$$

Das Verfahren der ***Trendanalyse*** (u. a. [116]) zielt ebenfalls auf das vereinfachte Abbilden der Form von Zeitreihen ab. Eine Sequenz wird durch ein Polynom abgebildet. Ist dies nicht möglich wird die Sequenz verkleinert und eine Nachbildung erneut geprüft. Dieses Vorgehen wird auf das gesamte Signal angewandt um die charakteristische Form abzubilden. Das Verfahren findet bisher bei der Analyse von Fehlern und zur Fehlerortung innerhalb elektrischer Systeme Anwendung [117].

Der Einsatz von ***Shapelets*** zur Repräsentation von Zeitreihen hat in den letzten Jahren zugenommen und wird in [118, 119] beschrieben. Das in [92] vorgestellte Verfahren der ***Domain Specific Shapelets*** zur Analyse von PMU-Daten beschränkt den Einsatz von Shapelets auf einen Bereich kurz nach Eintritt des Events, da dieser bereits den charakteristischen Informationsgehalt beinhaltet.

b) Statistische Methoden

Anhand von statistischen Methoden lassen sich Charakteristika von Signalverläufen ableiten und zur Repräsentation dieser einsetzen. Mögliche Ansätze werden in [92, 109] vorgestellt. Diese zeichnen sich durch eine meist simple Arithmetik aus, bleiben in der Genauigkeit allerdings gegenüber den Methoden der Signalverarbeitung zurück.

2.4.3 Anwendungsgebiete der Erkennung von Events

Die Beobachtung des Systems und die Einordnung auftretender Events bedeutet eine aktive Unterstützung für das Bedienpersonal und dessen Handlungen. Dieser als ***Situation Awareness*** bezeichnete Aspekt umfasst sowohl Routineeingriffe als auch Reaktionen bei auftretenden Störungen. Dabei sind nach [120] folgende Aspekte zu beachten:

- Informationen über den aktuellen und zukünftigen Zustand des eigenen Systems
- Informationen über den Zustand benachbarter Systeme und deren Einfluss auf das eigene System

- Kenntnis über erforderliche Eingriffe zum Erhalt oder zur Wiederherstellung eines zulässigen Betriebszustands
- Berücksichtigung der zur Verfügung stehenden Zeit für erforderliche Eingriffe

Solange sichergestellt werden kann, dass auch komplexe und dynamische Prozesse durch die neuen Funktionalitäten ausreichend schnell und detailliert erfasst und verarbeitet werden können, kann das System näher an seinen Grenzen betrieben werden (siehe u. a. [100]).

Weiterhin kann der Erkenntnisgewinn durch die Detektion, Klassifikation und Identifikation auch für weitere Teilaufgaben innerhalb der Betriebsführung komplexer elektrischer Energiesysteme eingesetzt werden. So schlagen zum Beispiel Biwal et al. in [107] den Betrieb einer sog. Supervisory Protection vor. Dieses Konzept ist als Erweiterung des bestehenden Schutzsystems anzusehen und ist diesem dezentral überlagert. Durch eine geeignet schnelle Signalverarbeitung wird das Event, das zu einer Auslösung der Leistungsschalter geführt hat, mittels der zur Verfügung stehenden Messwerte überprüft und klassifiziert. Das Auslösen des Schutzes wird somit verifiziert, im Falle einer Fehlauslösung (z. B. Überlastung anstelle eines Kurzschlusses) wird die Entscheidung des Relais revidiert und der Bediener informiert.

Der ***Decission Support***, der weiterhin ein Handeln des Bedieners beinhaltet, kann zu einem automatisierten Ausführen von eventbasierten Maßnahmen erweitert werden. Eine eindeutige Identifikation des Events wird somit erforderlich. Die vorliegende Arbeit stellt eine derartige Methode vor und arbeitet diese aus.

Dem Aspekt der Cybersecurity kommt ebenfalls eine zunehmende Bedeutung zu. Dieser wird zunächst durch Ahern [121] auf den Bereich der Energiesysteme bezogen. Unter anderem besteht eine Gefahr darin, dass durch einen externen (Hacker-)Angriff Schalthandlungen ausgeführt werden, die das Bedienpersonal nicht zuordnen und somit rückgängig machen kann (vgl. [122]). Eine ständige Überwachung und online Auswertung der (PMU)-Messwerte ermöglicht es derartige Anomalien im Betrieb zu detektieren, und somit Manipulationen des SCADA-Systems zu erkennen [100]. Ein Beispiel für einen Angriff auf ein Netzleitsystem ist dabei der Hack des Leitsystems des Ukrainischen Transportnetzbetreibers im Jahr 2015.[123] Das Thema ist mittlerweile auch Gegenstand einer IEC-Arbeitsgruppe (vgl. [124]).

2.5 Zusammenfassung

Innerhalb der Netzbetriebsführung ist der ÜNB für den Erhalt der Systemsicherheit verantwortlich. Nach Abschnitt 2.2 lassen sich diese in stationäre und dynamische Aspekte gliedern. Eine Erweiterung des präventiven Ansatzes der (n-1)-Sicherheit durch kurative Maßnahmen ist nach ENTSO-E möglich. Ein automatisiertes Ausführen dieser kurativen Eingriffe in das System kann unter dem Begriff SPS bzw. RAS zusammengefasst werden.

Die perspektivisch zunehmende Durchdringung des Übertragungsnetzes durch HGÜ-Systeme erweitert die bestehenden Freiheitsgrade der Netzbetriebsführung. Der Einsatz der VSC-Technologie ermöglicht Beiträge zur Systemsicherheit durch Einflussnahme auf die AC-Leistungsflüsse oder Modulationen der Wirk-und Blindleistungsarbeitspunkte der Umrichter. Die Recherche in Abschnitt 2.3 zeigt, dass die Aspekte der AC-Stabilität bereits im Rahmen der Forschung behandelt werden. Allerdings existiert derzeit noch kein Verfahren, das kurative Maßnahmen zur Beseitigung von unzulässigen Betriebsmittelauslastungen und Knotenspannungen durch HGÜ-Systeme ermöglicht.

Somit besteht eine Lücke zwischen Handlungen durch das Bedienpersonal und schnellen automatisierten Maßnahmen zur Wahrung der Stabilität. Der Einfluss eines Overlay-HGÜ-Systems auf AC-Leistungsflüsse wird dabei nicht vollständig genutzt. Um kurative Maßnahmen nach Eintritt kritische Contingencies automatisiert ausführen zu können, ist eine klare Identifikation dieser Events erforderlich. Die Betrachtungen haben gezeigt, dass eine Auswertung von PMU-Daten einen hohen Informationsgehalt für derartige Absichten bietet. Der Einsatz einer Feature Extraction ist als gängiger Ansatz zur Auswertung von Messreihen zu erachten Während Methoden zur Detektion und Klassifikation von Events innerhalb des AC-Systems derzeit Gegenstand der Forschung sind, existieren, wie in Abschnitt 2.4 herausgearbeitet, noch keine Methoden zur Identifikation von Events innerhalb des AC-Systems mittels dynamischer Messdaten. Bei der Methodenentwicklung kann allerdings auf das Prinzip der datenbasierten Methoden der Klassifikation zurückgegriffen werden.

3 Methodenentwurf HGÜ-RAS

Die vorausgehenden Betrachtungen haben gezeigt, dass HGÜ-Systeme – in Abhängigkeit der geographischen Lage der HGÜ-Umrichter – einen signifikanten Einfluss auf die AC-Leistungsflüsse haben. Allerdings existiert noch kein Ansatz zur automatisierten Anpassung der Arbeitspunkte zur Erbringung kurativer Maßnahmen. Ein derartiger Beitrag bleibt zunächst auf Reaktionen des Bedienpersonals beschränkt. Um die so identifizierte Lücke innerhalb der Netzbetriebsführung zu schließen, wird in dieser Arbeit ein Ansatz vorgestellt, der eine automatisierte Ausführung kurativer Maßnahmen durch ein HGÜ-System nach Eintritt kritischer Events zur Wahrung der Systemsicherheit hinsichtlich der Operational Security Limits (Betriebsmittelauslastung und Spannungsband) ermöglicht. Die Maßnahmen umfassen ein Anpassen der Umrichter-Arbeitspunkte für Wirk- und Blindleistung ($p_{\mathrm{VSC,kur}}$, $q_{\mathrm{VSC,kur}}$) unter Berücksichtigung der DC-Sollspannung.

Das Prinzip kurativer Maßnahmen wurde bereits in Abschnitt 1.1 vorgestellt. Die dabei eingesetzte Abb. 1.4 wird an dieser Stelle aufgegriffen und durch einen exemplarischen Zeitverlauf einer Leitungsauslastung ergänzt, um die Wirkungsweise der kurativen Maßnahmen durch das HGÜ-System zu beschreiben (siehe Abb. 3.1). Der nichtlineare Zustandsraum ist vereinfacht durch zwei HGÜ-Umrichter-Arbeitspunkte ($p_{\mathrm{vsc,1}}$, $p_{\mathrm{vsc,2}}$) als Systemvariablen definiert.

Im Betriebspunkt 1 erfüllt das System die Anforderungen an die Systemsicherheit und befindet sich somit in einem ***zulässigen*** Zustand. Die Auslastung der exemplarisch betrachteten AC-Leitung befindet sich unterhalb der definierten Grenze von 100% (Abb. 3.1 c)). Der Eintritt eines kritischen Events (z. B. ein Betriebsmittelausfall) führt zu einer Verformung des Zustandsraums und damit auch der Übergänge zwischen zulässig und unzulässig. Wie Abb. 3.1 b) zeigt, befindet sich das System bei unverändertem Arbeitspunkt (2) nach Event-Eintritt in einem ***unzulässigen*** Zustand. Die in Abb. 3.1 c) betrachtete AC-Leitung weist bei einer Auslastung von 130% eine Verletzung der Systemsicherheit auf. Das anschließende Ausführen einer kurativen Maßnahme durch das HGÜ-System bedingt eine Überführung des Systems auf einer nichtlinearen Trajektorie zurück in einen zulässigen Zustand im Betriebspunkt 3.

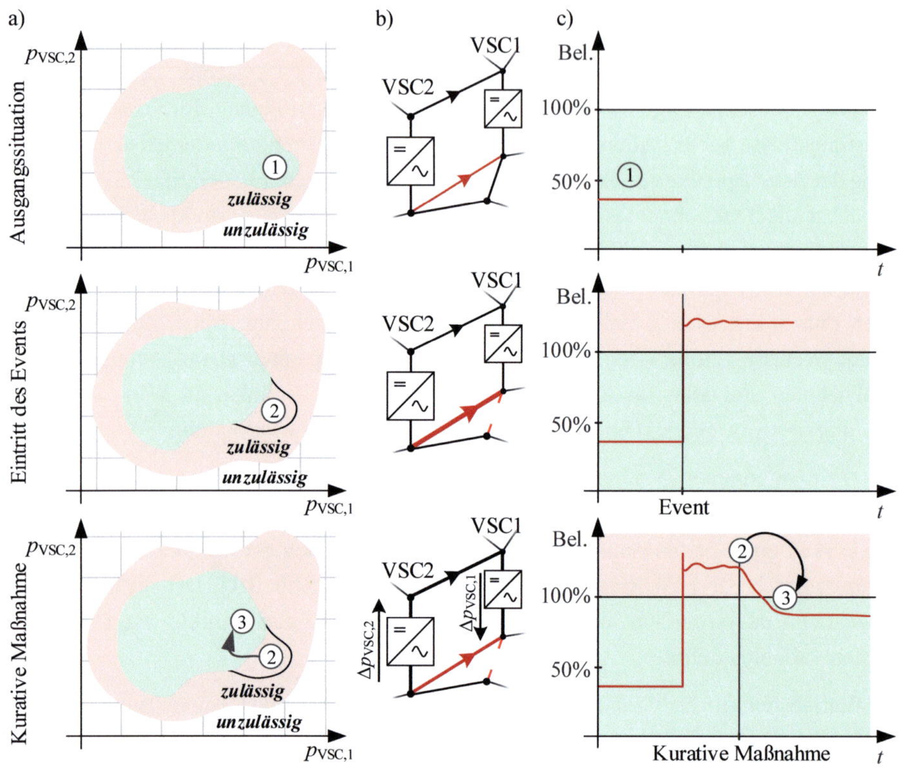

Abb. 3.1 Erklärung der kurativen Maßnahmen: a) Zustandsraumdarstellung, b) AC-HGÜ-Netzausschnitt, c) Zeitverlauf der AC-Leitungsbelastung (Bel.)

Das Verfahren zur Ausführung kurativer Maßnahmen durch das HGÜ-System wird im weiteren Verlauf der Arbeit als ***HGÜ-RAS*** bezeichnet. Dieses stellt ein ganzheitliches und systemumfassendes Vorgehen sicher, um folgende Anforderungen zu erfüllen:

- Automatische Ausführung ohne Beteiligung des Bedienpersonals: Die Methode erschließt das bisher ungenutzte Potential schneller Änderungen der Umrichter-Arbeitspunkte und schließt damit eine Lücke innerhalb der Netzbetriebsführung.
- Unterscheiden von Events: Kritische Contingencies unterscheiden sich in ihrer Auswirkung auf das Gesamtsystem und erfordern somit unterschiedliche kurative Maßnahmen. Deshalb müssen eintretende Events, die eine kurative Maßnahme erfordern, identifiziert werden.
- Koordination des hybriden AC-HGÜ-Systems: Die Beeinflussung der AC-Leistungsflüsse durch die Umrichter-Arbeitspunkte muss so koordiniert sein, dass die Systemsicherheit des Gesamtsystems sichergestellt ist.

- Stabiles Überführen des Systems: Der Übergang zwischen alten und neuen Umrichter-Arbeitspunkten darf nicht die Stabilität des AC- und HGÜ-Systems gefährden.

Die Arbeit konzentriert sich auf kritische Contingencies, die Verletzungen der Operational Security Limits hervorrufen. Mögliche Verletzungen der AC- und DC-Stabilität als direkte Folge der Betriebsmittelausfälle werden dagegen nicht explizit berücksichtigt. Ebenso bleibt der Ausfall von DC-Leitungen unberücksichtigt, da derartige Events direkt von der DC-Spannungsregelung (vgl. [61]) behandelt werden. In dieser Arbeit berücksichtigte Events beinhalten:

- Einfachausfall eines Übertragungsmittels (AC-Leitungen und Transformatoren)
- Ausfall eines Kraftwerks,
- Ausfall eines HGÜ-Umrichters, und
- Ausfall einer HGÜ-Punkt-zu-Punkt-Verbindung als Sonderfall

Die zur Behebung des Engpasses, bzw. der Verletzung der Operational Security Limits zur Verfügung stehende Zeit ergibt sich aus der Auslösecharakteristik des Schutzes und der temporären Überlastfähigkeit der betroffenen Betriebsmittel. Um kaskadierte Betriebsmittelausfälle zu vermeiden, sind die Auslösezeit des HGÜ-RAS und die zur Verfügung stehenden Zeiten kombiniert zu betrachten.

Die kurativen Maßnahmen umfassen auch eine Anpassung der Blindleistungsarbeitspunkte der Umrichter. Dazu wird in dieser Arbeit auf den Einsatz einer AC-Spannungsregelung durch die Umrichter nach [47] verzichtet, stattdessen wird von einer Festwertregelung der Blindleistung ausgegangen. Dieser Freiheitsgrad ermöglicht einen direkten Eingriff in die Blindleistungsbereitstellung des AC-Systems. Eine direkte Gegenüberstellung mit einer automatisierten Spannungsregelung einschließlich eines kurativen Anpassens deren Sollwerte findet in dieser Arbeit nicht statt. Die Synchrongeneratoren verfügen weiterhin über eine Spannungsregelung.

Der Einsatz des HGÜ-RAS stellt in Hinsicht auf die hierarchische Einteilung der Netzbetriebsführung in Netzleitebene und Stationsleitebene (Abb. 3.2) ein Bindeglied zwischen zentralen und lokalen Instanzen dar. Eine besondere Beachtung erfordert die Anpassung der Arbeitspunkte an den einzelnen HGÜ-Umrichtern. Die dafür zu berücksichtigende Struktur der lokalen Umrichter-Regelung gliedert sich, wie Abb. 3.2 zeigt, in mehrere Instanzen, die von einer Umrichter-nahen Regelung bis zu einer zentralen Vorgabe der Sollwerte reicht [125]. Im weiteren Verlauf der Arbeit werden die Leistungselektronik und die lokale Umrichter-Regelung vereinfacht als HGÜ-Umrichter bezeichnet und abgebildet.

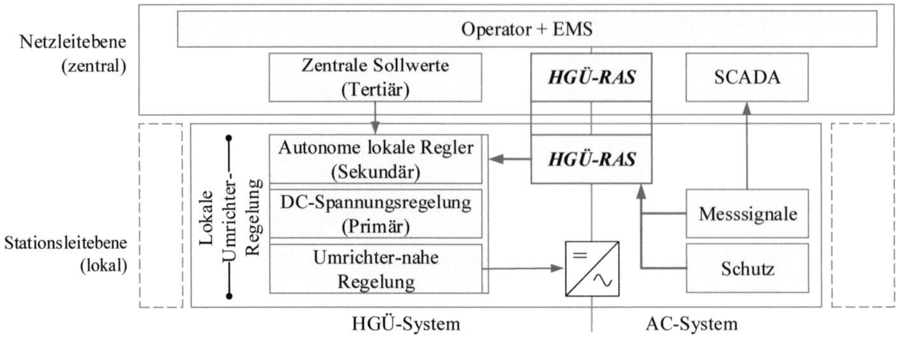

Abb. 3.2: Einordnung des vorgestellten Ansatzes in hierarchische Struktur der Netzbetriebsführung (u. a. nach [125, 126])

Als Ergänzung zu der hierarchischen Einordnung in Abb. 3.2, zeigt Abb. 3.3 eine Einordnung des HGÜ-RAS in den Zeitbereich der Netzbetriebsführung. So folgt die Methode zeitlich dem bestehenden Schutz des AC-Systems. Dem Vorgang der Trennung (max. t_0+150 ms) folgt das HGÜ-RAS. Die bestehende Struktur der Netzbetriebsführung (vgl. Abschnitt 2.1) bleibt somit erhalten. Der Einsatz einer automatisierten Wiedereinschaltung nach Kurzunterbrechung wird dabei berücksichtigt; Negativen Wechselwirkung mit dem Schutzsystem wird somit vorgebeugt.

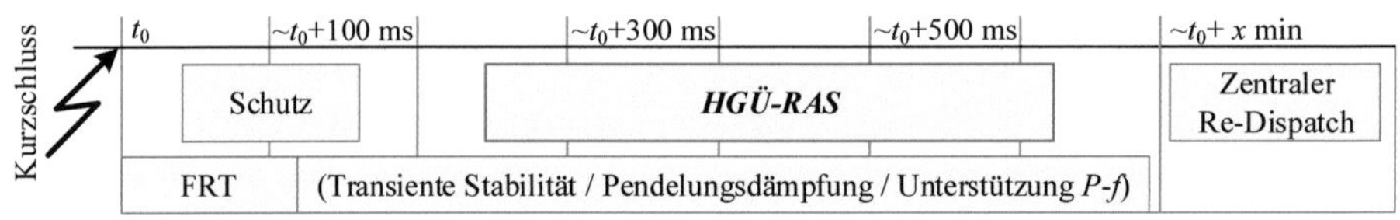

Abb. 3.3: Einordnung des vorgestellten Ansatzes in den Zeitbereich der Netzbetriebsführung

Abb. 3.3 führt auch Teile der in Abschnitt 2.3 vorgestellten Instanzen zur Unterstützung der AC-Stabilität durch die Umrichter an, die ebenfalls eine Anpassung der Umrichter-Arbeitspunkte vorsehen. Diese erfolgen allerdings mit deutlich geringeren Zeitkonstanten (vgl. Abb. 2.5). Somit werden mögliche Wechselwirkungen mit dem HGÜ-RAS, die zu einer Einschränkung der Identifikation von Events oder der Aktivierung kurativer Maßnahmen führen können, in dieser Arbeit vernachlässigt.

3.1 Aufbau und Struktur des HGÜ-RAS

Die Begriffe SPS und RAS wurden bereits in Abschnitt 2.2.1 vorgestellt. In dieser Arbeit wird der US-geprägte Begriff RAS nach NERC aufgrund seiner präziseren Formulierung verwendet. Allgemein dient ein RAS entsprechend [30] den folgenden Zielen:

- Der Erkennung („detection“) eines vorherbestimmten („predetermined“) Systemzustandes, und…
- …dem Sicherstellen einer automatisierten Aktivierung von geeigneten Gegenmaßnahmen („corrective actions“)…
- …zur Wahrung der Systemsicherheit („system security“)

Die genannten Punkte decken sich mit den in der vorausgegangenen Einleitung zu Kapitel 3 formulierten Anforderungen an ein Verfahren zur Ausführung kurativer Maßnahmen durch ein HGÜ-System. Deshalb erfolgt die Konzeptionierung unter Berücksichtigung der Definitionen nach NERC. Das HGÜ-RAS stellt damit einen in sich geschlossenen Ansatz dar. Dieses strenge Vorgehen erlaubt die einfache Integration des Ansatzes in die Netzbetriebsführung an der Schnittstelle zwischen zentraler und lokaler Ebene. Weiterhin erleichtert die begriffliche Zuordnung eine spätere Einordung des HGÜ-RAS in den regulatorischen Kontext.

Zur Umsetzung des Ansatzes und dessen erfolgreiche Implementierung sind mehrere Komponenten erforderlich, deren gegenseitigen Abhängigkeiten in Abb. 3.4 beschrieben werden. Während einer zentralen Vorberechnung (Netzleitebene) werden kritische Contingencies bestimmt, geeignete Arbeitspunkt (AP) Anpassungen für die einzelnen Umrichter erstellt und Vorbereitungen für eine mögliche Event-Identifikation bei einem Auftreten während des Betriebs getroffen. Bei Eventeintritt und erfolgreicher Identifikation auf lokaler Ebene, erfolgt ein Ausführen der kurativen Maßnahme durch die einzelnen Umrichter. Die Aufteilung zwischen Netzleit- und Stationsleitebene wurde in Abb. 3.2 einleitend vorgestellt. Die einzelnen Komponenten stellen jeweils Instanzen innerhalb der vorhandenen Infrastruktur der jeweiligen Ebenen dar.

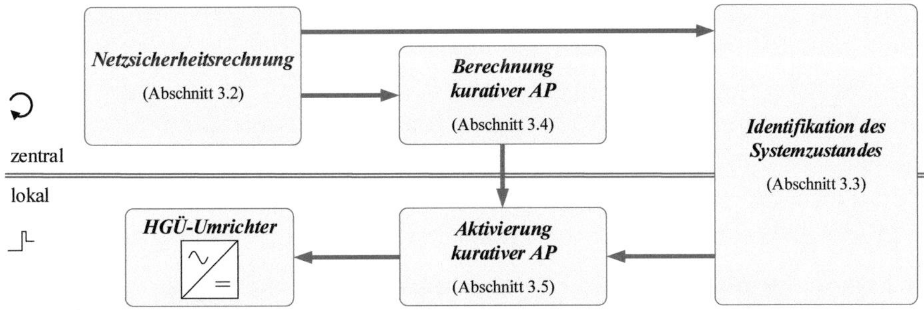

Abb. 3.4: Gliederung des HGÜ-RAS in einzelne Komponenten auf zentraler und lokaler Ebene

Die ***Netzsicherheitsrechnung*** wird zyklisch als Teil der Netzbetriebsplanung ausgeführt und bestimmt Störungen (Betriebsmittelausfälle), die zu einer Verletzung von definierten Sicherheitsbedingungen führen. Für diese kritischen Contingencies kann der Einsatz kurativer Maßnahmen vorgesehen werden. Die Komponente stellt eine vorhandene SCADA-

Funktionalität dar und wird zentral in periodischen Intervallen ausgeführt. Eine detaillierte Betrachtung erfolgt in Abschnitt 3.2.

Tritt ein kritisches (Contingency) Event auf, soll eine geeignete kurative Maßnahme in Form der Anpassung der Umrichter-Arbeitspunkte erfolgen. Um eine Unabhängigkeit von zentralen Betriebsführungsinstanzen zu gewährleisten, wird die Komponente ***Aktivierung kurativer Arbeitspunkte*** auf Stationsleitebene als lokale Instanz eingerichtet. So lassen sich Einschränkungen durch Kommunikationsverzögerungen oder -ausfälle, die das Auslösen der Maßnahmen gefährden, ausschließen. Die grundlegende Dynamik selbstgeführter Umrichter erlaubt eine Veränderung der Umrichter-Arbeitspunkte innerhalb einer Periode [127]. Der Einfluss dieser schnellen Reaktion auf das AC-System, dessen Stabilität und die DC-Spannungsregelung sind zu berücksichtigen. Der Übergang zum gewünschten Arbeitspunkt darf nicht zu einer Gefährdung der System-Stabilität führen. Abschnitt 3.5 beschreibt eine geeignete Aktivierungsstrategie hinsichtlich möglicher dynamischer Restriktionen und einer Schnittstelle zur bestehenden lokalen Regelung der Umrichter.

Die kurativen Maßnahmen des HGÜ-RAS sind individuell auf die einzelnen kritischen Contingencies anzupassen, um das Wiederherstellen eines zulässigen Zustandes zu gewährleisten und auftretende Engpässe nicht nur zu verschieben. Der Betrieb eines hybriden AC-HGÜ-Systems erfordert eine umfassende und systemübergreifende Koordination der Umrichter-Arbeitspunkte, um unzulässige Leistungsflüsse zu vermeiden, oder die DC-Spannungsregelung zu parametrieren. Diese Koordination erfordert eine zentrale Perspektive für die Komponente ***Berechnung kurativer Arbeitspunkte*** (Abschnitt 3.4). Da die beschriebene Berechnung je nach Systemausdehnung und resultierender Komplexität zeitlich aufwändig ausfällt – unter Umständen kann eine Abstimmung zwischen mehreren ÜNB erforderlich sein – findet eine Vorberechnung kurativer AP für jedes kritische Event statt. Eine solche Berechnung baut auf einer um Netzsicherheitsaspekte erweiterten OPF-Berechnung auf (Security Constrained OPF). Bei Abschluss der Berechnung existiert für jedes kritische Event ein Satz kurativer Umrichter-Arbeitspunkte zur eventbasierten Aktivierung. Diese Listen werden im Rahmen der zentralen Arbeitspunktberechnung erstellt und an die Umrichter übermittelt. So bleibt der Aspekt der lokalen und kommunikationslosen Aktivierung erhalten. Die typische Dauer eines Betriebsintervalls beträgt 15 Minuten. Allerdings können auch kürzere Betriebsintervalle ermöglicht werden.

Die Komponente ***Identifikation des Systemzustandes*** (Abschnitt 3.3) dient der eindeutigen Identifikation auftretender kritischer Events und erlaubt so die Aktivierung der vorberechneten kurativen Maßnahmen. In dieser Arbeit wird eine lokale Realisierung der Identifikation angestrebt, die sich somit auf lokale Messgrößen beschränkt. Der Ansatz wird so gestaltet, dass eine spätere Erweiterung um Wide Area Monitoring System (WAMS) Informationen möglich ist. Da eine Identifikation entsprechend der in Abschnitt 2.4.1 erfolgten Betrachtungen auf einer Datenbank aufbauen, beinhaltet das Modul auch eine zentrale

Vorberechnung dieser Datengrundlage in periodischen Abständen. Unter Berücksichtigung des Arbeitspunktes und der kritischen Contingencies wird diese für den nächsten Zeitschritt zentral erstellt und gemeinsam mit den kurativen Arbeitspunkten in periodischen Abständen an die lokalen Instanzen der Umrichter weitergeleitet.

3.2 Netzsicherheitsrechnung im HGÜ-RAS

Die Vorberechnung kurativer Maßnahmen erfolgt für eine Liste kritischer Contingencies. Die Netzsicherheitsrechnung (vgl. Abschnitt 2.1) wird, wie Abb. 3.5 zeigt, in das HGÜ-RAS integriert. Die resultierende Contingency Liste (CL) wird den nachgelagerten Komponenten bereitgestellt. Das Prinzip der automatisierten Netzsicherheitsrechnung (Abb. 3.6) geht auf Debs et al. [128] und Ejebe et al. [129] zurück.

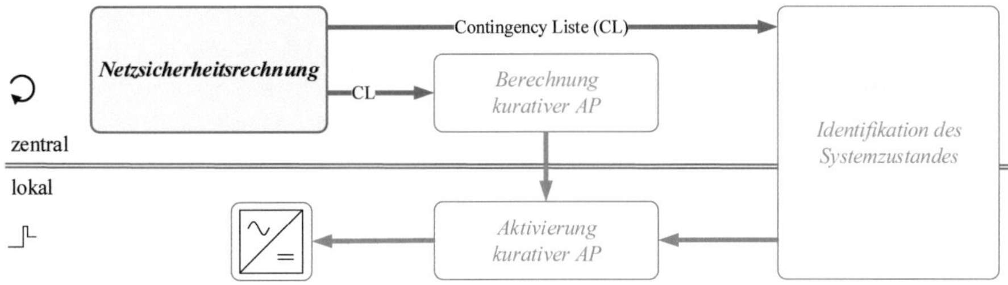

Abb. 3.5: Bereitstellung der Contingency Liste (CP) durch Komponente *Netzsicherheitsrechnung* innerhalb des HGÜ-RAS

Zu jedem Zeitschritt *k* werden aufbauend auf den Prognosedaten die kritischen Contingencies für den Zeitpunkt *k*+1 bestimmt. Eine Überprüfung erfolgt in dieser Arbeit entsprechend der statischen Operational Security Limits (Betriebsmittelauslastung und Spannungsbänder, vgl. Abschnitt 2.2).

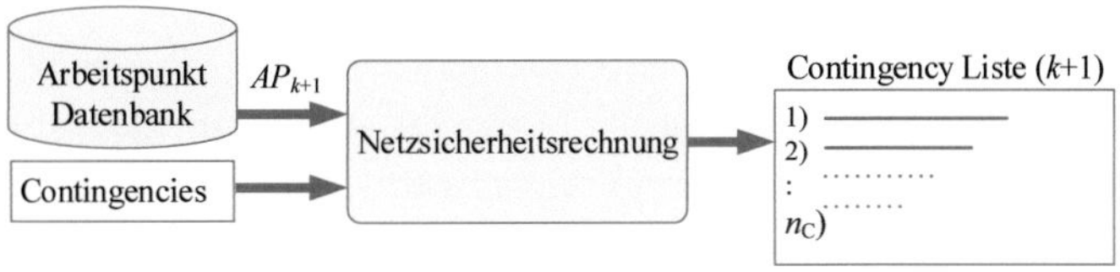

Abb. 3.6: Eingangs – und Ausgangsgrößen der Netzsicherheitsrechnung im Zeitschritt k bei n_C kritischen Contingencies

Die Auswirkungen von Ausfällen der Übertragungsmittel werden innerhalb der Netzsicherheitsrechnung durch die entsprechende Topologie-Änderung mittels Leistungsflussberechnung bewertet. Ausfälle von AC-seitigen Erzeugungsanlagen erfordern eine Berücksichtigung der Netzstatik und der proportionalen Verstärkung der Primärregelung als Teil der Leistungsfrequenzregelung ([1]), um den Einfluss auf die Leistungsflüsse des AC-

Systems abbilden zu können. Die Untersuchung von Ausfällen der HGÜ-Umrichter gliedert sich in zwei Gruppen:

- Bei Punkt-zu-Punkt Verbindungen bedingt der Ausfall eines Umrichters den Wegfall der gesamten Verbindung, da die Betrachtung auf monopolare Strukturen beschränkt bleibt. Dementsprechend wird die von der HGÜ-Verbindung übertragene Wirkleistung im Falle eines synchronen AC-Systems in dieses kommutiert. Die Bereitstellung von Blindleistung durch den gestörten Umrichter entfällt ebenfalls, während sich der verbleibende Umrichter weiterhin im STATCOM Betrieb erhalten bleibt. Dies kann mit einer AC-Leistungsflussberechnung bewertet werden. Es gelten dabei die bereits vorgestellten Operational Security Limits.
- Der Ausfall eines Umrichters in einer Multi-Terminal-Anordnung erfordert dagegen eine Berücksichtigung der Leistungsflüsse innerhalb des HGÜ-Systems, da ein Ausfall zu einem Energieungleichgewicht führt. Dadurch wird die DC-Spannungsregelung der einzelnen Umrichter aktiv und passt die jeweilige Wirkleistungsarbeitspunkte so an, dass sich eine neue stationäre DC-Spannung einstellt (siehe auch [130]). Eine Bewertung des Umrichter-Ausfalls findet anhand einer kombinierten AC-HGÜ-Leistungsflussberechnung statt. Dort wird der Vorgang der DC-Spannungsregelung abgebildet (vgl. [131]).

Dank der modularen Struktur des HGÜ-RAS können die bisher ausschließlich berücksichtigten Operational Security Limits um Stabilitätsbetrachtungen durch weitere Kriterien ergänzt werden. Diese können Eigenwertanalysen [54], Indikatoren der Spannungsstabilität [132]) oder Zeitreihensimulationen umfassen. Letztere werden durch den Einsatz sog. Dynamic Security Assessment (DSA) Verfahren realisiert, deren Einsatz u. a. in [51, 52, 133] beschrieben wird.

3.3 Identifikation des Systemzustands im HGÜ-RAS

Der in Abschnitt 3.1 vorgestellte Ansatz erfordert eine klare Zuordnung eintretender Events mit der zentral erstellten Contingency Liste. Die an dieser Stelle vorgestellte Komponente beruht auf einem Abgleich von Fehlermustern und gliedert sich in eine zentrale ***Vorberechnung von Fehlermustern***, eine Übertragung dieser an die Umrichter und einen ***lokalen Abgleich*** mit Messgrößen im online Betrieb zur Bestimmung des aufgetretenen Events in Form der Event-ID (siehe Abb. 3.7). Die dabei eingesetzten Messgrößen umfassen Leitungsströme, Spannungswinkel und den Status der Leistungsschalter. Auf einen Einsatz des Spannungsbetrags und der Frequenz wird an dieser Stelle verzichtet.

Zunächst wird in Abschnitt 3.3.1, aufbauend auf der in Abschnitt 2.4 erfolgten Recherche, ein robustes Verfahren zur Feature Extraction entwickelt und in einem nächsten Schritt zur Identifikation von Events innerhalb eines AC-Übertragungsnetzes erweitert und ergänzt. Die vorgeschlagene Struktur des HGÜ-RAS sieht eine Aktivierung kurativer Arbeitspunktanpassungen in direkter Folge zur lokalen Identifikation an den jeweiligen Umrichtern vor. Eine ausreichende Koordination innerhalb des HGÜ-RAS erfordert eine Kenntnis über die lokale Identifizierbarkeit kritischer Contingencies durch die einzelnen Umrichter. So können sich Umrichter ohne lokale Identifikation nicht an der Ausführung kurativer Maßnahmen beteiligen. Abschnitt 3.3.3 greift diesen Aspekt auf und stellt eine Methode zur Feststellung der lokalen Identifizierbarkeit im Rahmen der zentralen Vorberechnung vor.

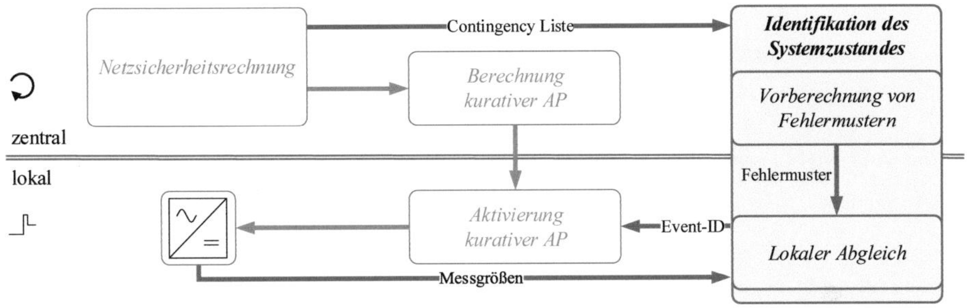

Abb. 3.7: Lokale Identifikation des Events durch die Komponente zur Identifikation des Systemzustandes innerhalb des HGÜ-RAS

Ein direkter Vergleich von Zeitreihen zur Identifikation von Events ist aufgrund des Berechnungsaufwandes und der hohen Störanfälligkeit nicht möglich. So verhindern bereits minimale Abweichungen zwischen Messwerten und Datenbank eine erfolgreiche Identifikation. Einen effizienteren Ansatz stellt die in Abschnitt 2.4 eingeführte Feature Extraction dar. Abb. 3.8 zeigt die damit verbundene Vorgehensweise: Es erfolgt ein Abgleich zwischen Messwerten aus dem System und einer bestehenden Datenbank, die sich aus simulierten Messreihen möglicher Events zusammensetzt. Die online und offline Zeitreihen werden jeweils mit dem gleichen Feature Extraction Verfahren abgebildet.

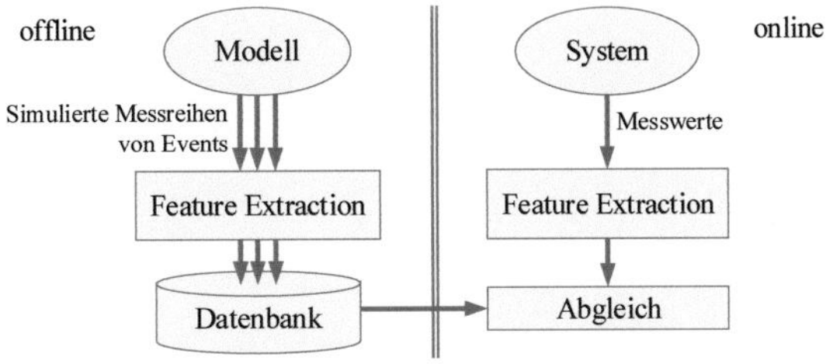

Abb. 3.8: Vereinfachte Darstellung der Identifikation mittels Feature Extraction

Die Anforderungen, die aus einem Abgleich zwischen synthetischen Daten und Messwerten hinsichtlich Präzision und Prognosegenauigkeit resultieren, werden in Abschnitt 3.3.2 adressiert.

3.3.1 Beispielhaftes Verfahren zur Feature Extraction

Bestehende Ansätze zur Feature Extraction werden in Abschnitt 2.4.2 vorgestellt. Diese unterscheiden sich hinsichtlich ihrer Komplexität und Effizienz. Da sich diese Arbeit insbesondere mit der konzeptuellen Entwicklung eines HGÜ-RAS beschäftigt und somit der Gesamtansatz im Vordergrund steht, erfolgt an dieser Stelle der Einsatz eines bewusst einfachen gehaltenen Ansatzes zur Feature Extraction auf Basis eines gleitenden Zeitfensters. Dieses Vorgehen stellt eine Erprobung des HGÜ-RAS sicher. Eine Erweiterung um aufwändigere Verfahren zur Feature Extraktion und Identifikation ist im Anschluss jederzeit ohne strukturelle Änderungen möglich.

a) Einsatz eines gleitenden Zeitfensters

Zentrales Element des Ansatzes ist die Abtastung einer Zeitreihe $\chi(t)$ mittels eines gleitenden Zeitfensters mit der konstanten Länge Δt. Wie Gleichung (3.1) beschreibt, wird innerhalb dieses Zeitfensters (t_0 bis $t_0+\Delta t$) die betragsmäßig maximal auftretende Abweichung zwischen dem stationären Wert vor Eintritt der Störung (prä-Event, $\chi_{\text{prä}}=\chi(t_0)$) und dem Zeitverlauf bestimmt ($\Delta\chi$). Das Vorgehen wird zusätzlich in Abb. 3.9 gezeigt. Der Wert $\chi(t)$ an dem die Abweichung zu $\chi_{\text{prä}}$ ihr Maximum nach Eintritt des Events (post-Event) annimmt, wird als χ_{post} bezeichnet.

$$\Delta\chi = \max_{t=t_0,\ldots,t_0+\Delta t} \left\{ \chi(t_0) - |\chi(t)| \right\} \tag{3.1}$$

Der Ansatz zielt bewusst auf ein Ableiten der maximalen Abweichung $\Delta\chi$, anstelle einer Ermittlung des maximalen post-Event Wertes (χ_{post}) innerhalb des Zeitfensters ab. Dadurch kann möglichen Abweichungen der Startwerte ($\chi_{\text{prä}}$) zwischen Modell und System, wie sie in elektrischen Energiesystemen durch systemimmanente Zustandsgrößenvolatilität auftreten, begegnet werden. Eine solche Abweichung wird in Abb. 3.9 durch die Zeitreihen a) und b) gezeigt und ergibt sich unter anderem aus abweichenden Leistungsflüssen vor Eintritt eines Events.

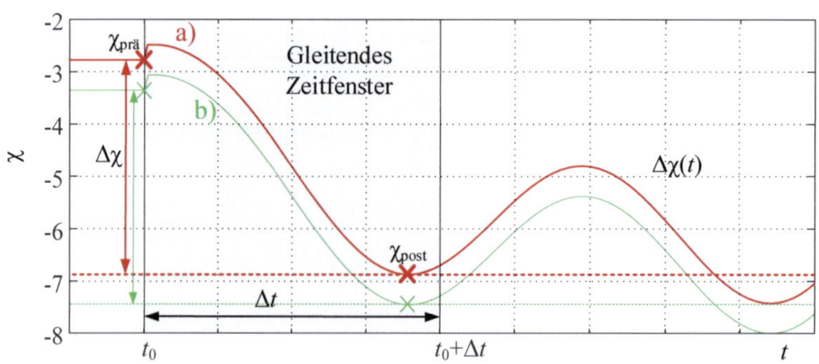

Abb. 3.9: Einsatz eines gleitenden Zeitfensters zur Feature Extraction der Zeitreihe $\chi(t)$

Das gleitende Zeitfenster wird nur bei Überschreiten eines Mindestgradienten (ε, siehe Gleichung (3.2)) geöffnet. Ein Rauschen der Messsignale, oder. deren Veränderung durch Volatilität, kann auf diese Weise unterdrückt bzw. ignoriert werden.

$$\dot{\chi}(t) \geq \varepsilon \tag{3.2}$$

b) Zuordnung der Muster zur Identifikation

Das Prinzip der Feature Extraction sieht einen Vergleich von Messreihen auf Basis derer extrahierten Features vor. Dieser Vergleich kann entweder unter Anwendung von Euklid'schen Abständen [113] oder einer im Folgenden vorgeschlagenen Vorgehensweise erfolgen. Von einem Vergleich wird an dieser Stelle abgesehen, da der Fokus dieser Arbeit auf einer grundlegenden Umsetzung des HGÜ-RAS liegt. Etwaige Verbesserungen können darauf aufbauend erfolgen.

Im Rahmen einer Identifikation von Events erfolgt stets ein Vergleich zwischen einer Datenbank und eingehenden Messwerten. Die Ergebnisse der Feature Extraction, die Werte $\Delta\chi_{\text{offline}}$ der n_c berücksichtigten Events, bilden dabei die Datenbank. Um einer negativen Beeinflussung der Identifikation durch mögliche Abweichungen zwischen der Datenbank und Messwerten entgegenzuwirken, wird $\Delta\chi_{\text{offline}}$ um ein Toleranzband ($\pm\varsigma$) erweitert. Liegt der online Wert $\Delta\chi_{\text{online}}$ nach Gleichung (3.3) innerhalb eines dieser Bereiche, findet eine Zuordnung statt. Überschneiden sich die Toleranzbänder mehrerer Werte, so ist eine eindeutige Identifikation nicht möglich. Dies gilt es im Rahmen der Parametrierung zu beachten.

$$\Delta\chi_{\text{offline}} - \varsigma_{\text{tol}} \leq \Delta\chi_{\text{online}} \leq \Delta\chi_{\text{offline}} + \varsigma_{\text{tol}} \tag{3.3}$$

Ein zusätzlich eingeführtes Totband sorgt dafür, dass nur $\Delta\chi_{\text{online}}$ oberhalb eines definierten Schwellwertes berücksichtigt werden. Events mit einem geringen Einfluss auf die betrachteten Messgrößen werden somit ausgeblendet. Gleichzeitig kann auf diese Weise aber auch fehlerhaften Zuordnungen vorgebeugt werden. Insgesamt ergeben sich aus dem beschriebenen Vorgehen zur Identifikation vier grundlegende Fälle, die Abb. 3.10 illustriert:

a) $\Delta\chi_{\text{online}}$ liegt innerhalb eines Toleranzbereiches → Eindeutige Identifikation
b) $\Delta\chi_{\text{online}}$ liegt innerhalb mehrerer Toleranzbereiche → Mehrdeutige Identifikation
c) $\Delta\chi_{\text{online}}$ liegt außerhalb aller Toleranzbereiche → Keine Identifikation
d) $\Delta\chi_{\text{online}}$ liegt innerhalb des Totbandes → Keine Identifikation

Die Abbildung zeigt den zeitlichen Verlauf der Messgröße bezogen auf den prä-Event Wert $\Delta\chi(t)_{\text{online}}$ und das daraus bestimmte Feature $\Delta\chi_{\text{online}}$ (in Rot). Die Werte der Datenbank $\Delta\chi_{\text{offline}}$ sind ebenfalls einschließlich der zugehörigen Toleranzbereiche (#1-#3) abgebildet. In Fall a) liegt $\Delta\chi_{\text{online}}$ innerhalb des Toleranzbereiches um den Wert $\Delta\chi_{\text{offline}}$ von Event #3. Eine klare Identifikation ist somit möglich. Die Toleranzbereiche der Events #1 und #2 weisen eine teilweise Überlappung auf. Liegt der extrahierte Wert $\Delta\chi_{online}$ innerhalb dieses Bereiches ist, wie in Fall b) gezeigt, keine eindeutige Identifikation möglich. Fall c) beschreibt eine ermittelte Abweichung $\Delta\chi_{online}$, die außerhalb aller Toleranzbereiche liegt und somit eine Identifikation verhindert. In Fall d) ist die registrierte Auswirkung auf das Messsignal $\chi(t)$ durch das Event so gering, dass es innerhalb des Totbandes liegt.

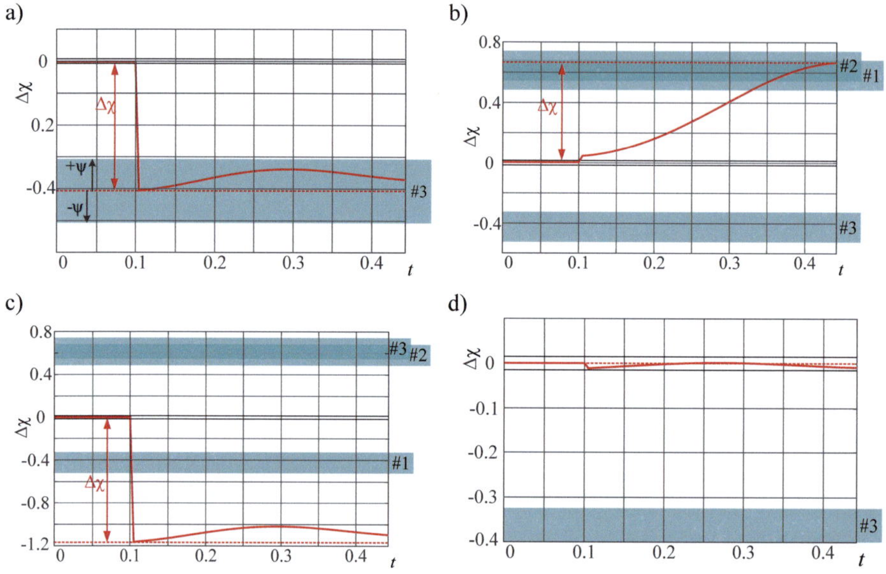

Abb. 3.10: Beispiele der Identifikation mittels Feature Extraction für die vier charakteristische Fälle a)-d) bei drei kritischen Contingencies nach Leitungsausfällen

3.3.2 Anwendung der Identifikation mittels Feature Extraction für AC-Systeme

Wesentliche Messwerte, die einer Event-Identifikation auch lokal an den AC-Sammelschienen der Umrichter zur Verfügung stehen, sind PMU-basierte Messungen der Spannungsamplituden, -winkel und Leitungsströme, als auch die Statussignale der installierten Leistungsschalter (siehe Abb. 3.11). Hinsichtlich der Spannungsmessungen erfolgt eine Vernachlässigung der Spannungsamplituden, da der Verlauf der Spannungswinkel einen deutlich höheren Informationsgehalt besitzt (vgl. Abschnitt 2.4).

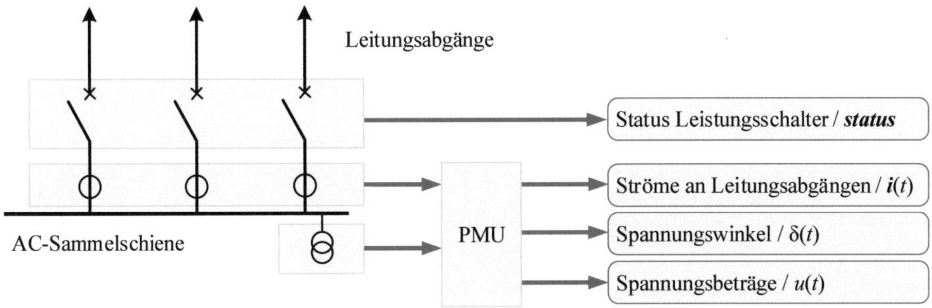

Abb. 3.11: Lokal verfügbare Informationen an AC-Sammelschiene der HGÜ-Umrichter

Basiert das Event auf einem Auslösen des Leistungsschalters in Folge eines AC-Kurzschlusses mit direktem Anschluss an eine Umrichter-Sammelschiene, so kann eine Identifikation direkt durch die Änderung des Schaltzustandes (Δ***status***) erfolgen. Der beschriebene Vorgang stellt einen Sonderfall dar. Alle anderen Events machen eine Identifikation des Events auf Basis der gemessenen zeitveränderlichen Größen von Strom und Spannung erforderlich. Die Betrachtung der Spannungswinkel stellt in vielen Publikationen die Größe zur Charakterisierung von Events dar (vgl. u. a. [92, 97, 100, 101, 106, 134]). Der Verlauf der Spannungsamplitude wird dagegen vernachlässigt. Mehrdeutige Identifikationen lassen sich durch einen höheren Informationsgehalt vermeiden. Deshalb wird die Betrachtung des Spannungswinkels um die Beträge der Leitungsströme ($\boldsymbol{i}(t)$) ergänzt. Für eine lokale Identifikation der Events an den Umrichterknoten stehen somit bei Anwendung der Feature Extraction mittels gleitendem Zeitfenster (Abschnitt 3.3.1) folgende Kenngrößen bereit:

- Ein Wert $\Delta\delta$ für jedes kritische Event
- Ein Vektor $\Delta\boldsymbol{i}$ für jedes kritische Event
- Ein Vektor Δ***status*** für jedes kritische Events

Die kombinierten Werte bilden für jedes kritische Event (c) an jedem Umrichter die ***Characteristic Fault Pattern*** (CFP^c).

a) Zentrale Vorberechnung von CFP

Die lokale Identifikation beruht auf einem Abgleich zwischen Messwerten und einer zuvor angelegten Datenbank. Diese wird nicht durch historische Daten gespeist, sondern anhand von Zeitreihensimulationen der kritischen Contingencies erstellt. Dies erfolgt unter Berücksichtigung des jeweiligen Systemarbeitspunkts (Schaltzustand, Lasten, Erzeugung, HGÜ-Arbeitspunkte, etc.). Die Gültigkeit der abgeleiteten CFP ist daher nur auf den jeweiligen Zeitpunkt beschränkt. Die zentral im Rahmen der Netzbetriebsplanung durchgeführte Vorberechnung wird in Abb. 3.12 gezeigt. Diese schließt sich der Netzsicherheitsrechnung an und wird zum Zeitpunkt k für den nächsten Zeitschritt k+1 ausgeführt. Bei

Abschluss existieren innerhalb der Datenbank für alle n_{VSC} Umrichter Listen der CFP für alle n_c kritischen Contingencies. Diese Listen werden in periodischen Abständen aus der Netzleitebene an die lokale Instanz der Umrichter auf Stationsleitebene übertragen.

Wie in Abb. 3.12 gezeigt, werden die Ergebnisse der Zeitreihensimulationen mittels Feature Extraction aufbereitet und somit vereinfacht dargestellt. Die Daten umfassen zunächst die Zeitverläufe der Spannungswinkel und Leistungsströme. Sie werden um die Event-spezifischen Zustände der jeweiligen Leistungsschalter erweitert. Dadurch wird eine Nutzung des Informationsgehalts des lokalen Schutzsystems zur Identifikation von Events sichergestellt. Die Verarbeitung der erwähnten Simulationsergebnisse beschränkt sich auf lokal an den Umrichtern verfügbare Größen. Somit existieren für jeden Umrichter n_c CFP.

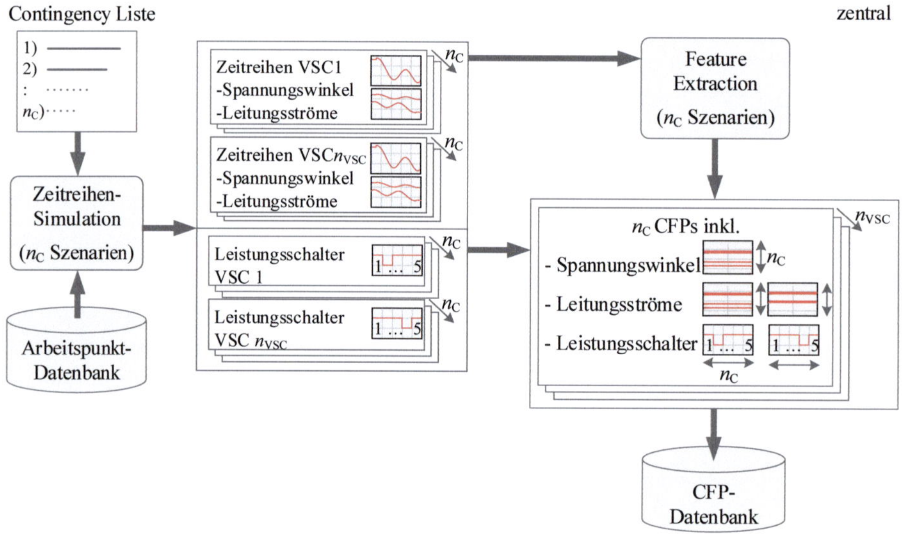

Abb. 3.12: Eingangs- und Ausgangsgrößen der Bestimmung der Characteristic Fault Pattern (CFP) für kritische Contingencies

Der Einsatz der Ergebnisse der Zeitreihensimulation anstelle historischer Messdaten (synthetische Daten, vgl. Abschnitt 2.4.1) zum Aufbau der CFP-Datenbank resultiert in gehobenen Anforderungen an die Simulation und das dafür eingesetzte dynamische Modell. Diese sind im Folgenden aufgelistet:

- Identifikation einer geeigneten Modelltiefe für AC-Betriebsmittel und Umrichter
- Hinreichend genaue Abschätzung der Betriebsmittelparameter
- Validierung und Abgleich von Modell und AC-HGÜ-System
- Einsatz der aktuellsten Prognosedaten innerhalb Netzbetriebsplanung für den betrachteten Arbeitspunkt

Diese Anforderungen an die dynamische Simulation existierender Transportnetze sind nicht auf diese Arbeit beschränkt, sondern gelten u. a. für den Einsatz eines DSA, dessen Einsatz ebenfalls auf Zeitreihensimulationen aufbaut. Aus diesem Grund wird der Aspekt nicht weiter ausgeführt. Eine Kombination beider Methoden ist für den zukünftigen Einsatz in der Praxis zu berücksichtigen. An dieser Stelle sei auch auf aktuelle Entwicklungen in der Forschung in Richtung eines präzisen dynamischen Systemabbildes (Dynamic Digital Mirror [135]) verwiesen.

b) Lokale Identifikation anhand vorberechneter CFP

Nachdem die CFP der kritischen Contingencies an zentraler Stelle extrahiert, an eine lokale Instanz der Umrichter weitergeleitet und dort in einer lokalen Datenbank abgelegt wurden, stehen diese für eine in mehrere Prozessschritte unterteilte lokale Identifikation zur Verfügung (Abb. 3.13). Dabei stellt die ständige Überwachung der Leistungsschalter eine Standardfunktion innerhalb der Stationsleittechnik dar [136]. Löst ein Leistungsschalter in Folge einer Störung aus, so wird die resultierende Zustandsänderung mit den Einträgen in der offline Datenbank als Teil der CFP verglichen. Erfolgt eine eindeutige Übereinstimmung, kann ein Event bereits in der ersten Stufe identifiziert und das Ergebnis weitergegeben werden. Das Auftreten einer Identifikation in dieser ersten Stufe ist als seltener Ausnahmefall anzusehen.

Es erfolgt ebenfalls eine kontinuierliche Überwachung des lokalen Spannungswinkels an der Station. Löst in Folge eines Events kein Leistungsschalter an der betrachteten Sammelschiene aus, während dennoch eine Überschreitung des festgelegten Gradienten (ε_δ) auftritt, wird somit zunächst das Auftreten eines Events detektiert. Die zweite Stufe des Musterabgleichs zwischen den eingehenden Messwerten und den in der Datenbank hinterlegten CFP wird als Folge ausgelöst. Events die zu einem Unterschreiten des Gradienten führen, liegen dagegen außerhalb des Identifikationsbereichs des Umrichters. Eine geeignete Auslegung der Toleranzgrenze ermöglicht das Ausblenden von entfernten Störungen oder anderer Vorgänge (z. B. Lastrauschen).

Ausgelöst durch den Spannungswinkelgradienten werden die Messwerte durch die gewählten Feature Extraction Methode weiterberarbeitet. Es wird von einer getrennten Betrachtung von Spannungswinkel und den Leitungsströmen ausgegangen. Der Musterabgleich (siehe Abschnitt 3.3.1) liefert bei einer erfolgreichen Zuordnung sog. ***Identifier*** (c_{ident}) des jeweils identifizierten kritischen Events. Hierbei sind auch mehrdeutige Identifikationen möglich. Der anschließende Vergleich der Identifier für Leitungsströme ($c_{\mathrm{ident,line}}$) und Spannungswinkel ($c_{\mathrm{ident},\delta}$) liefert drei mögliche Ergebnisse:

1. Keine Übereinstimmung der Teilergebnisse Spannungswinkel und Ströme
2. Eindeutige Übereinstimmung der Teilergebnisse Spannungswinkel und Ströme
3. Mehrdeutige Übereinstimmung der Teilergebnisse Spannungswinkel und Ströme

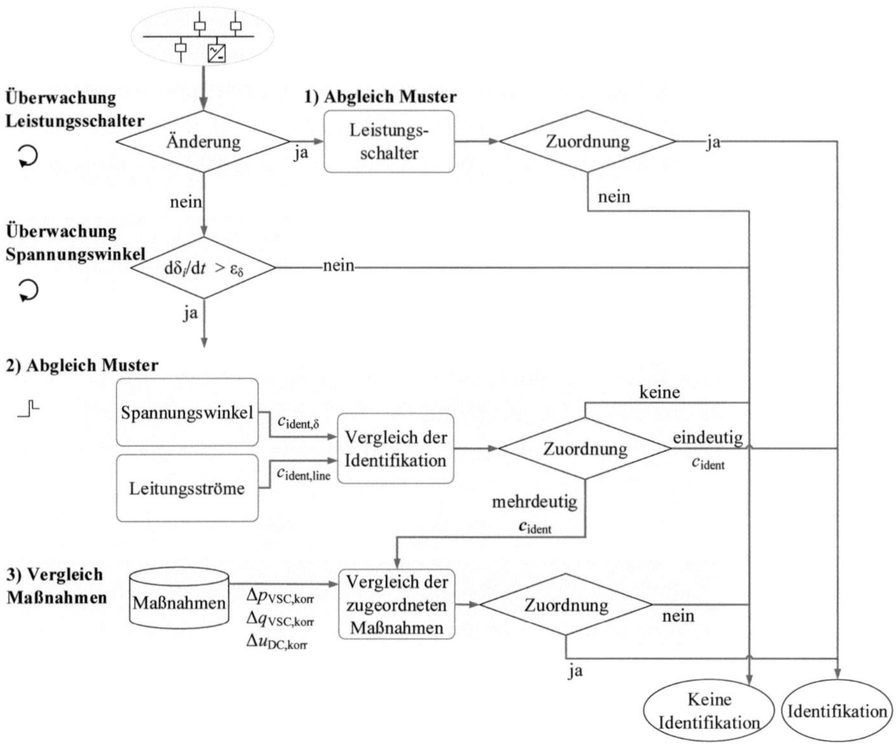

Abb. 3.13: Ablauf der Identifikation im online Betrieb an einem Umrichter

In Fall 1 ist eine Identifikation nicht möglich und der gesamte Vorgang wird abgebrochen. Fall 2 entspricht einer eindeutigen Identifikation. Das Ergebnis wird weitergeleitet und erlaubt das Auswählen und Aktivieren der zugeordneten kurativen Maßnahme. Fall 3 beschreibt das Auftreten einer mehrdeutigen Identifikation: Mehrere kritische Events weisen ähnliche Muster der Spannungswinkel und Ströme auf. In einer anschließenden dritten Stufe werden die, den jeweils identifizierten kritischen Events hinterlegten Gegenmaßnahmen verglichen. Stimmen diese überein, liegt eine eindeutige Identifikation vor. Es erfolgt eine Ausgabe des Ergebnisses. Andernfalls wird der Identifikationsprozess erfolglos beendet. Das beschriebene Vorgehen in Stufe 3 berücksichtigt, dass mehrere Events sowohl ähnliche Muster aufweisen, als auch eine ähnliche Anpassung des Systemzustandes erfordern können.

3.3.3 Robustheitsanalyse

Die Integration des HGÜ-RAS in die Netzbetriebsführung erfordert ein zuverlässiges Erkennen und Identifizieren der auftretenden kritischen Events. Die vorgestellte lokale Identifikation mittels CFP unterliegt Einschränkungen in der Differenzierbarkeit unterschiedlicher Events; beispielsweise durch mehrere Events mit ähnlichen Mustern, die im Identifikationsprozess nicht unterschieden werden können. Weiterhin spielen die Entfernung zu den Umrichtern und die Auswirkung der Events auf die erfassten Messgrößen eine wesentliche Rolle im Identifikationsprozess. Die Fähigkeit der einzelnen Umrichter die jeweiligen Events eindeutig und sichergestellt zu identifizieren, wird im weiteren Verlauf durch den Begriff Identifizierbarkeit beschrieben. Weitere Einflussfaktoren auf die Identifizierbarkeit, die in Abschnitt 5.1.2 anhand von Fallstudien beschrieben werden, sind:

- Modellunschärfe: Die Vorberechnung der CFP erfolgt mittels Zeitreihensimulationen. Diese basieren auf einem dynamischen Modell des betrachteten AC-HGÜ-Systems, welches die einzelnen Betriebsmittel (Synchronmaschinen, Leitungen, Umrichter, etc.) und deren dynamisches Verhalten im Zeitbereich im jeweiligen Arbeitspunkt abbildet. Die in dieser Arbeit gewählte Abbildungsform wird in Kapitel 4 beschrieben. Grundsätzlich unterliegt diese Abbildung einem gewissen Abstraktionsgrad zwischen Modell und realem System. Dies umfasst beispielsweise die Modelltiefe der Synchronmaschinen [137], das Abbilden der Lasten [138] oder die Beeinflussung von Messwerten durch Messeinrichtungen [139, 140].
- Modellungenauigkeiten: Neben der zuvor geschilderten Unschärfe hinsichtlich der Modelltiefe, hat die Parametrierung der Modelle einen signifikanten Einfluss auf den Verlauf von Spannungswinkel und Leitungsströme bei Systemanregung. Dies betrifft insbesondere die Synchronmaschine, als bisher noch dominierendes Betriebsmittel ([54, 141]), allerdings auch Übertragungsmittel und deren Einfluss auf stationäre und transiente Leistungsflüsse. In beiden Fällen liegen die Parameter nur als Schätzwerte vor. Die unvermeidbaren Divergenzen zwischen Modell und realem System sind zu berücksichtigen.
- Arbeitspunkte von Last und Erzeugung: Auch wenn die Berechnung der CFP in den periodischen Abläufen der Betriebsführung erfolgen, können abweichende Arbeitspunkte der Erzeugungsanlagen und vertikalen Lasten entsprechend deren volatilen Verhaltens trotz Einsatz von Prognosetools nicht ausgeschlossen werden. Es besteht ein Einfluss auf die Güte der Simulationsergebnisse und somit auch auf die Eignung der CFP zur Identifikation von Events.

Die Auswirkung der genannten Einflussfaktoren auf die Identifizierbarkeit einzelner Events durch die individuellen Umrichter (Mehrfach-, Fehl- oder Nicht-Identifikation) und sich daraus ergebende Einschränkungen für das Aktivieren von kurativen Maßnahmen sind im Vorfeld zu evaluieren. Dafür erfolgt eine Erweiterung der zentralen Vorberechnung der CFP für jede Contingency (c) um sog. ***Streuszenarien*** (Abb. 3.14). Diese erweitern den Basisfall (c_0), der mit dem dyn. Modell, dessen Parametrierung und dem Arbeitspunkt übereinstimmt, um Parametervariationen (c_s). Die Gesamtzahl der Streuszenarien wird durch n_s angegeben.

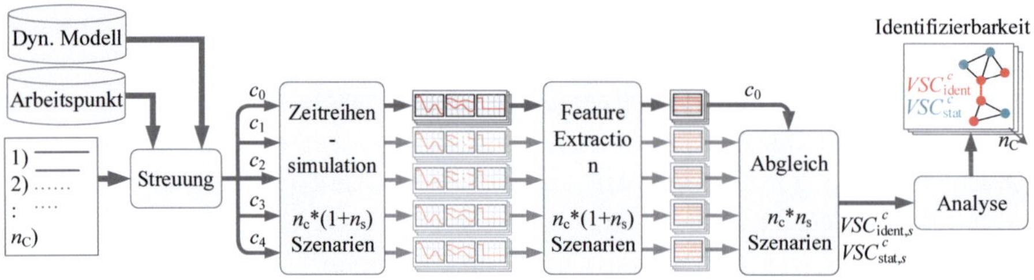

Abb. 3.14: Eingangs- und Ausgangsgrößen bei der Bestimmung der lokalen Identifizierbarkeit (VSC^c_{ident} und VSC^c_{stat}) unter Anwendung von Streuszenarien (c_1-c_4)

Die in dieser Arbeit berücksichtigten Streuszenarien umfassen die untenstehend aufgeführten Punkte. Diese stellen jeweils nur exemplarische Variationen dar, um den Einfluss auf die Identifizierbarkeit von Events abbilden zu können. So kommen vereinfacht nur prozentuale Streuungen der genannten Parameter zum Einsatz. Eine Erweiterung um klare Bildungsvorschriften der Streuszenarien im Rahmen einer Worst-Case Betrachtung steht noch aus.

- Die Parameter der Übertragungsmittel bestimmen, neben weiteren Faktoren, die Leistungsflüsse im betrachteten AC-System. Eine Variation der Parameter wirkt sich sowohl auf den post-Event Wert, als auch auf den dynamischen Zeitverlauf der untersuchten Störung aus. Eine Variation der Leitungslängen eignet sich zur vereinfachten Abbildung einer fehlerbehafteten Netzmodellierung.
- Eine Veränderung der Anlaufzeitkonstanten bewirkt eine Beeinflussung des Zeitverlaufs der dynamischen Simulation und der ermittelten CFPs. Die vereinfachte Anpassung repräsentiert die gesamte Problematik der Parameterschätzung der eingesetzten Synchronmaschinen-Modelle.
- Die Arbeitspunkte von Last und Erzeugung erfahren ebenfalls eine Variation um den prognostizierten Arbeitspunkt. Es besteht ein Einfluss auf die prä- und post-Event Werte der dynamischen Simulation. Die Abbildung von Abweichungen im Erzeugungs-Last-Profil wird in der Literatur insbesondere durch stochastische und probabilistische Ansätze abgebildet (siehe u. a. [142]).

Nachdem sowohl für den Basisfall, als auch alle Streuszenarien die Zeitreihensimulationen für alle kritischen Contingencies erfolgt sind und die entsprechenden CFP im Rahmen der Feature Extraction erzeugt wurden, erfolgt eine Emulation des eingesetzten Identifikations-Prozesses. Dabei wird der im online Betrieb lokal durchgeführte Abgleich von Messdaten und der Datenbank bereits zentral und im Rahmen der Vorberechnung anhand der Simulationsergebnisse durchgeführt. Die aus dem Basisfall c_0 abgeleiteten CFP der Umrichter dienen als Datenbank. Die Streuszenarien c_s ersetzen online Messdaten. Der Prozess wird für jedes der Streuszenarien und jede kritische Contingency durchgeführt und liefert zunächst Informationen welches Event *c* an welchem Umrichter für welches Streuszenario c_s erfolgreich lokal identifiziert werden kann. Die Ergebnisse werden entsprechend Abb. 3.14 durch die Mengen $VSC^{c}_{\text{stat},s}$ und $VSC^{c}_{\text{ident},s}$ abgebildet. Dabei umfasst $VSC^{c}_{\text{ident},s}$ die Umrichter mit erfolgreicher lokaler Identifikation der Contingency *c* für das Streuszenario *s*, die Menge $VSC^{c}_{\text{stat},s}$ die Umrichter ohne erfolgreiche lokale Identifikation. Beide Mengen umfassen entsprechend Gleichung (3.4) die im Netz installierten und am HGÜ-RAS beteiligten Umrichter (VSC_{instal}).

$$VSC_{\text{instal}} = VSC^{c}_{\text{stat},s} \bigcap VSC^{c}_{\text{ident},s} \qquad s \in n_s; c \in n_c \tag{3.4}$$

Die so gewonnenen Informationen werden im letzten Schritt (Auswertung, Abb. 3.14) entsprechend der Gleichungen (3.5) und (3.6) zu den Mengen VSC^{c}_{ident} und VSC^{c}_{stat} verarbeitet. Diese beschreiben für jedes Event, welche Umrichter eine lokale Identifikation unter Berücksichtigung von Parametervariationen sicherstellen.

$$VSC^{c}_{\text{ident}} = \bigcap_{s=1}^{n_s} VSC^{c}_{\text{ident},s} \tag{3.5}$$

$$VSC^{c}_{\text{stat}} = VSC_{\text{instal}} \setminus \left\{ \bigcap_{s=1}^{n_s} VSC^{c}_{\text{ident,s}} \right\} \tag{3.6}$$

Die durch den beschriebenen Prozess gewonnenen Informationen zur Identifizierbarkeit von kritischen Contingencies ist entsprechend des HGÜ-RAS in der Komponente *Berechnung kurativer Arbeitspunkte* (Abschnitt 3.4) zu berücksichtigen. Der in diesem Abschnitt beschriebene Ansatz kann auch für andere Methoden der Feature Extraction und lokalen Identifikation von Events eingesetzt werden. Dies ist ein Vorteil des gewählten modularen Ansatzes.

3.3.4 Interaktion mit dynamischem Verhalten der HGÜ-Umrichter

Die VSC-Technologie erlaubt den HGÜ-Umrichtern ein gegenüber der AC-Dynamik schnelles Regelungsverhalten. Dies ermöglicht sowohl eine Anpassung der Arbeitspunkte innerhalb von bis zu einer Periode, aber auch ein Einhalten der vorgegebenen Arbeitspunkte bei AC-seitigen Störungen [127, 143]. Hinzu kommt eine Bereitstellung von Blindströmen bei AC-seitigen Kurzschlüssen. Der vorgestellte Identifikationsalgorithmus arbeitet mit einem Zeitfenster mit einer Länge mehrerer 100 ms. Aufgrund der unterschiedlichen Zeitbereiche kann eine Beeinflussung des Identifikationsprozesses durch die bestehende Umrichter-nahe Regelung zunächst ausgeschlossen werden. Der Einsatz weiterer lokaler Instanzen zur Wirk- und Blindleistungsbeeinflussung (siehe Abschnitt 2.3) erfordert eine geeignete Koordination mit dem Identifikationsprozess oder eine Berücksichtigung der Instanzen in der Vorberechnung der Fehlermuster.

3.3.5 Erweiterung um dezentrale / zentrale Instanzen

Die in dieser Arbeit vorgeschlagene lokale Identifikation mit direkter Nähe zum Aktor, in Form des Umrichters, schafft eine Robustheit gegenüber Kommunikationsunterbrechungen. Eine lokale Auswertung der Messdaten reduziert das Datenaufkommen erheblich gegenüber einer zentralen Identifikation, die ebenfalls einen Stream von Echtzeitdaten erforderlich machen.

Allerdings besteht auch eine Einschränkung der Beobachtbarkeit des Gesamtsystems. So können mitunter nicht alle kritischen Events, auf die die jeweiligen Umrichter geeignet reagieren sollen, klar identifiziert werden. Eine Erweiterung des lokalen Ansatzes um nachgelagerte Instanzen ermöglicht eine Steigerung der Beobachtbarkeit des Systems bei gleichzeitiger Beibehaltung der Vorteile des lokalen Ansatzes. Die beschriebene Erweiterung der lokalen Instanz wird in Abb. 3.15 skizziert.

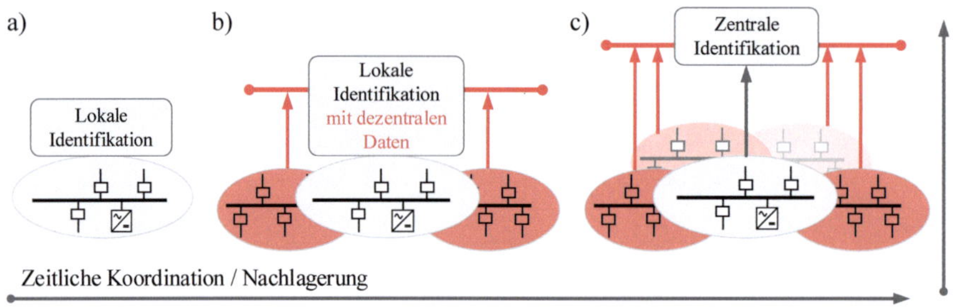

Abb. 3.15: Erweiterung der lokalen Identifikation um b) dezentrale und c) zentrale Instanzen

Detektiert die lokale Instanz ein Event ohne dieses eindeutig zu identifizieren, werden in einem zweiten Schritt Messwerte benachbarter Stationen abgerufen. Dieser Schritt zur dezentralen Identifikation kann auf mehreren Ebenen wiederholt werden, bis ein zentraler Ansatz vorliegt. Die jeweils eingesetzten Identifikationsmethoden heben sich in Abhängigkeit von den zur Verfügung stehenden Eingangsdaten (und der Datenbank) von den in dieser Arbeit beschriebenen Methodik für einen streng lokalen Ansatz ab. Die Erweiterung erfolgt sowohl durch eine zeitliche Nachlagerung, als auch durch eine vertikale Koordination der Instanzen auf den einzelnen Hierarchie-Ebenen.

3.3.6 ÜNB-Perspektive: Bereitstellung dynamischer Daten und Modelle

Die in diesem Abschnitt beschriebene Vorgehensweise zur Identifikation von kritischen Störungen beruht auf einem geeigneten Abgleich zwischen Messwerten und dynamischen Zeitreihensimulationen des betrachteten AC-Systems. Vereinfachend wird in dieser Arbeit die Existenz mehrerer ÜNBs und damit auch unterschiedlicher Beobachtungsbereiche vernachlässigt. Die unterschiedlichen Zuständigkeiten verhindern einen ungehinderten Austausch der für eine dynamische Simulation des Gesamtsystems in den einzelnen Contingency Events erforderlichen Daten. Das sich derzeit in der Entwicklung befindende Common Grid Model (CGM, [144]), das den Austausch von Daten zwischen einzelnen ÜNBs reglementiert, beschränkt sich zunächst nur auf Daten zur Bestimmung der Transportkapazitäten.

Für eine zukünftige Implementierung des RAS-Ansatzes kommt der geeigneten Abbildung des Gesamtsystems in der Komponente *Identifikation des Systemzustandes* eine wesentliche Rolle zu, die es in weiteren Schritten zu bearbeiten gilt. Ein geregelter Austausch von dynamischen Simulationsmodellen zwischen den einzelnen ÜNB wird erforderlich. Eine mögliche Alternative bieten Ansätze zur dynamischer Ersatznetzbildung [145, 146], der Einsatz einer auf mehrere Instanzen (z. B. ÜNBs) verteilten Simulation [133] oder einer Durchführung der erforderlichen Berechnungen zur Bestimmung von Fehlermustern durch Regional Security Coordination Innitiatives (RSCI, [28]).

3.4 Berechnung kurativer Arbeitspunkte im HGÜ-RAS

An zentraler Stelle erfolgt in periodischen Abständen die Bestimmung kurativer Anpassungen der Umrichter-Arbeitspunkte für die ermittelten kritischen Contingencies (vgl. Abb. 3.16). Diese kurativen Maßnahmen bestehen aus einem Anpassen der Wirk- und Blindleistungsarbeitspunkte ($p_{\mathrm{VSC,kur}}$, $q_{\mathrm{VSC,kur}}$) und der DC-Sollspannung ($u_{\mathrm{DC,kur}}$). Der damit verbundene Einfluss auf AC- und DC-Leistungsflüsse ermöglicht das wiederhergestellte Einhalten der Operational Security Limits (Leitungsbelastungen und Spannungen, vgl. Abschnitt 2.2). Die gesamte Berechnung der kurativen Arbeitspunkte erfolgt innerhalb der Netzleitebene und basiert auf dem Prinzip einer ***Corrective Security Constrained Optimal Power Flow*** Berechnung (C-SCOPF, [147]).

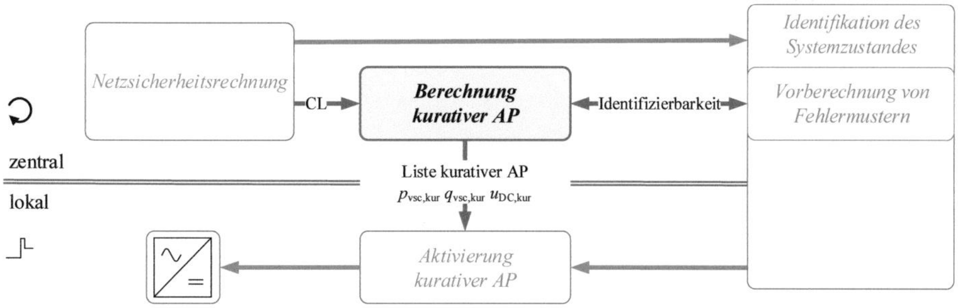

Abb. 3.16: Zyklische Vorberechnung kurativer Umrichter-Arbeitspunkte für kritische Contingencies durch Komponente *Berechnung kurativer Arbeitspunkte* innerhalb des HGÜ-RAS

Im folgenden Verlauf wird zunächst der grundlegende Ansatz bestehender C-SCOPF Verfahren diskutiert (Abschnitt 3.4.1). In einem zweiten Schritt werden spezielle Problemstellungen einer Verwendung im Kontext des HGÜ-RAS erläutert (Abschnitt 3.4.2) und in einen erweiterten C-SCOPF überführt (Abschnitt 3.4.3). Die Erweiterungen umfassen auch die Berücksichtigung der lokalen Identifizierbarkeit einzelner Events bei der Bestimmung kurativer Maßnahmen. Diese Information wird durch die zentrale Instanz der Komponente *Identifikation des Systemzustandes* bereitgestellt (vgl. Abschnitt 3.3.3).

3.4.1 C-SCOPF für vermaschte HGÜ-Netze

Aufbauend auf der Grundlage der OPF-Betrachtungen, die eine Abbildung der Netzsicherheit erlauben, werden an dieser Stelle Erweiterungen für die Optimierung von AC-HGÜ-Systemen beschrieben und existierende Anwendungsfälle vorgestellt.

a) Allgemeine C-SCOPF-Berechnung

Das Prinzip der C-SCOPF-Berechnung geht auf die Arbeit von Alsac und Stott zurück [147]. Diese erweitert bestehende OPF-Betrachtungen nach Dommel und Timney [148] entsprechend der Nebenbedingungen in Gleichung (3.8) und (3.9), um zusätzliche Szenarien c. Im Falle von Netzsicherheitsbetrachtungen entsprechen diese Szenarien den zu betrachtenden kritischen Contingencies.

$$\min F^c(\boldsymbol{x}^c, \boldsymbol{u}^c) \tag{3.7}$$

$$g^c(\boldsymbol{x}^c, \boldsymbol{u}^c) = 0 \tag{3.8}$$

$$h^c(\boldsymbol{x}^c, \boldsymbol{u}^c) \leq 0 \tag{3.9}$$

Grundsätzlich gilt es in der OPF-Berechnung eine definierte Zielfunktion F^c zu minimieren bzw. zu maximieren. Dies hat unter Berücksichtigung der sog. Nebenbedingungen zu erfolgen, welche sich in Gleichheitsbedingungen g^c und Ungleichheitsbedingungen h^c gliedern lassen. Sie dienen der Berücksichtigung physikalischer Gesetze, wie der Erfüllung des Leistungsgleichgewichts bzw. der Kirchhoff'schen Regeln und der Einhaltung definierter Betriebsgrenzen, u. a. Leitungs- oder Betriebsmittelauslastungen.

Während präventive (P-SCOPF) Betrachtungen die gesamte Menge aller NC kritischen Contingencies gemeinsam berücksichtigen (vgl. [147]), beschränkt sich der kurative Ansatz (C-SCOPF) nach [149] auf das Lösen eines kritischen Contingency Falles c pro Berechnung. Übertragen auf das in dieser Arbeit vorliegende Optimierungsproblem, wird somit für jede kritische Contingency ein korrespondierender kurativer Arbeitspunkt für jeden der n_{VSC} Umrichter bestimmt (vgl. Abb. 3.17).

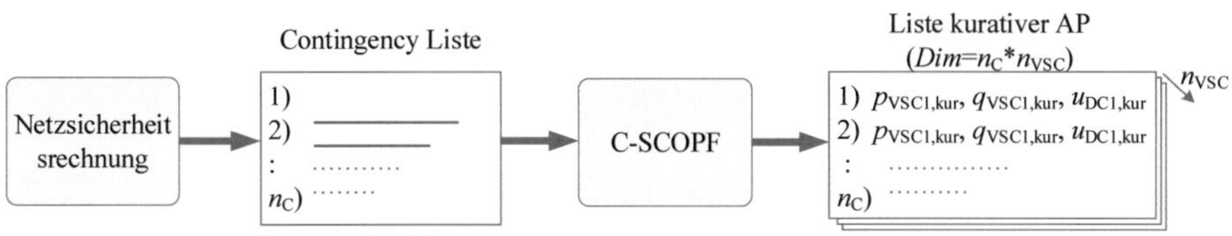

Abb. 3.17: Eingangs- und Ausgangsgrößen bei der Berechnung kurativer Arbeitspunkte auf Basis der Netzsicherheitsrechnung

Im Kontrast dazu stellt die Bestimmung von Arbeitspunkten zur Wahrung der (n-1)-Sicherheit eine klassische P-SCOPF Anwendung dar (u. a. [150, 151]). Beispiele für kurative Anwendungen existieren ebenfalls für den Generator Redispatch ([149, 152, 153]), aber auch Schalthandlungen ([154–156]).

b) OPF-Berechnung für hybride AC-HGÜ-Systeme

Der Einsatz von VSC-basierten HGÜ-Umrichtern und deren Anordnung in vermaschten Strukturen bietet bei einer reinen Optimierung dieser Umrichter insgesamt drei Freiheitsgrade, die im Optimierungsvektor $\boldsymbol{x}^c$ entsprechend Gleichung (3.10) zusammengefasst werden. Der Index c steht für die jeweils betrachtete kritische Contingency.

- Der Wirkleistungsarbeitspunkt jedes Umrichters i ($p_{\mathrm{VSC},i}$)
- Der Blindleistungsarbeitspunkt bzw. der AC-seitige Spannungssollwert jedes Umrichters i ($q_{\mathrm{VSC},i}$ bzw. $u_{\mathrm{AC,i}}$)
- Die Sollspannung der DC-Spannungsregelung jedes Umrichters i ($u_{\mathrm{DC},i}$)

$$\boldsymbol{x}^c = \begin{bmatrix} \boldsymbol{p}_{\mathrm{VSC}}^c & \boldsymbol{q}_{\mathrm{VSC}}^c & \boldsymbol{u}_{\mathrm{DC}}^c \end{bmatrix} \tag{3.10}$$

Die im folgenden beschriebene Umsetzung einer OPF-Berechnung für ein vermaschtes HGÜ-Netz geht auf [157–159] zurück. Dabei sind grundsätzlich die Gleichheits- und Ungleichheitsbedingungen gegliederten Nebenbedingungen aus Gleichung (3.11) bis (3.19) zu berücksichtigen.

Wesentlich ist die Erfüllung der Leistungsflussgleichungen auf der AC- und der DC-Seite des Gesamtsystems. Da die lokale Bereitstellung von Blindleistung einen wesentlichen Einfluss auf die Leitungsauslastung heutiger Transportnetze hat, wird AC-seitig eine vollständige Leistungsflussbetrachtung anstelle vereinfachter Betrachtungen (u. a. DC-Leistungsfluss) durchgeführt. Die Nebenbedingungen umfassen Wirk- (Gleichung (3.11)) und Blindleistung (Gleichung (3.12)). Die aufgeführte Knotenbilanz für jeden Knoten i setzt sich aus den Lasten, der Erzeugung, der Umrichter-Arbeitspunkte und den angeschlossenen Leitungen zusammen. Die komplexen Knotenspannungen werden durch $\underline{u}_{\mathrm{AC},i}$ und $\underline{u}_{\mathrm{AC},j}$ abgebildet. Die Längselemente der Knotenadmittanzen werden durch $\underline{Y}_{\mathrm{AC},ij}$ zusammengefasst, Querelemente werden vernachlässigt.

$$0 = \sum p_{\text{gen},i} + \sum p_{\text{load},i} + p_{\text{VSC},i} + real(\underline{u}_{\text{AC},i} \sum_{j=1}^{n_{\text{DC}}} \underline{Y}_{\text{AC},ij} (\underline{u}_{\text{AC},i} - \underline{u}_{\text{AC},j})) \tag{3.11}$$

$$0 = \sum q_{\text{gen},i} + \sum q_{\text{load},i} + q_{\text{VSC},i} + imag(\underline{u}_{\text{AC},i} \sum_{j=1}^{n_{\text{DC}}} \underline{Y}_{\text{AC},ij} (\underline{u}_{\text{AC},i} - \underline{u}_{\text{AC},j})) \tag{3.12}$$

Auf Seite des HGÜ-Netzes ist dagegen nur das Wirkleistungsgleichgewicht zu betrachten. Entsprechend Gleichung (3.13) beinhaltet dieses die Wirkleistungseinspeisung bzw. -entnahme der Umrichter, deren interne Verluste ($p_{\text{VSC,loss}}$, vgl. [61, 160]) und die Beiträge der abgehenden Leitungen.

$$0 = p_{\text{VSC},i} + p_{\text{VSC,loss},i} + u_{\text{DC},i} \sum_{j=1}^{n_{\text{DC}}} Y_{\text{DC},ij} (u_{\text{DC},i} - u_{\text{DC},j}) \tag{3.13}$$

Die Nebenbedingungen umfassen Ungleichheitsbedingungen, die zur Beachtung definierter Grenzwerte und somit auch zur Einhaltung der Operational Security Limits führen. Wichtig ist dabei die Berücksichtigung der thermischen Grenzen der Umrichter, die in Gleichung (3.14) und (3.15) vereinfacht nach Wirk- und Blindleistung getrennt sind.

$$\boldsymbol{p}_{\text{VSC,min}} \leq \boldsymbol{p}_{\text{VSC,corr}}^{c} \leq \boldsymbol{p}_{\text{VSC,max}} \tag{3.14}$$

$$\boldsymbol{q}_{\text{VSC,min}} \leq \boldsymbol{q}_{\text{VSC,corr}}^{c} \leq \boldsymbol{q}_{\text{VSC,max}} \tag{3.15}$$

Die Spannungen an den AC- und DC-Knoten stellen ebenfalls eine Beschränkung dar und werden entsprechend Gleichung (3.16) und (3.17) berücksichtigt. Dies erlaubt gleichermaßen die Korrektur von verletzten Knotenspannungen, sowie das Beibehalten zulässiger Werte im Rahmen kurativer Arbeitspunkt-Anpassungen.

$$\boldsymbol{q}_{\text{VSC,min}} \leq \boldsymbol{q}_{\text{VSC,corr}}^{c} \leq \boldsymbol{q}_{\text{VSC,max}} \tag{3.16}$$

$$\boldsymbol{u}_{\text{DC,min}} \leq \boldsymbol{u}_{\text{DC}}^{c} \leq \boldsymbol{u}_{\text{DC,max}} \tag{3.17}$$

Ähnlich der Knotenspannungen sind die Auslastungen der AC- und DC-Leitungen bzw. Übertragungsmittel entsprechend der definierten Operational Security Limits in der Optimierung zu berücksichtigen. Nach Gleichung (3.18) und (3.19) erfolgt diese Berücksichtigung auf Basis der maximal zulässigen Ströme, die sich aus den Ergebnissen der Leistungsflussberechnung bestimmen lassen.

$$\left|\boldsymbol{i}_{\text{AC}}^{c}\right| \leq \boldsymbol{i}_{\text{AC,max}} \tag{3.18}$$

$$\left|\boldsymbol{i}_{\text{DC}}^{c}\right| \leq \boldsymbol{i}_{\text{DC,max}} \tag{3.19}$$

c) Existierende SCOPF-Anwendungen für AC-HGÜ-Systeme

In der Literatur existieren bereits erste Arbeiten, die einen Einsatz von SCOPF-Betrachtungen für AC-Netze mit (vemaschten) HGÜ-Verbindungen und den im Abschnitt zuvor beschriebenen Nebenbedingungen beschreiben. Anwendungen von P-SCOPF Algorithmen werden erstmals durch [161] adressiert. Sennewald et al. greifen diese Vorarbeit in [162] auf, um eine Wahrung der (n-1)-Sicherheit bzw. eine Maximierung der Systemsicherheit durch präventive Anpassung der Umrichter-Arbeitspunkte zu ermöglichen.

Eine Bestimmung kurativer Maßnahmen für HGÜ-Umrichter innerhalb eines AC-Netzes zur Korrektur statischer Sicherheitsaspekte (Knotenspannung, Leitungsauslastung) wird in [163] beschrieben. Die Betrachtung beschränkt sich zunächst noch auf Punkt-zu-Punkt-Verbindungen. Dabei erfolgt eine reine Optimierung der Wirkleistungsarbeitspunkte. Die Aspekte der Blindleistung und DC-Spannung bleiben unberücksichtigt. Eine Erweiterung um die Sollwerte der DC-Spannungsregelung zum Einsatz in vermaschten HGÜ-Strukturen formulieren erstmals Wiget et al. in [164]. Die Limitierung auf die Wirkleistungsarbeitspunkte der Umrichter als einziger Freiheitsgrad der Optimierung existiert weiterhin. In beiden Fällen findet eine Linearisierung des Optimierungsproblems statt. Die Lösung erfolgt mittels Interior Point Verfahren.

In [165] erfolgt ebenfalls eine Berechnung kurativer Arbeitspunktkorrekturen für ein vermaschtes HGÜ-Netz mit ökonomischer Motivation. Die Optimierung bleibt auch dort auf Wirkleistungsarbeitspunkte beschränkt, Aspekte der Blindleistung und DC-Spannung werden ebenfalls in den Nebenbedingungen adressiert. Die C-SCOPF Berechnung berücksichtigt zusätzlich die Arbeitspunktanpassung der Generatoren als konventionellen Redispatch. Dabei erfolgt eine Unterscheidung zwischen schnellen und kostenneutralen Anpassungen der Umrichter, sowie langsamen und kostenintensiven Korrekturen der Kraftwerksarbeitspunkte. Die Berechnung erfolgt aufgrund der hohen Komplexität bzw. der ausgeprägten Nichtlinearität in zwei Schritten: Zunächst wird ein zulässiger Lösungsraum mittels Differential Evolution [166] eingeschränkt, um dann mittels Interior Point Optimierung die optimale Lösung zu bestimmen.

3.4.2 Erweiterter C-SCOP zur Umsetzung des HGÜ-RAS

Die vorgestellten existierenden Verfahren zur Optimierung von HGÜ-Arbeitspunkten unterliegen nach derzeitigem Stand einer Reihe von Beschränkungen. Unter Berücksichtigung der hier zugrundeliegenden Fragestellung können wesentliche Defizite der bekannten Verfahren identifiziert werden:

- Beschränkung auf eine Optimierung von p_{vsc} und u_{DC}, bei Vernachlässigung von $u_{\mathrm{AC}}/q_{\mathrm{vsc}}$
- Gemeinsame Optimierung aller Umrichter, keine Beschränkung der Freiheitsgrade auf ausgewählte Umrichter

In den folgenden Abschnitten werden die identifizierten Defizite durch den Entwurf geeigneter Zielfunktionen für den C-SCOPF als Teil des HGÜ-RAS adressiert.

a) Optimierung der Blindleistung

Die lokale Bereitstellung von Blindleistung stellt aufgrund deren Anteil an Leistungsflüssen und Betriebsmittelauslastungen zusätzlich zur Wirkleistungseinsatzoptimierung einen wesentlichen Freiheitsgrad im Netzbetrieb dar. Dieser wird auch bereits bei gemischten AC-HGÜ-Systeme in ersten Ansätzen zur Optimierung betrachtet. Allerdings zielen diese auf eine Erhöhung der Spannungsstabilität, anstelle der in dieser Arbeit geforderten Beseitigung von Engpässen ab [167–169].

Im Rahmen dieser Arbeit wird vorgeschlagen, bestehende C-SCOPF-Ansätze um die Blindleistungsoptimierung zu ergänzen. Eine kombinierte Betrachtung von Wirk- und Blindleistungsoptimierung ermöglicht das Beheben von Verletzungen von Spannungsbändern oder Grenzen der Blindleistungsbereitstellung. Zusätzlich können ggf. Blindleistungstransite reduziert werden und so bei gleicher Wirksamkeit der kurativen Maßnahmen die Abweichung der Wirkleistung vom stationären Arbeitspunkt der Umrichter minimiert werden.

Durch die Erweiterung des Optimierungsansatzes steigt die Komplexität des Optimierungsproblems. Der Zustandsvektor (Gleichung (3.20)) wird um die Blindleistungsarbeitspunkte ($\boldsymbol{q}_{\text{VSC,kur}}$, Gleichung (3.21a)) bzw. die AC-Sollspannung an den Umrichtern ($\boldsymbol{u}_{\text{AC,VSC,kur}}$, Gleichung (3.21a)) erweitert. Die Unterscheidung zwischen Optimierung des Blindleistungs-APs (3.20a) oder AC-Sollspannung (3.20b) ist optional, beeinflusst allerdings die Umsetzung des OPF-Algorithmus und wird deshalb in Abschnitt 3.4.3 aufgegriffen.

Vorher
$$\boldsymbol{x}^c = \left[\boldsymbol{p}^c_{\text{VSC,kur}} \quad \boldsymbol{u}^c_{\text{DC,kur}} \right] \tag{3.20}$$

Nachher a)
$$\boldsymbol{x}^c = \left[\boldsymbol{p}^c_{\text{VSC,kur}} \quad \boldsymbol{q}^c_{\text{VSC,kur}} \quad \boldsymbol{u}^c_{\text{DC,kur}} \right] \tag{3.21a}$$

Nachher b)
$$\boldsymbol{x}^c = \left[\boldsymbol{p}^c_{\text{VSC,kur}} \quad \boldsymbol{u}^c_{\text{AC,VSC,kur}} \quad \boldsymbol{u}^c_{\text{DC,kur}} \right] \tag{3.20b}$$

b) Selektive Optimierung: Berücksichtigung der lokalen Identifikation

Die lokale Identifikation kritischer Events unterliegt bestimmten Grenzen, da nicht jedes Event durch alle Umrichter klar identifiziert werden kann. Entsprechend des HGÜ-RAS ist die beschriebene Beschränkung der Umrichter mit lokaler Identifikation im Rahmen der Vorberechnung der jeweiligen kurativen Maßnahmen zu berücksichtigen. Die Optimierung umfasst dann im Falle c nicht mehr alle Umrichter, sondern nur noch jene mit einer sichergestellten lokalen Identifikation (VSC^c_{ident}). Die übrigen Umrichter (ohne sichergestellte lokale Identifikation, VSC^c_{stat}) sollen ihre Wirk- und Blindleistungsarbeitspunkte einhalten, um Wechselwirkungen mit den kurativen Maßnahmen zu vermeiden.

Der Zustandsvektor der Optimierung ergibt sich durch diese geforderte Beschränkung und unter Berücksichtigung der Annahmen aus Punkt a) zu Gleichung (3.22a) bzw. Gleichung (3.22b).

$$\boldsymbol{x}^c = \left[\boldsymbol{p}^c_{\mathrm{VSC,kur},m} \quad \boldsymbol{q}^c_{\mathrm{VSC,kur},m} \quad \boldsymbol{u}^c_{\mathrm{DC,kur},n} \right] \quad \forall m \in VSC^c_{\mathrm{ident}}; \forall n \in VSC^c_{\mathrm{ident}} \cup VSC^c_{\mathrm{stat}} \tag{3.22a}$$

$$\boldsymbol{x}^c = \left[\boldsymbol{p}^c_{\mathrm{VSC,kur},m} \quad \boldsymbol{u}^c_{\mathrm{AC,VSC,kur},m} \quad \boldsymbol{u}^c_{\mathrm{DC,kur},n} \right] \quad \forall m \in VSC^c_{\mathrm{ident}}; \forall n \in VSC^c_{\mathrm{ident}} \cup VSC^c_{\mathrm{stat}} \tag{3.21b}$$

Während die Wirk- und Blindleistungsarbeitspunkte aktiv auf die Menge VSC^c_{ident} beschränkt werden kann, ist dies für die Arbeitspunkte der DC-Spannung nicht möglich, da das gesamte Spannungsprofil des HGÜ-Systems zur Sicherstellung konvergierender und zulässiger Leistungsflüsse, sowie der DC-Leistungsbilanz entsprechend Gleichung (3.10) zu betrachten ist. Somit umfasst $\boldsymbol{u}^c_{\mathrm{DC,kur},n}$ weiterhin alle HGÜ-Umrichter ($VSC^c_{\mathrm{ident}} \cup VSC^c_{\mathrm{stat}}$). Die Einteilung der Umrichter in die Mengen VSC^c_{ident} und VSC^c_{stat} erfolgt für jeden Fehlerfall c getrennt und vor der eigentlichen C-SCOPF-Berechnung. Ein geeignetes Verfahren zur robusten Bestimmung der Mengen wird in Abschnitt 3.3.3 beschrieben.

c) Zielfunktion 1 & 2: Steuerung der Wirk- und Blindleistung

Kurative Arbeitspunktanpassungen der Umrichter haben einen Einfluss auf den Verbundbetrieb (vgl. Abschnitt 3.4.4) und auf das dynamische AC-Systemverhalten (siehe Abschnitt 3.5). Während der C-SCOPF-Berechnung, soll die erforderliche Abweichung von aktuellen Arbeitspunkten durch kurative Maßnahmen minimiert werden. Die entsprechende mathematische Formulierung zeigen Gleichungen (3.23) und (3.24).

$$f_1(\boldsymbol{x}^c, \boldsymbol{u}^c) = \sum_m \left| p^c_{\mathrm{VSC},m} - p^c_{\mathrm{VSC,kur},m} \right| \quad \forall m \in VSC^c_{\mathrm{ident}} \tag{3.23}$$

$$f_2(\boldsymbol{x}^c, \boldsymbol{u}^c) = \sum_m \left| q^c_{\mathrm{VSC},m} - q^c_{\mathrm{VSC,kur},m} \right| \quad \forall m \in VSC^c_{\mathrm{ident}} \tag{3.24}$$

Die Beurteilung von Wirk- und Blindleistungsänderungen erfolgt getrennt, um diese im Anschluss auch unterschiedlich gewichten zu können. Eine Anpassung der Blindleistung wird in dieser Arbeit gegenüber der Wirkleistung präferiert, da diese einerseits einen sehr beschränkten Einfluss auf die Wirkleistungsbilanz der einzelnen Regelzonen hat und andererseits keine Änderung der DC-Spannung bzw. keine veränderten DC-Leistungsflüsse bedingt.

d) Zielfunktion 3: Optimierung der DC-Spannung

Die Optimierung der DC-Spannung im Rahmen des HGÜ-RAS hängt stark mit der Vorgehensweise zur lokalen Aktivierung der kurativen Arbeitspunktanpassungen zusammen. In Abschnitt 3.5.2 werden zunächst unterschiedliche Varianten verglichen. Die dabei ausgewählte Variante ermöglicht eine Anpassung der Wirkleistungsarbeitspunkte, ohne direkte Berücksichtigung der Arbeitspunkte der DC-Spannungsregelung an den betroffenen Umrichtern. Stattdessen sieht das HGÜ-RAS vor, nach Abschluss der Ausführung der kurativen Wirk- und Blindleistungsanpassungen, die DC-Sollspannungen an allen Umrichtern des HGÜ-Systems entsprechend der erfolgten Wirkleistungskorrektur zu korrigieren. Aus diesem Grund wird die DC-Spannung weiterhin als Freiheitsgrad in der C-SCOPF-Berechnung für alle Umrichter berücksichtigt. Die dafür eingesetzte Zielfunktion orientiert sich dabei an bestehenden Optimierungsverfahren (u. a. [170–172]).

So definiert Renner in [172] zusätzlich zu dem Band der zulässigen DC-Spannungen ($u_{\mathrm{DC,min}}$, $u_{\mathrm{DC,max}}$) ein Band für die Betriebsspannung ($u_{\mathrm{DC,operation\_min}}$, $u_{\mathrm{DC,operation\_max}}$). Dadurch lässt sich auch bei schwankenden DC-Spannungen ein stabiler und zulässiger Betrieb sicherstellen. Die Zielfunktion nach Gleichung (3.25) sorgt für eine Maximierung der DC-Spannungen an den einzelnen Umrichter zur Reduzierung der Übertragungsverluste unter Einhaltung des Spannungsbandes durch die Nebenbedingungen.

$$f_3(\boldsymbol{x}^c, \boldsymbol{u}^c) = \sum_m \left| u^c_{\mathrm{DC,operation\_max},m} - u^c_{\mathrm{DC,kur},m} \right| \quad \forall m \in VSC^c_{\mathrm{ident}} \cup VSC^c_{\mathrm{stat}} \tag{3.25}$$

3.4.3 Umsetzung des C-SCOPF für HGÜ-RAS

Mit dem zuvor formulierten C-SCOPF-Problem als Komponente des HGÜ-RAS ergibt sich die in Abb. 3.18 gezeigte Struktur. Die Umsetzung erfolgt mittels Differential Evolution, als Familienmitglied der Artificial Intelligence Methoden. Dieses Verfahren wurde durch den Autor in [173] als zur Lösung der dargestellten Problemstellung geeignet identifiziert. Eine ausführliche Beschreibung der Auswahl erfolgt in Anhang A.2. Das Verfahren erlaubt den Einsatz mehrerer Teilzielfunktionen sowie die Berücksichtigung nichtlinearer Problemstellungen.

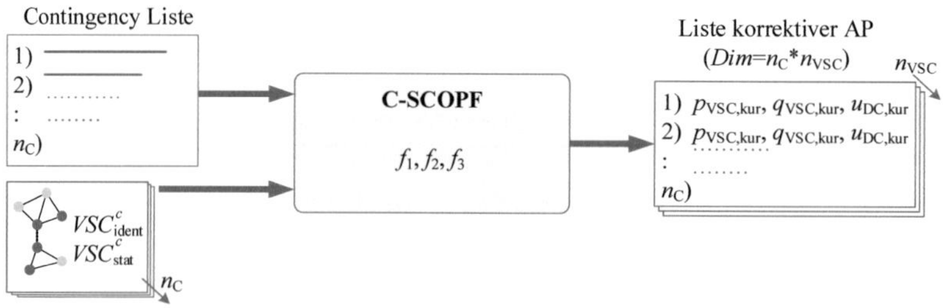

Abb. 3.18: Eingangs- und Ausgangsgrößen bei der Berechnung kurativer Arbeitspunkte unter zusätzlicher Berücksichtigung der lokalen Identifikation

Der Optimierungsvektor setzt sich aus den kurativen Arbeitspunkten der Wirk- und Blindleistung an den Umrichtern mit sichergestellter Identifikation (VSC^c_{ident}) sowie der DC-Sollspannung für alle Umrichter ($VSC^c_{\mathrm{ident}} + VSC^c_{\mathrm{stat}}$) zusammen (siehe Gleichung (3.26)).

So wird der in Abschnitt 3.3.3 vorgestellte Ansatz zur Evaluierung der lokalen Identifikation berücksichtigt und in die C-SCOPF Berechnung integriert.

$$\boldsymbol{x}^c = \begin{bmatrix} \boldsymbol{p}^c_{\mathrm{VSC,kur},m} \\ \boldsymbol{q}^c_{\mathrm{VSC,kur},m,} \\ \boldsymbol{u}^c_{\mathrm{DC,kur},n} \end{bmatrix}, \quad \forall m \in VSC^c_{\mathrm{ident}}; \forall n \in VSC^c_{\mathrm{ident}} \cup VSC^c_{\mathrm{stat}} \tag{3.26}$$

Der Einsatz der Differential Evolution erlaubt den Einsatz einer Newton-Raphson-Leistungsflussberechnung (NRLFB) zur Bestimmung der AC-Leistungsflüsse. Für den Betrieb der Synchronmaschinen wird von einer AC-Spannungsregelung an den jeweiligen Knoten ausgegangen. Somit werden diese als *PU*-Knoten abgebildet. Für die Umrichter wird dagegen von einer konstanten Bereitstellung der vorgegebenen Blindleistung ausgegangen. Es erfolgt eine Abbildung als *PQ*-Knoten im Rahmen der NRLFB (siehe auch [167–169])

Die zu berücksichtigenden Nebenbedingungen ergeben sich demnach zu Gleichung (3.27) - Gleichung (3.34). Die Leistungsbilanzen der AC-Knoten sind automatisch durch die NRLFB sichergestellt und müssen somit nicht mehr gesondert überprüft werden.

$$0 = p_{\mathrm{VSC},i} + p_{\mathrm{VSC,loss},i} + u_{\mathrm{DC},i} \sum_{j=1}^{n_{\mathrm{DC}}} Y_{\mathrm{DC},ij} (u_{\mathrm{DC},i} - u_{\mathrm{DC},j}) \tag{3.27}$$

$$\boldsymbol{p}_{\mathrm{VSC,min}} \le \boldsymbol{p}^c_{\mathrm{VSC,kur}} \le \boldsymbol{p}_{\mathrm{VSC,max}} \tag{3.28}$$

$$\boldsymbol{q}_{\mathrm{VSC,min}} \le \boldsymbol{q}^c_{\mathrm{VSC,kur}} \le \boldsymbol{q}_{\mathrm{VSC,max}} \tag{3.29}$$

$$\eta_{\mathrm{Gen}} * \boldsymbol{q}_{\mathrm{Gen,min}} \le \boldsymbol{q}^c_{\mathrm{Gen}} \le \eta_{\mathrm{Gen}} * \boldsymbol{q}_{\mathrm{Gen,max}} \tag{3.30}$$

$$\boldsymbol{u}_{\mathrm{AC,min}} \le \boldsymbol{u}^c_{\mathrm{AC}} \le \boldsymbol{u}_{\mathrm{AC,max}} \tag{3.31}$$

$$\boldsymbol{u}_{\mathrm{DC,min}} \le \boldsymbol{u}^c_{\mathrm{DC,kur}} \le \boldsymbol{u}_{\mathrm{DC,max}} \tag{3.32}$$

$$\boldsymbol{u}_{\mathrm{DC,operation\_min}} \le \boldsymbol{u}^c_{\mathrm{DC,kur}} \le \boldsymbol{u}_{\mathrm{DC,operation\_max}} \tag{3.33}$$

$$\left|\boldsymbol{i}^c_{\mathrm{AC}}\right| \le \eta_{\mathrm{line}} * \boldsymbol{i}_{\mathrm{AC,max}} \tag{3.34}$$

$$\left|\boldsymbol{i}^c_{\mathrm{DC}}\right| \le \eta_{\mathrm{line}} * \boldsymbol{i}_{\mathrm{DC,max}} \tag{3.35}$$

Die Nebenbedingung nach Gleichung (3.32) geht auf [172] zurück und ermöglicht eine zusätzliche Einschränkung des zulässigen DC-Spannungsbandes in einem stationären Arbeitsbereich (vgl. Abschnitt 3.4.2 d)). Die eingeführten Faktoren η_{Gen} (Gleichung (3.30)) sowie η_{line} (Gleichung (3.34) und (3.35)) ermöglichen eine Berücksichtigung von Sicherheitsabständen zur zulässigen Betriebsmittelauslastung bei der Bestimmung kurativer Maßnahmen. Die drei vorgestellten Teil-Zielfunktionen werden gewichtet addiert. Die resultierende Zielfunktion ist Gleichung (3.36).

$$F(\boldsymbol{x}^c,\boldsymbol{u}^c) = \underbrace{a_1 f_1(\boldsymbol{x}^c,\boldsymbol{u}^c)}_{\text{Anpassung(Wirkleistung)}} + \underbrace{a_2 f_2(\boldsymbol{x}^c,\boldsymbol{u}^c)}_{\text{Anpassung(Blindleistung)}} + \underbrace{a_3 f_3(\boldsymbol{x}^c,\boldsymbol{u}^c)}_{\text{Optimierung(DC-Spannung)}} \tag{3.36}$$

3.4.4 Regelzonenübergreifende Koordination der C-SCOPF-Berechnung

Ein vermaschtes europäisches HGÜ-Netz wird mehrere ÜNBs und deren Regelzonen überspannen. Dabei ist gegenwärtig noch unklar, wie eine Koordination der Umrichterarbeitspunkte unter Abstimmung der einzelnen ÜNBs erfolgen wird. Mögliche Ansätze werden dabei u. a. in [67, 174] vorgestellt und diskutiert. Abb. 3.19 beschreibt einen grundsätzlichen Ansatz zur Bestimmung kurativer Arbeitspunkte bei mehreren ÜNB.

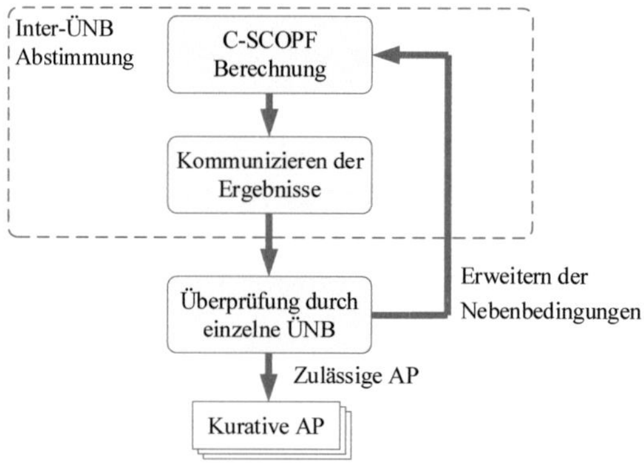

Abb. 3.19: Möglicher Austausch der ÜNB während der C-SCOPF-Berechnung [67]

Die im Rahmen dieses Ansatzes vorgesehene Vorberechnung der kurativen Arbeitspunkte als Teil der Netzbetriebsführung erlaubt eine derartige Erweiterung zur Abstimmung mehrerer ÜNBs. Dabei können auch Regional Security Coordination Innitiatives (RSCI, [28]), darunter CORESO und TSC eine maßgebliche Rolle spielen. Diese übernehmen nach [48] bereits heute koordinative Tätigkeiten in der präventiven Engpassbeseitigung zwischen mehreren ÜNBs. Je nach Contingency Event kann die Beteiligung der Umrichter auf zwei unterschiedliche oder sogar nur einen ÜNB beschränkt werden, um den Koordinationsaufwand zu reduzieren. Die Gliederung des HGÜ-RAS lässt für die periodisch erfolgende Berechnung kurativer Arbeitspunkte im Rahmen der Netzbetriebsplanung genug Zeit für eine Koordination nach einer der im Abschnitt aufgeführten Vorgehensweisen. Nähere Betrachtungen dazu finden im Rahmen diese Arbeit nicht statt.

3.5 Aktivierung kurativer Arbeitspunkte im HGÜ-RAS

Nachdem der Eintritt eines kritischen Events lokal identifiziert wurde, folgt eine Aktivierung der zugeordneten kurativen Maßnahme durch die einzelnen Umrichter. Diese setzt sich zunächst aus Änderungen der Wirk- und Blindleistung zusammen. Ein Anpassen der

Wirkleistungsarbeitspunkte in vermaschten HGÜ-Netzen erfordert zusätzlich eine Berücksichtigung des Arbeitspunktes der DC-Spannungsregelung. Die vorberechneten kurativen Arbeitspunkte führen zu den durch Gleichung (3.37)-(3.39) beschriebenen absoluten Änderungen, die im weiteren Verlauf des Abschnitts verwendet werden.

$$\Delta p^{c}_{\mathrm{kur}} = p^{c}_{\mathrm{VSC,kur}} - p^{c}_{\mathrm{VSC,ref,0}} \tag{3.37}$$

$$\Delta q^{c}_{\mathrm{kur}} = q^{c}_{\mathrm{VSC,kur}} - q^{c}_{\mathrm{VSC,ref,0}} \tag{3.38}$$

$$\Delta u^{c}_{\mathrm{DC,kur}} = u^{c}_{\mathrm{DC,kur}} - u^{c}_{\mathrm{DC,ref,0}} \tag{3.39}$$

Abb. 3.20 weist die entsprechende HGÜ-RAS Komponente ***Aktivierung kurativer Arbeitspunkte*** als lokale Instanz innerhalb der Stationsleitebene der einzelnen Umrichter aus. Anhand des Ergebnisses der lokalen Identifikation (Event-ID) durch die Komponente *Identifikation des Systemzustandes* wird bei erfolgreicher Identifikation eines kritischen Events die zugehörige Anpassung aus der Liste kurativer Arbeitspunkte ausgewählt. Diese Liste wird durch die Komponente *Berechnung kurativer Arbeitspunkte* lokal bereitgestellt.

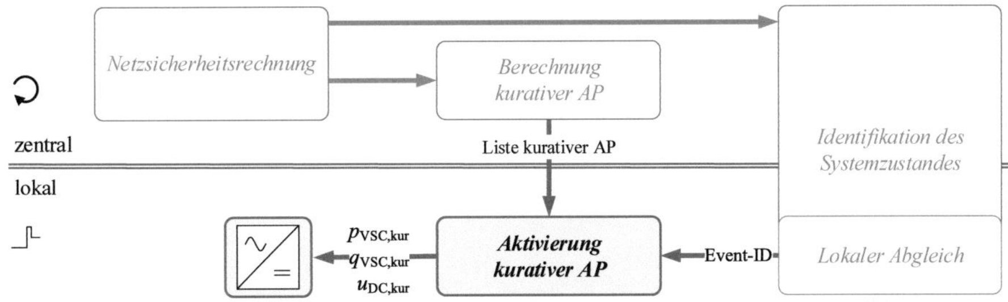

Abb. 3.20: Lokale Aktivierung der AP-Anpassungen entsprechend des identifizierten Events durch Komponente *Aktivierung Kurativer AP* innerhalb des HGÜ-RAS

Wie Abb. 3.20 zeigt, werden die kurativen Arbeitspunkte zur Gewährleistung des lokalen Ansatzes an die Umrichter und deren lokale Umrichter-Regelung weitergegeben. Deren Struktur wurde bereits in Abb. 3.2 dargestellt. Eine detaillierte Beschreibung sowie der Entwurf einer Schnittstelle erfolgen in Abschnitt 3.5.2.

Eine zentrale Anforderung an das HGÜ-RAS ist eine Wahrung der Stabilität von AC- und HGÜ-System bei der Ausführung kurativer Maßnahmen. Dabei spielen die Leistungsgradienten der Arbeitspunktanpassungen eine zentrale Rolle. Weiterhin führt der lokale Ansatz zu einer Aktivierung der kurativen AP durch die individuellen Umrichter, ohne dass eine Koordination mit den anderen beteiligten Umrichtern stattfindet. Dies kann unter Umständen zu einer zeitversetzten Aktivierung führen, deren Auswirkungen auf die Stabilität zu berücksichtigen sind. Aufbauend auf den beschriebenen Aspekten gliedert sich Abschnitt 3.5 in folgende drei Schritte:

- Untersuchung des Einflusses der Arbeitspunktanpassung auf Systemstabilität zur Auswahl eines zulässigen Leistungsgradienten. Dies wird in der bestehenden Literatur nicht explizit adressiert (→ Abschnitt 3.5.1).
- Entwicklung einer geeigneten Schnittstelle zur lokalen Umrichter-Regelung unter Berücksichtigung deren bestehender Struktur. Dabei kann auf grundlegende Ansätze der Literatur zurückgegriffen werden (→ Abschnitt 3.5.2).
- Überprüfung der Zulässigkeit einer zeitlich nicht-synchronisierten Aktivierung der kurativen Maßnahmen an den individuellen Umrichtern (→ Abschnitt 3.5.3).

3.5.1 Leistungsgradient und Einfluss auf AC-Stabilität

Der Übergang zwischen bestehenden und kurativen Arbeitspunkten kann durch eine Trajektorie im Zustandsraum (Abb. 3.21) beschrieben werden. Vereinfachend wird in dieser Arbeit eine Einhaltung der Stabilitätsgrenzen durch Simulationen im Zeitbereich überprüft. Zusätzlich werden grundlegende Anforderungen zur Aktivierung formuliert. Eine detaillierte Beschreibung des Übergangsverhaltens im Zustandsraum wird dagegen nicht durchgeführt.

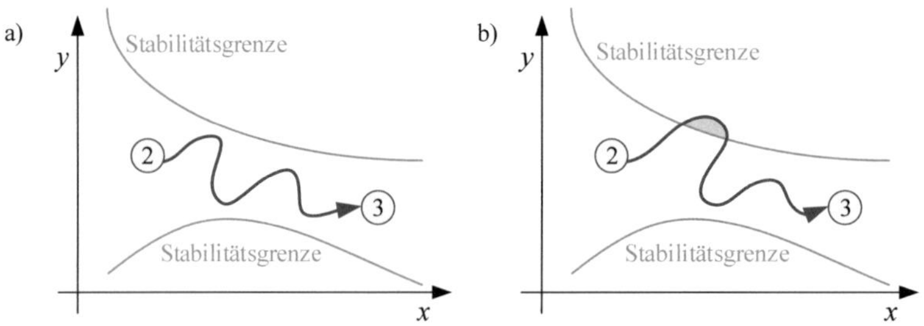

Abb. 3.21: Beispiel für eine Übergangstrajektorie zwischen stationärem (2) und kurativem Arbeitspunkt (3) unter a) Einhaltung und b) Verletzung der Stabilitätsgrenze

Theoretisch ist eine Anpassung der Umrichter-Arbeitspunkte (Wirk- und Blindleistung) innerhalb einer Periode (20 ms) möglich. Eine derartige Änderung entspricht hohen Leistungsgradienten und bedingt signifikante und abrupte Änderung der AC-Leistungsflüsse. Die Leistungsflüsse innerhalb des HGÜ-Systems werden ebenfalls verändert, was eine Änderung der DC-Spannungen bedingt und somit zur Aktivierung der DC-Spannungsregelung führt. Mit Blick auf die Aktivierung kurativer Maßnahmen ist zusätzlich zu beachten, dass das AC-System bereits durch den Betriebsmittelausfall angeregt wurde und es somit schneller zu Stabilitätsproblemen kommen kann.

Bisherige Betrachtungen von Wechselwirkung zwischen AC- und HGÜ-System bleiben weitestgehend auf die Kleinsignalstabilität beschränkt (u. a. [175]). Der Einfluss auf die transiente Stabilität beim Wechsel von Umrichter-Arbeitspunkten wurde dagegen in der

Literatur noch nicht explizit betrachtet. So beschränkt sich beispielsweise [176] auf temporäre Abschaltungen der HGÜ-Umrichter bzw. Kurzunterbrechungen und deren Auswirkungen auf die Frequenzstabilität. Aufbauend auf den einschlägigen Literatur (z. B. [54, 177]) lassen schnelle Leistungsänderungen an verschiedenen Stellen im AC-System eine Anregung bestehender Schwingungsmoden erwarten. Dies kann ausgeprägte Schwingungen zwischen einzelnen kohärenten Generatorgruppen bedingen, die bis zum Außertrittfallen einzelner Maschinen oder einem Systemsplit führen können.

Die beschriebenen Effekte weisen Abhängigkeiten von den gewählten Arbeitspunkten, der Netztopologie sowie der individuellen Regler-Parametrierung ab. Die Untersuchung erfordert somit die Durchführung von Zeitreihensimulationen und ist als Fallsensitiv. Derartige Untersuchungen erfolgen in Abschnitt 5.3.1 als Teil der numerischen Fallstudien. Die zentralen Ergebnisse werden an dieser Stelle ausgewertet, mit dem Ziel, einen für das betrachtete AC-HGÜ-System und die Zielstellung des HGÜ-RAS geeigneten und zulässigen Leistungsgradienten zu identifizieren. Die Untersuchung beschränkt sich auf kurative Anpassungen der Wirkleistung (Δp_{kur}). Dabei wird zwischen den folgenden drei Gradienten unterschieden:

- Gradient 1: 100 GW/s
- Gradient 2: 10 GW/s
- Gradient 3: 2 GW/s

Die durchgeführten Zeitreihensimulationen haben zunächst den Einfluss der Wirkleistungsgradienten auf die Rotorwinkelstabilität bestätigt. Je höher der Leistungsgradient gewählt wird, desto ausgeprägter fällt die Anregung des AC-Systems aus. Im Rahmen der ausgeführten Untersuchungen tritt keine Verletzung der AC-Stabilität auf. Allerdings stellt das eingesetzte Benchmarknetz auch ein stark gedämpftes System mit einer homogenen Verteilung der Synchronmaschinen und kurzen Leitungslängen zwischen den Generatorgruppen dar. Aufbauend auf den Untersuchungen in Abschnitt 5.3.1 wird im weiteren Verlauf der Arbeit Gradient 3 (2 GW/s) zur kurativen Anpassung der Umrichter-Arbeitspunkte eingesetzt. Dieser verhindert eine zusätzliche Systemanregung und stellt gleichzeitig eine ausreichende Geschwindigkeit für die beabsichtigte Widerherstellung eingehaltener Operational Security Limits sicher.

Die durchgeführten Betrachtungen sind nicht als allgemeiner Stabilitätsnachweis anzusehen. Stattdessen ist für einen späteren Einsatz des HGÜ-RAS eine Evaluierung der kurativen Maßnahmen durch Zeitreihensimulationen für das jeweilige System in Abhängigkeit der Arbeitspunkte durchzuführen. Dies kann perspektivisch mit dem Einsatz eines DSA im Rahmen der Netzbetriebsplanung erfolgen. Die DC-Stabilität spielt bei der Auswahl des Leistungsgradienten dagegen keine Rolle, da die AC-Stabilität den begrenzenden Faktor darstellt. Dies ist darauf zurückzuführen, dass die innere Regelung der HGÜ-Umrichter, und somit auch die DC-Spannungsregelung, hinsichtlich ihrer Zeitkonstanten die Dynamik des AC-Systems übersteigt.

3.5.2 Schnittstelle zur lokalen Umrichter-Regelung

Die lokale Aktivierung der kurativen Arbeitspunkte erfolgt an den einzelnen HGÜ-Umrichtern ohne Interaktion mit der Netzleitebene und schließt somit eine Umrichter-übergreifende Koordination während der Aktivierung aus. Stattdessen ist die bestehende Struktur der lokalen Umrichter-Regelung (vgl. Abb. 3.22) zu berücksichtigen. Diese gliedert sich in drei wesentliche Instanzen (vgl. u. a. [61, 125, 178]). Eine ähnliche Darstellung erfolgte bereits in Abb. 3.2.

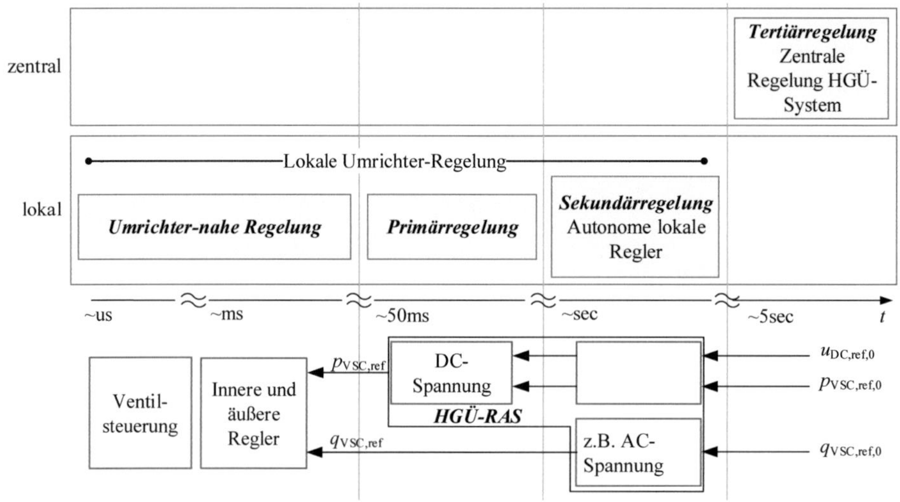

Abb. 3.22: Zentrale und lokale Anpassung von Umrichter-Arbeitspunkten nach aktuellem Stand der Forschung (u. a. [61, 125, 178])

Zentral vorgegebene Sollwerte ($p_{VSC,ref,0}$, $q_{VSC,ref,0}$, $u_{DC,ref,0}$) können entsprechend Abb. 3.22 durch autonome lokale Regler angepasst werden. So kann beispielsweise der Blindleistungsarbeitspunkt durch eine AC-Spannungsregelung bestimmt werden. Die resultierenden Sollwerte ($q_{VSC,ref}$) werden direkt an die Umrichter-nahe Regelung zur Steuerung der Umrichter-Ventile zur Einstellung der erforderlichen AC-Ströme weitergegeben.

Zwischen den Arbeitspunkten der Wirkleistung und DC-Spannung besteht ein direkter Zusammenhang. Die zur Wahrung der DC-seitigen Systemstabilität erforderliche DC-Spannungsregelung wird im Kontext der lokalen Umrichter-Regelung als Primärregelung bezeichnet. Sie stellt die letzte Instanz vor der Umrichter-nahen Regelung dar. Eine Anpassung von $p_{VSC,ref,0}$ hat somit immer unter Berücksichtigung der in Abb. 3.22 gezeigten Struktur zu erfolgen. Mögliche Lösungsvorschläge werden in diesem Abschnitt erarbeitet.

Der Einsatz eines autonomen lokalen Reglers kann dabei die Schnittstelle zum HGÜ-RAS bilden (rote Markierung in Abb. 3.22). In den folgenden Abschnitten erfolgt eine getrennte Betrachtung für Anpassungen der Wirk- und Blindleistungsarbeitspunkte.

a) Wirkleistung und DC-Spannung

Der Einsatz einer verteilten und lokalen DC-Spannungsregelung bedingt die direkte Verknüpfung von Wirkleistung und DC-Spannung in vermaschten HGÜ-Systemen. Weicht die an den Umrichtern gemessene DC-Spannung (u_{DC}) vom Sollwert ($u_{DC,ref,0}$) ab, erfolgt eine Anpassung der Soll-Wirkleistung ($p_{VSC,ref}$). Dieser Vorgang wird durch die DC-Spannungsregelung bestimmt. Dabei wird der Einsatz einer linearen Droop-Charakteristik als State-of-the-Art angesehen. Diese Regelcharakteristik wird in Gleichung (3.40) und Abb. 3.23 beschrieben. Das Verhalten hängt von der Steigung k_{DC}, $u_{DC,ref,0}$ und $p_{VSC,ref,0}$ ab. Abb. 3.22 zeigt die Gliederung der Regelungsinstanzen der lokalen Umrichter-Regelung einschließlich der DC-Spannungsregelung und Umrichter-nahen Regelung zur Ausführung von $p_{VSC,ref}$.

$$p_{VSC,ref} = p_{VSC,ref\,0} + k_{DC} * (u_{DC,ref,0} - u_{DC}) \qquad (3.40)$$

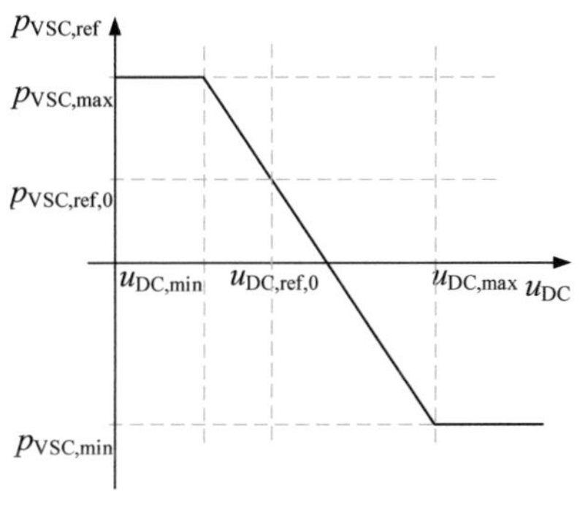

Abb. 3.23: Lineare Droop-Charakteristik der DC-Spannungsregelung

Abweichungen vom Sollwert der DC-Spannung treten u. a. durch Änderungen der DC-Leistungsflüsse oder ein Ungleichgewicht der Energiebilanz im DC-System auf. Das lokale Anpassen der Soll-Wirkleistung der Umrichter verändert die Leistungsflüsse und unter Umständen auch die Energiebilanz durch unterschiedlich schnelle Übergänge der Arbeitspunkte. Somit kann die tatsächlich abgegebene Wirkleistung von den Sollwerten in Abhängigkeit von der DC-Spannung am jeweiligen Umrichter abweichen.

Die technische Umsetzung lokaler Anpassung der Wirkleistungsarbeitspunkte stellt im Bereich der HGÜ-Netze ein noch wenig erforschtes Themenfeld dar. Deshalb werden im Folgenden drei unterschiedliche Varianten vorgestellt und beschrieben. Diese stellen drei denkbare Ansätze dar, die sich in der Ausführung gegenüberstehen. Dabei wird sowohl auf bestehende Untersuchungen (Variante 1 [179], Variante 3 [180]) zurückgegriffen, als auch ein neuer Ansatz (Variante 2) vorgeschlagen.

- **Variante 1**: Korrektur der Wirkleistung und DC-Spannung

Variante 1 verfolgt eine direkte Anpassung der zentral vorgegebenen Sollwerte für Wirkleistung $p_{\mathrm{VSC,ref,0}}$ und DC-Sollspannung $u_{\mathrm{DC,ref,0}}$ im Zeitpunkt der Arbeitspunktaktivierung um die vorberechneten Werte Δp_{kur} und $\Delta u_{\mathrm{DC,kur}}$ (vgl. Abb. 3.24 a)). Dies führt zu einer direkten Veränderung der Wirkleistung durch die *PI*-Regler der Umrichter-nahen Regelung (vgl. Abschnitt 4.2), als auch zu einer überlagerten Wirkleistungsanpassung durch die DC-Spannungsregelung. Die Droop-Charakteristik der DC-Spannungsregelung wird durch die neuen Sollwerte ebenfalls verändert. Alle Anpassungen beschränken sich auf die Umrichter mit lokaler Identifikation.

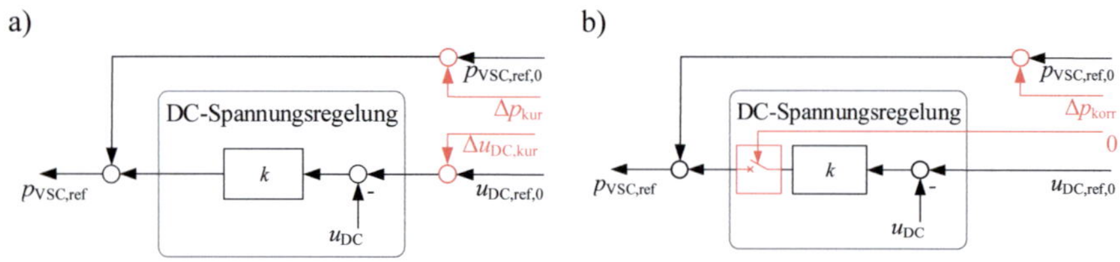

Abb. 3.24: Anpassung der Umrichter-Arbeitspunkte um Δp_{kur} und $\Delta u_{\mathrm{DC,kur}}$ nach a) Variante 1 und b) Variante 2

Das Vorgehen von Variante 1 ist an Ansätze zum Redispatch des HGÜ-Netzes nach Eintreten von Störungen angelehnt. Diese sehen allerdings eine zentral koordinierte und gleichzeitige Sollwertanpassung für alle Umrichter vor. So vergleichen beispielsweise Beerten et al. in [179] mehrere Strategien zur Bestimmung und Aktivierung geeigneter Sollwerte. Ähnliche Betrachtungen erfolgen in [181].

- **Variante 2**: Korrektur der Wirkleistung ohne DC-Spannungsregelung

Ähnlich der Vorgehensweise von Variante 1 sieht Variante 2 an den Umrichtern mit erfolgreicher Identifikation die Aktivierung vorberechneter kurativer Wirkleistungsänderungen (Δp_{kur}) vor. Gleichzeitig wird die DC-Spannungsregelung an den betroffenen Umrichtern deaktiviert (vgl. Abb. 3.24 b)); Diese arbeiten somit temporär im Modus einer konstanten Wirkleistungsabgabe ($p_{\mathrm{VSC,ref,0}}+\Delta p_{\mathrm{kur}}$). Die in Variante 1 beschriebene überlagerte Wirkleistungsanpassung durch die DC-Spannungsregelung entfällt. Eine Regelung der DC-Spannung erfolgt nur noch durch die Umrichter ohne lokale Identifikation. Sobald der Aktivierungsvorgang abgeschlossen und das System eingeschwungen ist, kann die DC-Spannungsregelung mit angepasster Droop-Charakteristik wieder aktiviert werden. Dieses Vorgehen vermeidet eine Beeinflussung von p_{VSC} durch die DC-Spannungsregelung an den Umrichtern mit lokaler Identifikation.

- **Variante 3**: Autonomer lokaler Regler (Sekundärregelung)

Der durch Egea-Alvarez et al. in [180] vorgestellte Ansatz sieht den Einsatz eines zusätzlichen lokalen Reglers zur Anpassung des Wirkleistungsarbeitspunktes durch die DC-Spannungsregelung vor. Diese Variante entspricht damit dem in Abb. 3.22 dargestellten Prinzip eines lokalen autonomen Reglers. Die Sollspannung der DC-Spannungsregelung ($u_{DC,ref,0}$) wird angepasst, um den lokal bestimmten Wirkleistungsarbeitspunkt ($p_{VSC,ref,0}+\Delta p_{kur}$) an den VSCs mit lokaler Identifikation zu erreichen. Dadurch lassen sich überlagerte Anpassungen der Wirkleistung durch die DC-Spannungsregelung verhindern. Um einen Betrieb außerhalb des zulässigen DC-Spannungsbandes zu vermeiden, wird eine entsprechende Begrenzung ($u_{DC,min}$, $u_{DC,max}$) vorgesehen. Die Auslegung des neu hinzukommenden *PI*-Reglers hat so zu erfolgen, dass er ein langsameres Verhalten als die DC-Spannungsregelung und die Umrichter-nahe Regelung aufweist, um eine gegenseitige Beeinflussung zu vermeiden.

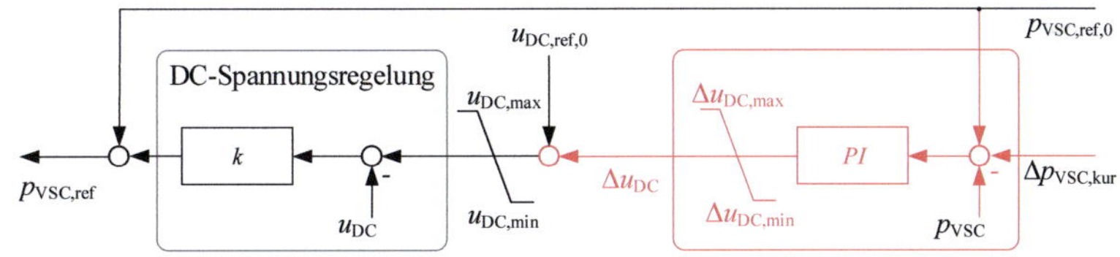

Abb. 3.25: Anpassung der Umrichter-Arbeitspunkte nach Variante 3 durch autonomen lokalen Regler (rot)

Da die beschriebene Erweiterung an allen Umrichtern des HGÜ-Systems umgesetzt wird, bewegt sich die DC-Spannung innerhalb des Spannungsbandes [$u_{DC,min}$, $u_{DC,max}$] zunächst ungeregelt. Im Anschluss an die lokale Sollwertkorrektur kann eine zentral-koordinierte Anpassung der Arbeitspunkte aller Umrichter erfolgen (vgl. [179]). Die Zulässigkeit eines derartigen Vorgehens wird in [172] bestätigt. Um die Interaktion zwischen der Primär- und Sekundärregelung im Falle HGÜ-seitiger Fehler zu minimieren, wird die zulässige Spannungsänderung Δu_{DC} auf den Bereich [$\Delta u_{DC,min}$, $\Delta u_{DC,max}$] beschränkt.

- **Auswertung und Vergleich**

Die drei vorgestellten Varianten werden in einer einfachen Fallstudie in Abschnitt 5.3.2 erprobt. Alle drei Varianten werden zur Ausführung eines signifikanten Wechsels der Wirkleistungsarbeitspunkte an ausgewählten HGÜ-Umrichtern eingesetzt. Die durchgeführte dynamische Zeitreihensimulation zeigen zunächst, dass alle drei Ansätze den Übergang des Systems in einen neuen stationären Arbeitspunkt gewährleisten. Allerdings treten bei Variante 1 und 2 Abweichungen zwischen den lokal vorgegebenen Sollwerten ($p_{VSC,ref}$) und den erreichten Arbeitspunkten (p_{VSC}) auf. Diese sind auf Wechselwirkungen mit der DC-Spannungsregelung zurückzuführen. Derartige Abweichungen gefährden die erfolgreiche Anwendung der kurativen Maßnahmen, da entweder nicht alle Leitungen genügend entlastet werden, oder ungeplante AC-Leistungsflüsse auftreten, die sowohl zu einem ungeplanten Regelleistungsaustausch zwischen mehreren Regelzonen oder unzulässigen Auslastungen vormals unkritischer Leitungen führen können. Zusätzlich stellt die temporäre Deaktivierung der DC-Spannungsregelung in Variante 2 aus betriebstechnischer Sicht ein Risiko dar, weil die DC-Spannungsregelung an mehreren Umrichtern temporär deaktiviert wird.

Variante 3 stellt dagegen ein exaktes Ausführen der kurativen Maßnahmen, bei gleichzeitigem Einhalten aller vorgegeben Umrichter-Arbeitspunkte, sicher. Im weiteren Verlauf der Arbeit wird diese zur Umsetzung des HGÜ-RAS verwendet. Die resultierende Struktur der lokalen Umrichter-Regelung stimmt mit Abb. 3.22 überein. Die Auslegung des autonomen lokalen Reglers erfolgt in Abschnitt 4.2.1. Dessen Einsatz und gewählte Parametrierung stellt gleichzeitig ein Einhalten des als maximal zulässig gewählten Wirkleistungsgradienten von 2 GW/s sicher (vgl. Abschnitt 3.5.1).

b) Blindleistung

Die Bereitstellung der Blindleistung durch die Umrichter kann entweder nach einer festen Vorgabe ($q_{\mathrm{VSC,ref,0}}$) oder in Verbindung mit einer AC-Spannungsregelung ($u_{\mathrm{AC,ref}}$) erfolgen. Zur Regelung der AC-Spannung wird aus der am Umrichter gemessenen AC-Spannungsdifferenz ($u_{\mathrm{AC,ref}}$-u_{AC}) eine Korrektur der Blindleistung bestimmt und die resultierende Soll-Blindleistung q_{ref} an die Umrichter-nahe Regelung weitergegeben (Abb. 3.26 a)). Diese Struktur entspricht der im ENTSO-E HVDC NC [47] beschriebenen Vorgehensweise, die eine spannungsabhängige Regelung der Umrichter-Blindleistungsarbeitspunkte fordert.

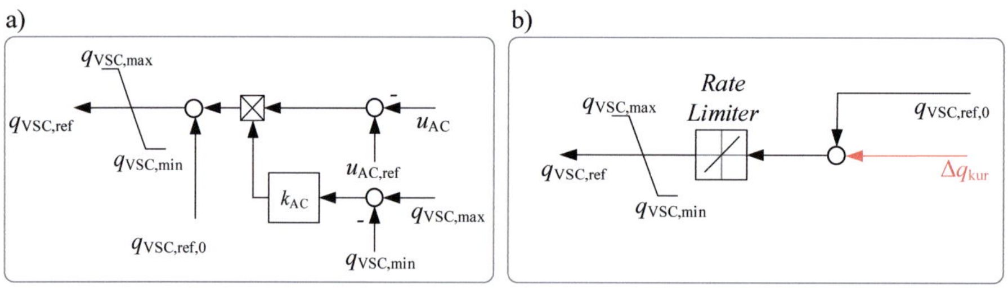

Abb. 3.26: a) Umsetzung einer lokalen AC-Spannungsregelung nach [47] und b) lokale Anpassung der Blindleistung im Rahmen des HGÜ-RAS

In dieser Arbeit wird auf ein solches Konzept verzichtet. Stattdessen wird von einer Festwertregelung der Blindleistung an den einzelnen Umrichtern ausgegangen. Die kurative Anpassung durch das HGÜ-RAS wird, wie Abb. 3.26 b) zeigt, direkt auf die bestehende Sollleistung ($q_{\mathrm{VSC,ref,0}}$) beaufschlagt. Die nachfolgenden bestehenden *PI*-Regler der Umrichter-nahen Regelung werden in Abschnitt 4.2 beschrieben. Die Anpassungen von Wirk-

und Blindleistung nach lokaler Identifikation erfolgen im gleichen Zeitbereich. Es gibt keine Wechselwirkungen mit der AC-Spannungsregelung der Synchronmaschinen, da das dafür maßgebliche Erregersystem in einem anderen Zeitbereich arbeitet (vgl. Abschnitt 4.2.1). Analog zur Wirkleistung erfolgt auch für die Blindleistung eine Anstiegsbegrenzung von 2 Mvar/s durch einen Rate Limiter (siehe Abb. 3.26 b)).

3.5.3 Zeitversetzte Aktivierung der kurativen AP

Die beiden Komponenten *Identifikation des Systemzustandes* und *Aktivierung der kurativen Arbeitspunkte* stellen lokale Instanzen innerhalb der Stationsleittechnik dar, die keine Kommunikation bzw. Synchronisation zwischen den Umrichtern vorsehen. So kann es unter Umständen zu einer zeitversetzten Aktivierung der kurativen Arbeitspunktanpassungen kommen. Um eine mögliche Auswirkungen auf das Gesamtsystem und die Ausführung des HGÜ-RAS abschätzen zu können erfolgt eine beispielhafte Betrachtung dieses Effekts.

Die zur besseren Übersicht in Abschnitt 5.3.3 durchgeführte dynamische Zeitreihensimulation ist als Worst-Case ausgelegt. Dabei zeigt eine um jeweils 25 ms gestaffelte Aktivierung kurativer Arbeitspunktanpassungen keine negative Auswirkung auf die Stabilität des AC- und HGÜ-Systems. Die Untersuchung ist dabei allerdings nicht als grundsätzlicher Stabilitätsbeweis anzusehen und ist ggf. für andere Netzkonstellationen erneut durchzuführen. Dennoch wird die nicht vollständig synchronisierte Ausführung der kurativen Arbeitspunkte nicht als beschränkenden Faktor des HGÜ-RAS angesehen. Unterstützt wird das Verhalten durch die vorgesehene Anstiegsbegrenzung von Wirk- und Blindleistung.

3.6 Implementierung des HGÜ-RAS in den Netzbetrieb

Als Ergänzung zu dem Entwurf des HGÜ-RAS in den vorausgegangenen Abschnitten, erfolgt an dieser Stelle eine kurze Ausführung zur Implementierung des HGÜ-RAS in den Netzbetrieb. Dazu führt Abb. 3.27 ausgewählte Prozesse des Netzbetriebs einschließlich der betroffenen Zeitbereiche auf. Diese können in die Kategorien Vorberechnung und Ausführung gegliedert werden.

Innerhalb der Netzbetriebsplanung erfolgt die Bestimmung der Fehlermuster und kurativen Arbeitspunkte parallel zur Netzsicherheitsrechnung, die ihre Informationen aus den Prozessen der Fahrplanerstellung und Betriebsmittelplanung bezieht. Alle Betrachtungen weisen eine direkte Abhängigkeit zu den Ergebnissen der Prognose auf, deren Genauigkeit mit sinkendem zeitlichem Abstand zum Echtzeitbetrieb (Real Time) steigt. Dies kann durch eine zyklische Aktualisierung der Berechnungen berücksichtigt werden. Ein Update der eingesetzten Modelle als Prozess innerhalb der Netzbetriebsführung steigert ebenfalls die Genauigkeit der Fehlermuster, etc.. Es wird deutlich, dass die gezeigten bestehenden Prozesse seitens des HGÜ-RAS durch eine intelligente Integration genutzt werden können.

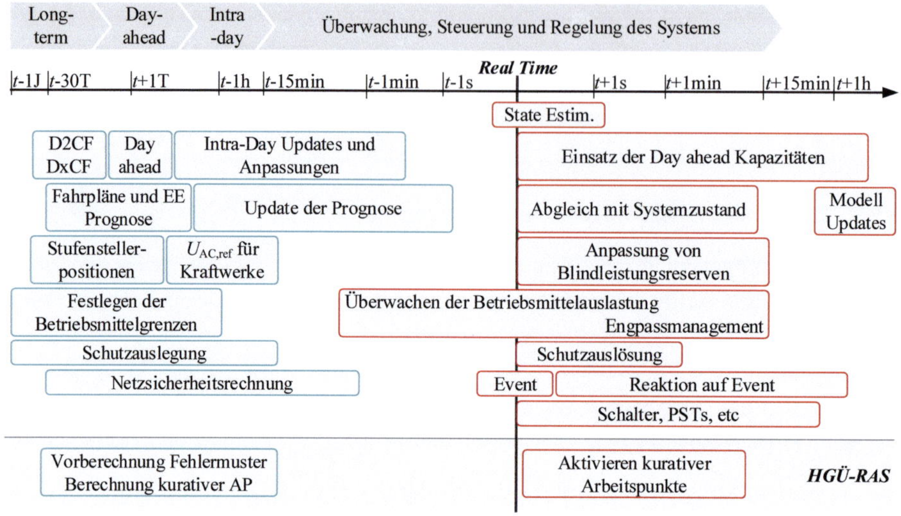

Abb. 3.27: Zeitliche Einordnung des HGÜ-RAS in die Prozesse der Netzbetriebsplanung (blau) und Netzbetriebsführung (rot), nach [182]

Die Ergebnisse der Vorberechnung werden in zyklischen Abständen an die Stationsleitebene übertragen. Das Auslösen des HGÜ-RAS im Echtzeitbetrieb erfolgt in Abhängigkeit der Schutzauslösung als Reaktion auf auftretende Events im Rahmen des Engpassmanagements, weshalb eine Koordination mit den übrigen am Engpassmanagement beteiligten Prozessen erforderlich ist (vgl. Abb. 3.27). Die Aufarbeitung der den Netzbetrieb betreffenden ENTSO-E Regularien (Abschnitt 2.2) hat gezeigt, dass eine Erweiterung der (n-1)-Sicherheit um kurative Maßnahmen (Remedial Actions) zulässig ist. Abb. 3.28 a) beschreibt die Erweiterung des *normal state* um die Vorbereitungen, die zur erfolgreichen Ausführung des HGÜ-RAS erforderlich sind. Diese Ergänzung der Systemsicherheitsbetrachtung zu einer erweiterten (n-1)-Sicherheit setzt ein Sicherstellen der Auslösung der kurativen Maßnahmen voraus. Nur so lassen sich kaskadierte Ausfälle vermeiden.

Die erweiterte (n-1)-Sicherheit erfordert innerhalb der Netzbetriebsplanung eine Anpassung der bestehenden Prozesse. Ein möglicher Ansatz wird in Abb. 3.28 b) allgemein für kurative Maßnahmen skizziert. In einem iterativen Prozess (k) wird zunächst versucht, kurative Maßnahmen unter Nutzung der zur Verfügung stehenden Freiheitsgrade (z. B. HGÜ-Systeme) für die im betrachteten Arbeitspunkt bestehenden kritischen Contingencies (n_c) zu bestimmen. Daraus resultiert eine reduzierte Anzahl verbleibender kritischer Contingencies (n^*_c), die durch eine Bestimmung präventiver Arbeitspunkte (u.a. Redispatch) vermieden werden müssen. Diese Anpassung des betrachteten Arbeitspunktes kann die bereits bestimmten kurativen Arbeitspunkte hinsichtlich ihrer Durchführbarkeit und Effizienz beeinflussen. Ein Prüfen und evtl. Anpassen dieser ist deshalb erforderlich. Der beschriebene

Vorgang ist so lange durchzuführen, bis eine kombinierte (n-1)-Sicherheit gewährleistet und ein minimaler Redispatch-Aufwand bestimmt wurde.

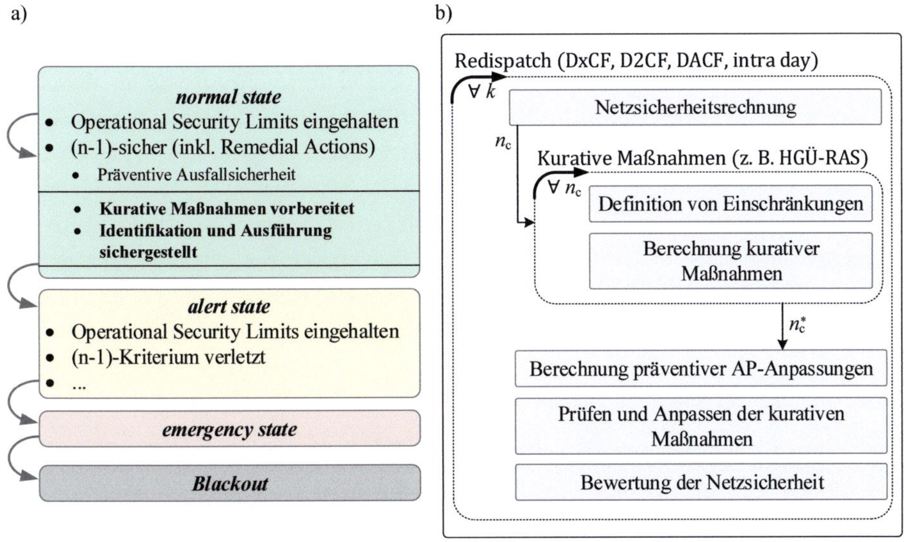

Abb. 3.28: a) Erweiterung der bestehenden Netzsicherheit um kurative Maßnahmen b) Prinzipielle Anpassung der bestehenden Redispatch-Planung

Der beschriebene Vorgang stellt ein aufwändiges Optimierungsproblem dar, dessen Lösung noch aussteht und nicht Teil dieser Arbeit ist. Mögliche Einschränkungen der kurativen Maßnahmen nach Abb. 3.28 b) ergeben sich beispielweise aus der in dieser Arbeit betrachteten (lokalen) Identifizierbarkeit oder einem priorisierten Einsatz von Freiheitsgraden innerhalb einer Regelzone. Weiterhin wird die Lösbarkeit einer kritischen Contingency durch eine zulässige und eine erforderliche Auslösegeschwindigkeit eingeschränkt. Diese ergeben sich aus den zulässigen Leistungsgradienten (zur Wahrung der Systemstabilität) auf der einen und der temporären Überlastfähigkeit der Betriebsmittel bzw. der Auslösecharakteristik des Schutzes auf der anderen Seite.

3.7 Zusammenfassung der Methodenentwicklung

Um eine schnelle Aktivierung kurativer Arbeitspunktanpassungen durch die Umrichter des HGÜ-Overlay-Netzes zur Unterstützung des AC-Übertragungsnetzes nach kritischen Contingencies sicherzustellen, wird in Kapitel 3 eine Erweiterung der Netzbetriebsführung vorgestellt. Der resultierende Ansatz wird als HGÜ-RAS bezeichnet und besetzt die Schnittstelle zwischen zentraler Netzleitebene und lokaler Stationsleitebene.

Zur Identifikation der kritischen (Contingency) Events werden lokale Messwerte im online Betrieb mit zentral vorberechneten Fehlermustern (CFP) verglichen. Ausgehend von dem aktuellen Stand der Technik, kommt dabei ein vereinfachtes Verfahren der Feature Extraction zum Einsatz, das in Abschnitt 3.3 beschrieben wird.

Der Aufbau des HGÜ-RAS sieht im Anschluss an die lokale Identifikation eine lokale Aktivierung der Event-bezogenen kurativen Maßnahmen vor. Diese umfassen Anpassungen der Wirk- und Blindleistungsarbeitspunkte. Um eine sichere Ausführung dieser zur Wiederherstellung eines zulässigen Systemzustands zu gewährleisten, ist eine geeignete Schnittstelle zur lokalen Umrichter-Regelung herzustellen. Ausgehend von den Untersuchungen in Abschnitt 3.5 wird für die Anpassung der Wirkleistung ein autonomer lokaler *PI*-Reglers eingesetzt, der Wechselwirkungen mit der DC-Spannungsregelung verhindert. Die Anpassung der Blindleistung erfolgt durch eine direkte Änderung der lokalen Sollwertvorgabe. Um bei der Aktivierung der kurativen Maßnahmen nicht die Stabilität des AC- und HGÜ-Systems zu gefährden, wird – aufbauend auf dynamischen Zeitreihensimulationen – ein geeigneter Gradient von 2 GW/s für den Arbeitspunktübergang aus mehreren Alternativen ausgewählt und eingesetzt.

Die beabsichtigte Beseitigung von Verletzungen der Operational Security Limits des AC-Systems kann nur durch eine OPF-basierte Berechnung der kurativen Maßnahmen sichergestellt werden. Dieser Vorgang erfolgt analog zur Berechnung der CFP auf Netzleitebene. Für die resultierende periodische Berechnung kann in Abschnitt 3.4 zunächst auf bestehende C-SCOPF-Ansätze im Kontext hybrider AC-HGÜ-Systeme zurückgegriffen werden. Dabei erfolgt eine Erweiterung um die Blindleistungsarbeitspunkte der Umrichter und eine Beschränkung der genutzten Freiheitsgrade auf eine bestimmte Menge der Umrichter. Im Rahmen des HGÜ-RAS setzt sich diese Menge aus den Umrichtern zusammen, die eine lokale Identifikation der jeweiligen kritischen Events gewährleisten.

4 Design der numerischen Fallstudien

Das in dieser Arbeit vorgeschlagene HGÜ-RAS erschließt das betriebliche Potential eines HGÜ-Overlay-Netzes zur Erweiterung des sicheren Betriebsbereichs des bestehenden AC-Systems. Da ein hybrides AC-HGÜ-System noch nicht existiert, kann das Verfahren nicht anhand realer Systemkonfigurationen validiert werden. Um dennoch im Rahmen numerischer Fallstudien einen möglichst umfassenden Nachweis über die Funktionsfähigkeit und Leistungsfähigkeit des HGÜ-RAS anzuführen, wird im Folgenden ein AC-HGÜ-Benchmarknetz vorgestellt. Dazu werden in diesem Kapitel Anforderungen an geeignete Fallstudien zur Evaluierung des HGÜ-RAS definiert. Das AC-HGÜ-Benchmarknetz erlaubt sowohl stationäre Betrachtungen (Abschnitt 4.1), als auch dynamische Zeitreihensimulationen (Abschnitt 4.2). In einem dritten Schritt werden aus dem AC-HGÜ-Benchmarknetz Untersuchungsszenarien für weitere Betrachtungen abgeleitet.

4.1 Stationäre Betrachtungen

Zur wissenschaftlichen Validierung neuer Betriebsführungsmethoden für Übertragungsnetze existiert eine Reihe von international anerkannten Benchmarknetzen unterschiedlicher Komplexität. Das einzige Benchmarknetz, das HGÜ-Systeme beinhaltet, ist das CIGRÉ HVDC Test System [183]. Dieses beschränkt sich allerdings auf ein offshore HGÜ-Netz, nicht aber auf ein hybrides AC-HGÜ-Netz. Ein zur Evaluierung des HGÜ-RAS geeignetes Benchmarknetz existiert somit derzeit nicht. Um diese Lücke zu schließen, wurde federführend vom Autor dieser Arbeit ein AC-HGÜ-Benchmarknetz entworfen, mit dem Verfahren der Netzbetriebsführung mit wissenschaftlichen Kriterien evaluiert werden können. Das erstmals in [184] vorgestellten AC-HGÜ-Benchmarknetz wird im vorliegenden Abschnitt beschrieben. Zuvor erfolgt eine Rekapitulation der grundsätzlichen Anforderungen und eine Bewertung bestehender Benchmark-Netze (u. a. nach IEEE, CIGRÉ). Grundlegende Eigenschaften des entwickelten Netzes sind:

- 380 kV AC-Transportnetz mit 67 Knoten und 102 AC-Leitungen
- Vermaschtes 500 kV HGÜ-Netz mit 9 VSC-basierten Umrichtern und 11 DC-Leitungen
- Ausgeprägter Leistungstransit zwischen drei Regelzonen
- Auftreten mehrerer kritischer Contingencies

4.1.1 Anforderungsanalyse

Um den Einfluss des HGÜ-RAS auf die Systemsicherheit zu überprüfen, ist ein (n-0)-sicherer Arbeitspunkt des AC-HGÜ-Benchmarknetz erforderlich. Dies führt zu den folgenden Anforderungen:

- Es treten keine Verletzungen der Operational Security Limits im AC- und HGÜ-Netz auf.

- Die (n-1)-Sicherheit ist verletzt, es existieren verschiedene kritische Contingencies.

Für das AC-Netz gelten gesondert folgende Anforderungen:

- Es besteht eine realistische Vermaschung zwischen den einzelnen Knoten.
- Die AC-Leistungsflusssituation legitimiert den Einsatz von HGÜ-Verbindungen, d.h. ohne den Einsatz des HGÜ-Netzes ist ein (n-0)-sicherer Arbeitspunkt nicht garantiert.

An das Modell des dem AC-Netz überlagerte HGÜ-Netz sind folgende Anforderungen zu stellen:

- Das HGÜ-Netz ist vermascht.
- Das Verhältnis zwischen Anzahl der AC-Knoten und HGÜ-Umrichtern muss einen Realitätsbezug wahren.

4.1.2 Bekannte Benchmarknetze

Ein frei zugängliches AC-HGÜ-Benchmarknetz, ähnlich der AC Standard-Referenznetze (darunter IEEE 14-, 30- , 118-bus Test System [185], IEEE New England Test System [186], IEEE Reliability Test System [187], oder CIGRÉ Nordic32 [188]), existiert bisher nicht. Das seitens CIGRÉ angebotene HVDC Test System [183] beschreibt ein offshore HGÜ-Netz und wird insbesondere zur Untersuchung der Modellierung und Parametrierung von HGÜ-Umrichtern eingesetzt (vgl. [189]). Das HGÜ-Netz verbindet zwei asynchrone AC-Netze und erlaubt somit keine Betrachtung eines HGÜ-Overlay-Netzes.

In diesem Abschnitt werden bestehende wissenschaftliche Veröffentlichung mit Fokus auf den Betrieb vermaschter und dem AC-Netz überlagerter HGÜ-Netze auf das jeweils eingesetzte Netz untersucht. Zu diesen Veröffentlichungen zählen sowohl Arbeiten im Bereich der (SC-)OPF-Berechnung ([158, 161, 164, 165, 171, 190–194]), als auch der DC-Spannungsregelung [195]. Die genannten Veröffentlichungen greifen alle auf Standard-AC-Referenznetze zurück. Es folgt eine individuelle Platzierung der Umrichter und Anpassungen der AC-seitigen Last und Erzeugung, um einen geeigneten Szenario-Rahmen für die Evaluation des HGÜ-RAS (Identifikation, C-SCOPF und Aktivierung) zu schaffen. Eine Vergleichbarkeit der Ergebnisse ist durch dieses individuelle Vorgehen nicht gewährleistet. Der Vergleich bestehender Benchmarknetze soll anhand typischer Kennzahlen und Merkmale erfolgen:

- Die Kennzahl $n_{\mathrm{node,AC}}$ gibt die Anzahl der AC-Knoten wieder.
- Eine Netzsicherheitsrechnung erlaubt eine Beurteilung der (n-1)-Sicherheit.
- Der Vermaschungsgrad wird entsprechend Gleichung (4.1) nach [196] beschrieben. Dabei wird ein Wert von $KI_{\mathrm{meshing,AC}} > 1$ wird als typischer Wert eines Transportnetzes angesehen.

$$KI_{\text{meshing,AC}} = {n_{\text{branch,AC}}}\Big/{n_{\text{node,AC}}} \tag{4.1}$$

- Gleichung (4.2) gibt ein Maß für die Verteilung der Generatoren (Erzeugungsknoten) innerhalb des AC-Systems an.

$$KI_{\text{dist,gen}} = {n_{\text{branch,AC}}}\Big/{n_{\text{node,gen}}} \tag{4.2}$$

- Die Ausprägung von AC-seitigen Wirkleistungstransiten lässt sich entsprechend Gleichung (4.3) als Verhältnis zwischen Erzeugung p_{gen} und der summierten Übertragungsleistung p_{ij} beschreiben.

$$KI_{\text{powerflow,AC}} = {\sum p_{ij}}\Big/{\sum p_{gen}} \tag{4.3}$$

- Die Komplexität des HGÜ-Netzes wird durch die Anzahl der Umrichter n_{VSC} repräsentiert. Zusätzlich wird deren Verhältnis zur Anzahl der AC-Knoten entsprechend Gleichung (4.4) erfasst.

$$KI_{\text{VSC}} = {n_{\text{VSC}}}\Big/{n_{\text{node,AC}}} \tag{4.4}$$

- Der Vermaschungsgrad $KI_{\text{meshing,DC}}$ der jeweils eingesetzten HGÜ-Systeme wird durch Gleichung (4.5) beschrieben. Werte <1 beschreiben Punkt-zu-Punkt und Multiterminal-Verbindungen

$$KI_{\text{meshing,DC}} = {n_{\text{branch,DC}}}\Big/{n_{\text{node,DC}}} \tag{4.5}$$

Eine Bewertung und Gegenüberstellung der in der einschlägigen Fachliteratur häufig zum Einsatz kommenden sechs Benchmarknetze findet sich in Tab. 4.1. Die aufgeführten Kennzahlen werden im folgenden Abschnitt zur Auslegung des AC-HGÜ-Benchmarknetzes herangezogen.

Tab. 4.1: Merkmale und Eigenschaften bestehender AC-Referenznetze mit Erweiterungen um HGÜ-Systeme

Kategorie	IEEE 14 bus test system [185]	IEEE 30 bus test system [185]	IEEE 39 bus test system [186]	IEEE RTS 1996 [187]	IEEE 118 bus test system [185]	NOR-DIC32 test system [188]
$n_{node,AC}$	14	30	39	73	118	32
Limits	n. v.	verfügbar	verfügbar	verfügbar	n. v.	n. v.
(n-1)-sicher	Nein	Nein	Nein	Nein	Nein	Nein
$KI_{meshing,AC}$	1,43	1,58	1,18	1,64	1,58	1,59
$KI_{dist,gen}$	2,80	5,00	3,90	2,20	2,20	1,60
$KI_{powerflow}$	4,56	2,15	2,56	2,61	6,13	4,23
n_{VSC}	4	3 [190] / 4 [193]	3	6	8	3/4
KI_{VSC}	0,28	0,10/0,13	0,14	0,08	0,02	0,09/0,12
$KI_{meshing,DC}$	1,60 [158, 161, 164] / 1,00 [165]	0,75 / 0,50	0,75	2,00	1,00	1,00/0,75
Anwendung	OPF [158]; SCOPF [161, 164, 165]	OPF [190]; SCOPF [193]	Voltage Droop [195]	OPF [192]; SCOPF [191]	SCOPF [165]	OPF [171, 194]

4.1.3 AC-HGÜ-Benchmarknetz

Das vorliegende Benchmarknetz setzt sich aus 67 AC-Knoten, die in drei Regelzonen gegliedert sind, 17 als Synchronmaschinen abgebildeten Erzeugungsknoten und zwei Windparks zusammen (siehe Abb. 4.1). Die Aufteilung in drei Regelzonen erlaubt grundsätzlich auch die Untersuchungen des Zusammenspiels mehrerer Regelzonen. Die Verteilung von Windparks, Erzeugung und Last bildet charakteristische regionale Unterschiede ab. Insgesamt kommen 102 AC-Leitungen zum Einsatz (Standardtyp, vgl. Tab. 4.2) Der Vermaschungsgrad ($KI_{meshing}$) liegt bei 1,54.

Tab. 4.2: Daten für 400 kV AC-Freileitung Typ Al/St 240/40 [197]

R'	L'	C'	I_{max}
0,03 Ω/km	41,3 mH/km	13,5 nF/km	3500 A

Das gewählte Erzeugungs-Last-Profil sorgt für einen ausgeprägten Nord-Süd-Leistungsfluss, der zu einer starken Auslastung der AC-Kuppelleitungen zwischen den Regelzonen führt. Der Erzeugung an den jeweiligen Sammelschienen wird vereinfachend durch eine Synchronmaschine abgebildet (vgl. Abb. 4.1). Dabei wird ein Arbeitspunkt angenommen, der eine Zusammensetzung der Erzeugung aus regenerativer und konventioneller Erzeugung darstellt. Aus dem Erzeugungsmix werden Anlaufzeitkonstanten und Verstärkungen der Primärregelung abgeleitet und in Anhang A.3 ergänzend aufgeführt.

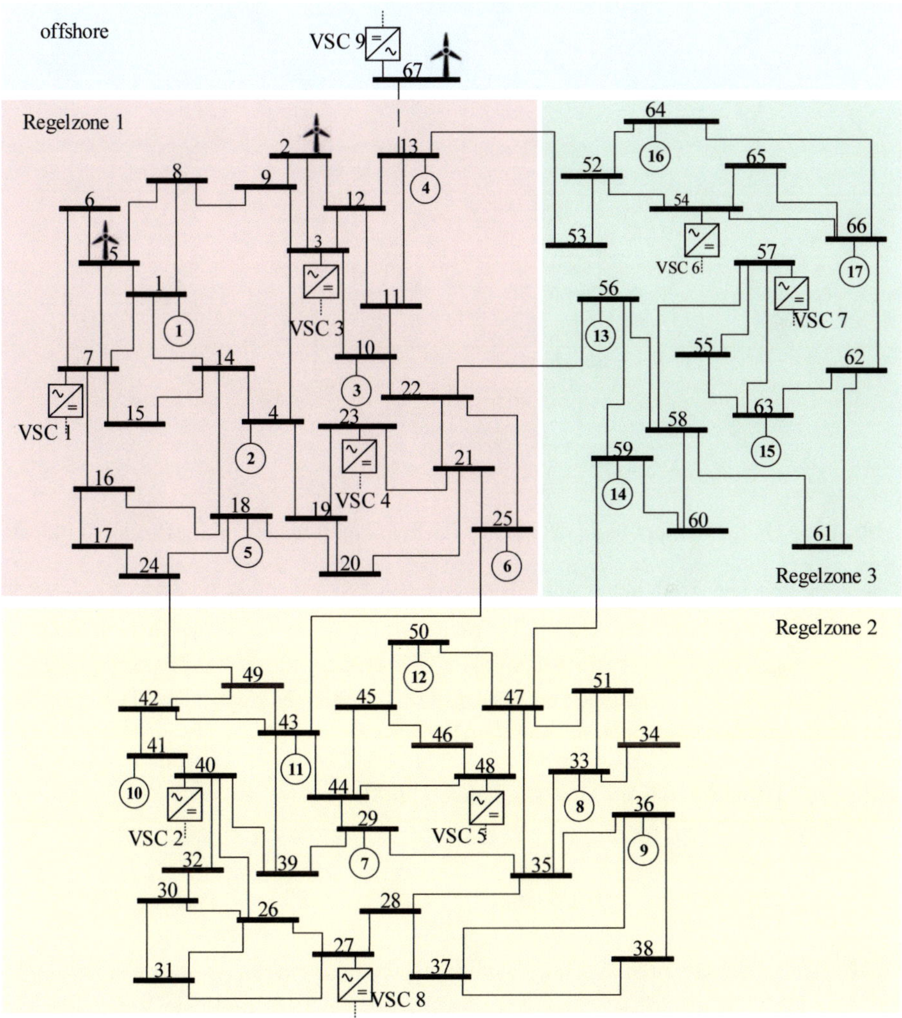

Abb. 4.1: AC-Netztopologie des entwickelten AC-HGÜ-Benchmarknetz

Das HGÜ-Netz setzt sich aus insgesamt neun Umrichtern zusammen und ist in Abb. 4.2 skizziert. Acht Umrichter sind auf die drei AC-Regelzonen verteilt. VSC9 stellt die Verbindung zu einem offshore Windpark her. Die für alle Umrichter geltenden thermischen Grenzwerte werden in Tab. 4.3 aufgeführt.

Tab. 4.3: Betriebsgrenzen der installierten Umrichter

P_{min}	P_{max}	Q_{min}	Q_{max}	S_{min}	S_{max}
-2300 MW	2300 MW	-900 Mvar	900 Mvar	-2500 MVA	2500 MVA

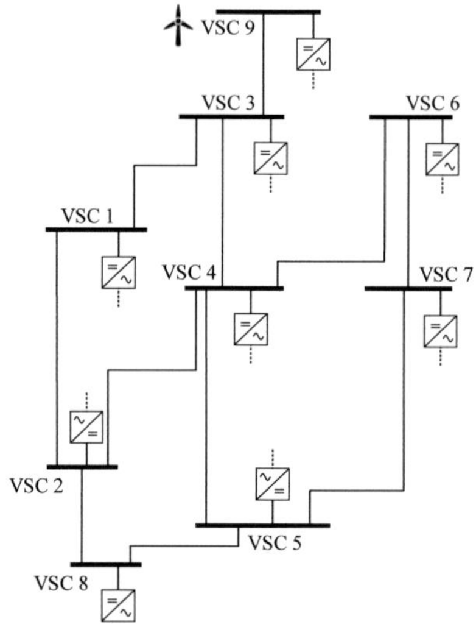

Abb. 4.2: HGÜ-Netztopologie des AC-HGÜ-Benchmarknetzes inkl. offshore Windpark

Das Verhältnis von AC-Knoten zu Umrichtern entspricht mit einem Wert von $KI_{VSC} = 0{,}12$ dem Maximalwert aus Tab. 4.1. Die Umrichter sind monopolar ausgeführt und arbeiten mit einer Betriebsspannung von 500 kV. Als Übertragungsmittel werden vereinfacht die Daten einer 400 kV Freileitungen eingesetzt (vgl. Tab. 4.4). Mit den 11 HGÜ-Verbindungen ergibt sich ein Vermaschungsgrad des HGÜ-Netzes von $KI_{meshing,DC} = 1{,}38$.

Tab. 4.4: Daten für 400-kV HGÜ-Freileitung [183]

R'	**L'**	**C'**	I_{max}
0,011 Ω/km	0,935 mH/km	0,0123 µF/km	3500 A

Als Ausgangspunkt werden die Umrichterarbeitspunkte so eingestellt, dass ein ausgeprägter Nord-Süd-Leistungsfluss vorhanden ist ($KI_{powerflow} = 3.10$) und eine Verletzung von Operational Security Limits vermieden wird. Entsprechend der in Abschnitt 4.1.1 definierten Anforderung existieren mehrere kritische Contingencies, die sich aus Ausfällen von AC-Leitungen, Umrichtern und Erzeugungsanalgen zusammensetzen. Eine Vorstellung dieser erfolgt in Abschnitt 4.3. Die Arbeitspunkte können Anhang A.3 entnommen werden.

Die Spannungssollwerte der Erzeugungsknoten und der HGÜ-Umrichter (bzw. deren Blindleistungsarbeitspunkte) sind auf ein von Norden nach Süden abfallendes Spannungsprofil eingestellt und unter einander harmonisiert. Eine Optimierung der Sollspannungen und Blindleistungen wurde dagegen nicht durchgeführt, da eine derartige Optimierung derzeit nicht standardmäßig durchgeführt wird. Die resultierenden Arbeitspunkte sind ebenfalls in Anhang A.3 aufgeführt.

4.2 Modelle für dynamische Zeitreihensimulation

Die in dieser Arbeit durchgeführten dynamischen Zeitreihensimulationen erfolgen in einer Phasor-basierten Darstellung. Diese ist ausreichend, um die Rotorwinkelstabilität des AC-Systems zu untersuchen [54, 141, 177]. Zusätzlich stimmt der betrachtete Zeitbereich mit dem Arbeitsbereich der PMUs überein (vgl. [90, 198]). Mögliche Wechselwirkungen zwischen AC- und HGÜ-Netz, die durch die DC-Spannungsregelung der selbstgeführten Umrichter herbeigeführten werden, können dabei ebenfalls abgebildet werden. Die gewählte Modelltiefe ist somit ausreichend für die Evaluierung des gesamten HGÜ-RAS und dessen einzelner Komponenten.

In dem betrachteten Zeitbereich dominieren die Synchronmaschinen und ihre Maschinennahen Regler die Dynamik des AC-Systems. Zur Nachbildung kommt ein Synchronmaschinen-Modell 4ter Ordnung zum Einsatz (Abschnitt 4.2.1). Entsprechend [141] reicht die gewählte Modelltiefe aus, um einen charakteristischen Messgrößenverlauf zu gewährleisten. Zur Abbildung von selbstgeführten Umrichtern im RMS-Bereich (Abschnitt 4.2.2) wird in dieser Arbeit ein entsprechendes Standardmodell nach CIGRÉ (Typ 6, [189]) eingesetzt. Dieses stellt eine hinreichend genaue Abbildung der beschriebenen Wechselwirkungen zwischen AC- und HGÜ-Netz sicher. Die Modelldynamik wird im gewählten Zeitbereich durch die DC-Spannungsregelung bestimmt (u. a. [199, 200]), die in der Konzipierung des HGÜ-RAS einen wesentlichen Punkt darstellt (vgl. Kapitel 3).

Die kurative Anpassung der Umrichter-Arbeitspunkte schließt die Blindleistungsbereitstellung ein. Dafür wird bei den Synchronmaschinen vereinfacht von einer Regelung der AC-Spannung entsprechend der Erregungsregelung (vgl. [200]) ausgegangen. Auf eine Erweiterung der AC-Spannungsregelung auf die Stufentransformatoren wird verzichtet, da diese Vorgänge einem anderen Zeitbereich zugeordnet sind. Für die Regelung der Umrichter wird vereinfacht von einem Betrieb bei konstanten (durch den ÜNB vorgegebenen) Blindleistungs-Sollwert ausgegangen.

Die Untersuchung von Kraftwerken im betrachteten Zeitbereich bedingt eine Abbildung der Leistungs-Frequenz-Regelung. In dieser Arbeit wird sowohl eine Primärregelung mit individuellen Verstärkungsfaktoren für jedes Kraftwerk, als auch eine Sekundärregelung auf Basis des Netzkennlinienverfahrens (vgl. [126]) zwischen den drei Regelzonen berücksichtigt. Eine Parametrierung der Sekundärregelung nach Vorgaben der ENTSO-E [28] wird als aufwendig angesehen und erfolgt deshalb nicht. Eine Betrachtung von Wechselwirkungen zwischen Leistungs-Frequenz-Regelung und HGÜ-RAS bleibt gewährleistet.

Die Untersuchung von Auswirkungen schneller Arbeitspunktanpassungen selbstgeführter Umrichtern auf die Stabilität im AC- und HGÜ-System konzentriert sich auf transiente Vorgänge und deren Einfluss auf die Rotorwinkelstabilität und DC-Stabilität. Bei ähnlichen Untersuchungen in [141, 201] wird das hier eingesetzte Synchronmaschinenmodell als ausreichend für die Abbildung elektromechanischer Ausgleichsvorgänge und damit verbundener Stabilitätsuntersuchungen erachtet. Das eingesetzte Umrichtermodell erlaubt durch die Abbildung der HGÜ-seitigen Kapazitäten eine Betrachtung der DC-Spannungsstabilität (siehe Abschnitt 4.2.2). Die Simulationsumgebung erfolgt proprietär nach [141, 202] auf Basis von Matlab/Simulink.

4.2.1 AC-Dynamik: Synchronmaschine 4ter Ordnung

Zur Abbildung der Synchronmaschine in den durchgeführten dynamischen Simulationen kommt das Modell 4ter Ordnung (vgl. [141]) zum Einsatz. Gegenüber Modellen höherer Ordnung werden vereinfacht in der *d*-Achse eine Erreger- sowie eine Dämpferwicklung, und in der *q*-Achse eine Dämpferwicklung abgebildet. Die durch das Modell abgebildeten Zustände umfassen δ, ω, e'_d, e'_q (siehe Abb. 4.3). Diese sind durch Gleichung (4.6)-(4.11) beschrieben.

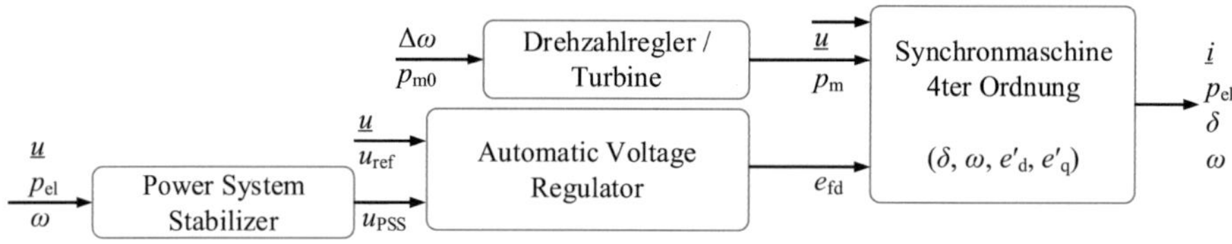

Abb. 4.3: Eingangs-, Ausgangsgrößen und Zustände der Synchronmaschine 4ter Ordnung und Maschinen-naher Regler

$$\dot{\delta} = \omega - \omega_0 \tag{4.6}$$

$$\dot{\omega} = \frac{1}{T_A}(\tau_m - \tau_e - D(\omega - \omega_0)) \tag{4.7}$$

$$\dot{e}'_q = -e_q - (x_d - x'_d)i_q) / T'_{q,0} \tag{4.8}$$

$$\dot{e}'_d = -e_d - (x_q - x'_q)i_d + e_{fd}) / T'_{d,0} \tag{4.9}$$

$$0 = v_q + r_a i_q - e'_q + x_d' i_d \tag{4.10}$$

$$0 = v_q + r_a i_q - e'_q + x_d' i_d \tag{4.11}$$

Tabelle 4.5 zeigt die erforderlichen Parameter und deren typische Wertebereiche. Die in dieser Arbeit für die einzelnen Synchronmaschinen eingesetzten Parameter können dem Anhang A.3 entnommen werden.

Tab. 4.5: Typische Parameter zur Modellierung der Synchronmaschine nach [54]

Parameter	Beschreibung	Wert
T_A	Anlaufzeitkonstante	5,0 – 12,0 s
D	Dämpfungskonstante	2
x_d	Synchrone Reaktanz d-Achse	1,0 – 2,3 pu
x'_d	Transiente Reaktanz d-Achse	0,15 – 0,4 pu
x_q	Synchrone Reaktanz q-Achse	1,0 – 2,0 pu
x'_q	Transiente Reaktanz q-Achse	0,3 – 1,0 pu
$T'_{d,0}$	Transiente Zeitkonstante d-Achse	3,0 – 10,0 s
$T'_{q,0}$	Transiente Zeitkonstante q-Achse	0,5 – 2,0 s
r_a	Rotorwiderstand	0,0015 – 0,0050 pu

Die Drehzahlregelung stellt einen wesentlichen Bestandteil der Regelung der Synchronmaschine dar. Abb. 4.4 zeigt das eingesetzte vereinfachte Modell. Dieses umfasst auch die Primär- und Sekundärregelung. Letztere baut auf dem Verfahren des Area Control Errors (ACE, vgl. [126]) auf. Die Dynamik der Turbine und deren Regelung werden nach [141] durch einen Drehzahlregler (Speed Governor T_G), die Servomotoren (T_{S1}, T_{S2}) und den Kessel (T_{G1}, T_{G2}) abgebildet. Dieses Vorgehen stellt, bei gleichzeitiger Berücksichtigung der Regelleistungsbereitstellung, eine ausreichende Detaillierung für Untersuchungen transienter Vorgänge sicher.

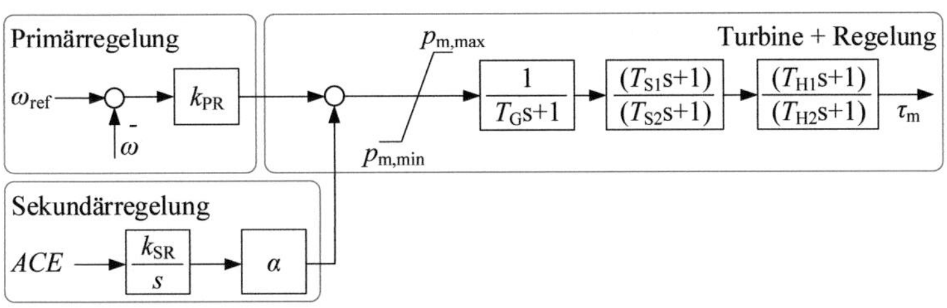

Abb. 4.4: Abbildung des Turbinenreglers mit Primär- und Sekundärregelung [141]

Der *Automatic Voltage Regulator* (AVR) bestimmt die primäre Spannungsregelung der Synchronmaschine. Das AVR-Modell berücksichtigt die Regelung der Erregungsspannung e_{fd} bzw. des Erregerstroms i_{fd} mit einer Erregerregelung. Zu deren Abbildung existiert eine Vielzahl standardisierter Modelle mit unterschiedlichem Detaillierungs- und Komplexitätsgrad. Eine gute Übersicht wird durch den IEEE Standard 421.5 [200] bereitgestellt. In dieser Arbeit basiert die Erregerregelung auf einem vereinfachten Modell, das [141] entnommen ist und in Abb. 4.5 gezeigt wird. Das eingesetzte Modell eignet sich nach [141] für vereinfachte Stabilitätsbetrachtungen mit Fokus auf die Rotorwinkelstabilität.

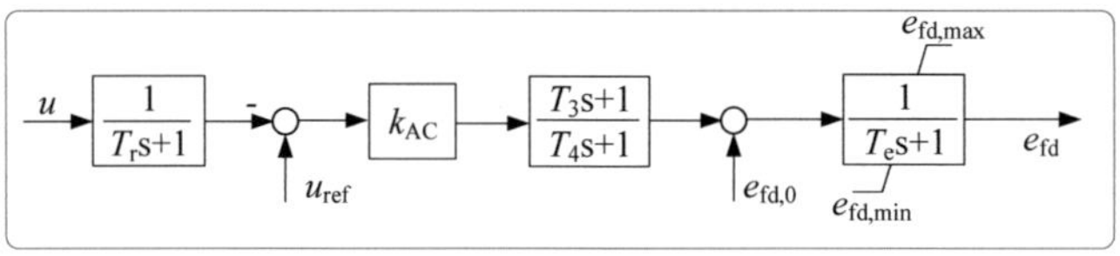

Abb. 4.5: Aufbau des eingesetzten vereinfachten AVR [141]

Auf den Einsatz eines *Power System Stabiliser* (PSS) wird in dieser Arbeit verzichtet, da diese in einem anderen Zeitbereich als das HGÜ-RAS arbeiten. Für zukünftige Erweiterungen können gängige PSS Modelle ebenfalls dem IEEE-Standard 421.5 [200] entnommen werden. Alle für die gezeigten Regler erforderlichen Parameter sind in Tab. 4.6 aufgeführt. Diese können zum Großteil der IEEE Recommended Practice zur Abbildung von Synchronmaschinen [203] und deren Erregungsregelung [200] entnommen werden.

Tab. 4.6: Parameter und Wertebereich für Synchronmaschinen-nahe Regler

Parameter	Beschreibung	Wert
T_G	Zeitkonstante Drehzahlregler	0,1 [141]
T_{S1}	Zeitkonstante Servomotor	0,0 [141]
T_{S2}	Zeitkonstante Servomotor	0,45 [141]
T_{H1}	Zeitkonstante Boiler	0,0 [141]
T_{H2}	Zeitkonstante Boiler	ca. 50,0 [141]
k_{PR}	Verstärkung der Primärregelung	2,0 – 7,0
k_{SR}	Verstärkung der Sekundärregelung	1,0
α	KW-Verstärkung der Sekundärregelung	1,0
T_3	AVR, Lead-Glied	1,0 [200]
T_4	AVR, Lag-Glied	10,0 [200]
T_e	AVR, Zeitkonstante Erregerwicklung	0,015 [200]
T_r	AVR, Zeitkonstante Filter	0,02 [200]
k_{AC}	AVR, Verstärkung	200,0 [200]

4.2.2 Multilevel Voltage Source Converter

Die Modellierung von VSC-basierten HGÜ-Systemen wird bereits mehrfach detailliert beschrieben (u. a. in [189, 204–206]) und wird deshalb an dieser Stelle nur grundlegend angesprochen. Zur Abbildung der HGÜ-Umrichter kommt das CIGRÉ Modell Typ 6 [189] zum Einsatz. AC-seitig wird der Umrichter mittels einer geregelten Spannungsquelle abgebildet (Abb. 4.6). Dabei stellt die Induktivität der Anschlussdrossel das dominierende Element des dynamischen Systemverhaltens dar. Etwaige Filtereinrichtungen können entsprechend [204] vernachlässigt werden. DC-seitig speist eine mit der AC-Seite gekoppelte Stromquelle das HGÜ-Netz. Die Knotenkapazität (C_{DC}) stellt das dominante Element der DC-Dynamik dar. Nach [204] kann die Induktivität der Leitungen vernachlässigt werden. Der Wert C_{DC} setzt sich aus den am Knoten angebundenen DC-Verbindungen und der eigentlichen Umrichter-Kapazität zusammen. Letztere kann für den Einsatz moderner Multilevel-Umrichter vereinfacht zu null angenommen werden [207].

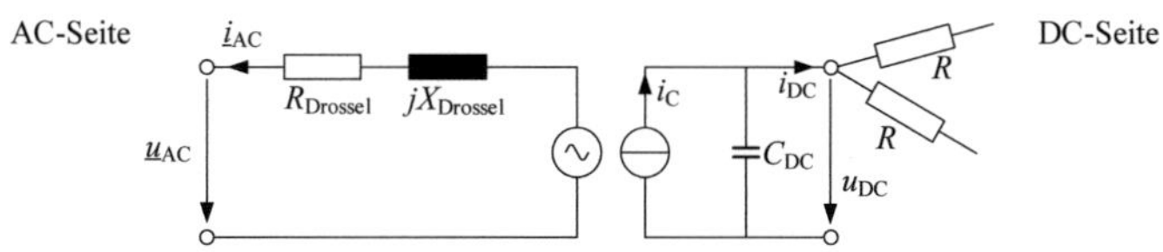

Abb. 4.6: Abbildung der AC- und DC-Seite des Umrichters für RMS-Betrachtungen

Tab. 4.7 führt die zur dynamischen Modellierung des Umrichters eingesetzten Modellparameter auf. Es erfolgt in dieser Arbeit eine monopolare Darstellung der Umrichter.

Tab. 4.7: Parameter der Umrichter-Drossel und HGÜ-Leitungen

Parameter	Beschreibung	Wert
$L_{Drossel}$	Induktivität Anschlussdrossel	30 mH
$R_{Drossel}$	Widerstand Anschlussdrossel	0,242 Ω
$C_{DC,OHL}$	Kapazitätsbelag 400 kV Freileitung	0,0123 µF/km

Die vorgegebenen Arbeitspunkte ($p_{VSC,ref,0}$, $q_{VSC,ref,0}$) können durch lokale Instanzen beeinflusst werden. So erfolgt eine lokale Anpassung des Wirkleistungsarbeitspunktes ($p_{VSC,ref}$) in Abhängigkeit zu der gemessenen DC-Spannung im Rahmen der lokalen DC-Spannungsregelung. Als Konsequenz der Voruntersuchungen in Abschnitt 3.5.2 wird zusätzlich ein autonomer lokaler Regler als Sekundärinstanz der DC-Spannungsregelung vorgesehen. Dieser wird als *PI*-Reglers ausgeführt (siehe Abb. 4.7 a)).

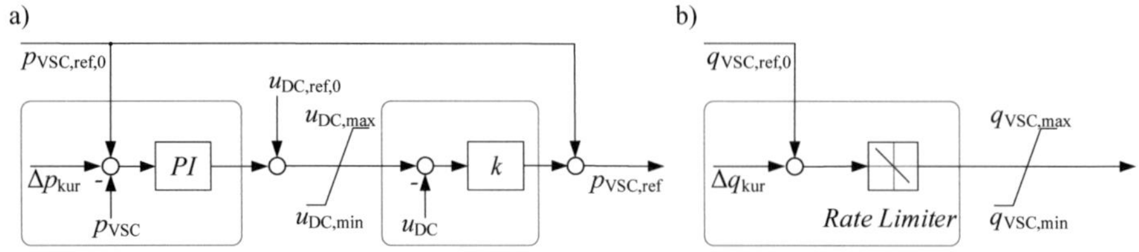

Abb. 4.7: Umsetzung der a) Wirk- und b) Blindleistungsregler inklusive Sekundärregelung nach Abschnitt 3.5.2

Für die Regelung der Blindleistung wird identisch vorgegangen (vgl. Abb. 4.7 b)). Die bestehende Festwertregelung empfängt den internen Sollwert $q_{VSC,ref}$ als durch den *PI*-Regler angepassten Wert. Somit wird auf eine Regelung der Blindleistung in Abhängigkeit von der AC-Spannung (vgl. ENTSO-E HVDC NC [47]) verzichtet. Da der Untersuchungsgenstand es nicht erfordert, werden weitere lokale Regler, darunter *Fault-Ride-Through*, *Anti-Windup*, Strombegrenzung, etc. nicht betrachtet. Für eine detaillierte Beschreibung wird auf [189] verwiesen.

Die lokalen Referenzwerte für Wirk- und Blindleistung ($p_{VSC,ref}$, $q_{VSC,ref}$) werden durch die Umrichter, wie in Abb. 4.8 beschrieben, getrennt in *d*-*q*-Koordinaten ausgeregelt. Dabei kommen jeweils zwei äußere *PI*-Regler zur Vorgabe der Stromsollwerte und zwei innere *PI*-Regler zur Stromregelung zum Einsatz. Die *Phase-Locked-Loop* (*PLL*) wird als ideal erachtet, so dass kein Zeitverzug bzw. keine Veränderung des Signals erfolgt (vgl. [204]).

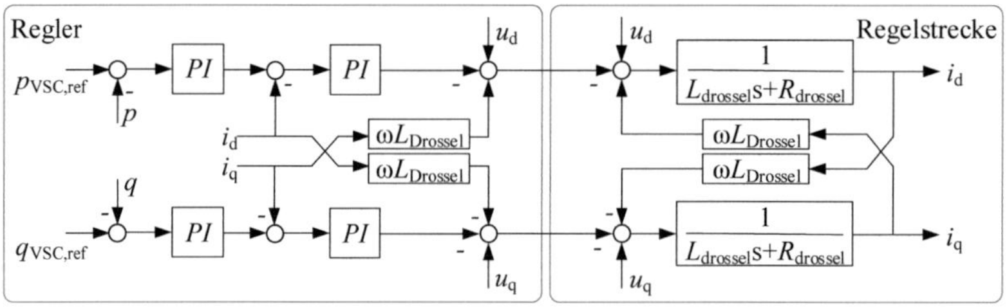

Abb. 4.8: Regelung und Regelstrecke des Umrichters in *d*-*q*-Koordinaten [189]

Um die geforderte Dynamik der Umrichter abzubilden ist ein Tuning der Regler erforderlich. Der Literatur entnommene Standardparameter (Tab. 4.8) weisen ein Ausregelverhalten der äußeren Reglung ($p_{VSC,ref}$, $q_{VSC,ref}$) von ungefähr 100 ms auf. Um die in der Anforderungsanalyse in Abschnitt 4.2 beschriebene Ausregelzeit von 20 ms zu erreichen, wurde eine eigenständige Parametrierung der inneren und äußeren Regler durchgeführt. Die Parametrierung erfolgt dabei in einem iterativen Verfahren unter Berücksichtigung der Sprungantwort des Systems bei Sollwertsprüngen.

Tab. 4.8: Parameter und Wertebereich für Umrichter-nahe Regler

Parameter	Beschreibung	[189]	[56]	eigene
$k_{i,P}$	*I*-Anteil Wirkleistung	33,0	50,0	200,0
$k_{p,P}$	*P*-Anteil Wirkleistung	0,0	0,5	0,0
$k_{i,Q}$	*I*-Anteil Blindleistung	33,0	50,0	200,0
$k_{p,Q}$	*P*-Anteil Blindleistung	0,0	0,5	0,0
$k_{i,id}$ / $k_{i,iq}$	*I*-Anteil *d*-/*q*-Strom	149,0	100,0	300,0
$k_{p,id}$ / $k_{p,iq}$	*P*-Anteil *d*-/*q*-Strom	0,48	2,0	0,5
k_{DC}	Droop DC-Spannungsregelung	-	-	20,0 MW/kV
$k_{i,psek}$ / $k_{i,qsek}$	*I*-Anteil des lokalen Reglers für Wirk-/Blindleistung	-	-	0,25 kV / MW
$k_{p,psek}$ / $k_{p,qsek}$	*P*-Anteil es lokalen Reglers für Wirk-/Blindleistung	-	-	0,05 kV / MW

Die für eine schnellere Sprungantwort erforderlichen Regler-Parameter unterscheiden sich, insbesondere im *P*-Anteil, deutlich von den Standardwerten nach [189]. Da für die verteilte DC-Spannungsregelung keine Standardparameter existieren, wird für die Umrichter VSC1-VSC8 einheitlich von einem linearen Droop von k_{DC}=20 MW/kV ausgegangen. Der offshore Umrichter (VSC9) beteiligt sich dagegen nicht an der DC-Spannungsregelung (k_{DC}=0), da vereinfachend von einer konstanten Wirkleistungserzeugung der offshore Windparks ausgegangen wird. Für den neu hinzukommenden autonomen lokalen Regler auf Wirkleistungsseite (vgl. Abschnitt 3.5.2) existieren keine Standardparameter. Stattdessen schließt sich die Parametrierung, dem Auslegen der Umrichter-nahen Regler an.

4.3 Untersuchungsszenarien

In den folgenden Abschnitten werden zur Evaluierung des HGÜ-RAS-Ansatzes Untersuchungsszenarien definiert. Die Identifikation kritischer Contingencies erfolgt entsprechend der in Abschnitt 3.2 beschriebenen Netzsicherheitsrechnung und umfasst die folgenden stationären Kriterien:

- Für die AC-seitigen Knotenspannungen gilt ein zulässiger Bereich zwischen 380 kV und 420 kV.
- Betriebsmittelauslastungen über 100% werden als kritisch definiert. Dies gilt für Übertragungselemente, Umrichter und Kraftwerke.
- Für Umrichter und Kraftwerke erfolgt dabei eine getrennte Betrachtung der Wirk- und Blindleistungsgrenzen

4.3.1 Base Case

Der in dieser Arbeit vorrangig betrachtete Base Case greift die in Abschnitt 4.1 beschriebene Topologie des AC-HGÜ-Benchmarknetz auf. Die Arbeitspunkte der Lasten, Erzeuger und Umrichter werden ebenfalls übernommen. Daraus ergeben sich insgesamt 17 kritische Contingencies (Tab. 4.9). Sie umfassen Betriebsmittelausfälle von AC-Leitungen, HGÜ-Umrichter und Kraftwerken. Die kritischen Contingencies verursachen thermische Überlastungen von AC-Leitungen und Verletzungen von Blindleistungsgrenzen der Generatoren, daraus resultierende Verletzungen des AC-Spannungsbandes werden ebenfalls aufgeführt. Innerhalb des HGÜ-Netzes treten im betrachteten Arbeitspunkt keine kritischen Contingencies auf.

Tab. 4.9: Liste der kritischen Contingencies im Base Case

#	Betriebsmittel	Ort des Ausfalls	Folge
1	AC-Leitung 8	2 zu 12	Überlastung AC-Leitung 5 (2 zu 3)
2	AC-Leitung 13	4 zu 19	Überlastung AC-Leitung 22 (10 zu 22)
3	AC-Leitung 26	Kuppelleitung / 13 zu 53	Überlastung AC-Leitung 22 (10 zu 22)
4	AC-Leitung 41	Kuppelleitung / 22 zu 56	Überlastung AC-Leitung 43 (25-43)
5	AC-Leitung 42	Kuppelleitung / 24 zu 49	Überlastung AC-Leitung 43 (25-43)
6	AC-Leitung 43	Kuppelleitung / 25 zu 43	Überlastung AC-Leitung 42 (24 zu 49) Überlastung AC-Leitung 83 (47 zu 59)
7	AC-Leitung 47	26 zu 40	Überlastung AC-Leitung 57 (32 zu 40)
8	AC-Leitung 57	32 zu 40	Überlastung AC-Leitung 47 (26 zu 40)
9	AC-Leitung 83	Kuppelleitung / 47 zu 59	Überlastung AC-Leitung 43 (25 zu 43) Überlastung AC-Leitung 73 (43 zu 44)
10	AC-Leitung 84	52 zu 53	Überlastung AC-Leitung 22 (10 zu 22)
11	AC-Leitung 100	62 zu 66	Überlastung AC-Leitung 22 (10 zu 22) Überlastung AC-Leitung 91 (56 zu 58)
12	Kraftwerk 8	Knoten 33	Überlastung KW9 (Blindleistung)
13	Kraftwerk 11	Knoten 43	Überlastung AC-Leitung 43 (25 zu 43)
14	VSC2	Knoten 41	Überlastung AC-Leitung 43 (25 zu 43)
15	VSC5	Knoten 48	Überlastung AC-Leitung 43 (25 zu 43) Überlastung AC-Leitung 83 (47 zu 59)
16	VSC7	Knoten 57	Überlastung KW15 (Blindleistung)

#	Betriebsmittel	Ort des Ausfalls	Folge
17	VSC8	Knoten 27	Überlastung AC-Leitung 43 (25 zu 43) Überlastung AC-Leitung 47 (26 zu 40)) Überlastung AC-Leitung 83 (47 zu 59) Überlastung KW 9 (Blindleistung)

4.3.2 Sonderfall parallele HGÜ-Verbindungen

Das vorgestellte HGÜ-RAS lässt sich sowohl durch ein vermaschtes HGÜ-Netz, als auch einzelne HGÜ-Verbindungen umsetzen. Um eine Erprobung des HGÜ-RAS für den zweiten Fall zu ermöglichen, wird in diesem Abschnitt ein derartiger Sonderfall als Abwandlung des Base Case vorgestellt. Anstelle der vermaschten Netz-Struktur, existieren zwei Punkt-zu-Punkt und eine Multiterminal-Verbindung (siehe Abb. 4.9). Dabei entfallen VSC4 (RZ1) und VSC9 (offshore).

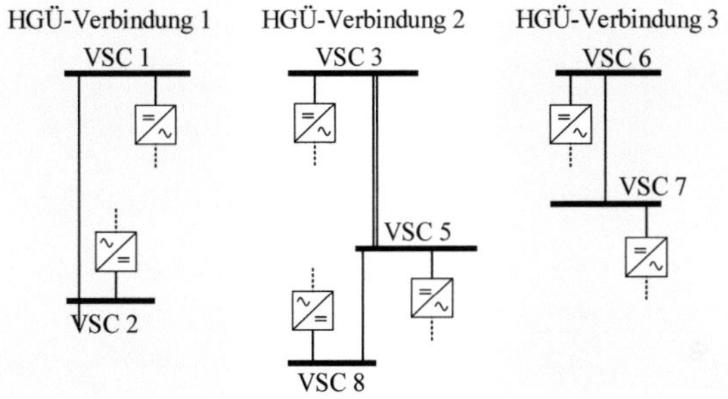

Abb. 4.9: Angepasste Topologie der HGÜ-Verbindungen für Sonderfall parallele HGÜ-Verbindungen

Die Arbeitspunkte der Umrichter wurden gegenüber dem Base Case angepasst, um eine ausgeglichene Leistungsbilanz der einzelnen HGÜ-Verbindungen zu gewährleisten und den in Abschnitt 4.1 definierten Anforderungen einer (n-0)-Sicherheit zu entsprechen. Die resultierenden Arbeitspunkte sind in Anhang A.3 aufgeführt. Der vorgestellte Sonderfall erlaubt eine Erprobung des HGÜ-RAS für die genannte Netzform hinsichtlich der Identifikation von HGÜ-Verbindungsausfällen und der Bestimmung sowie Aktivierung geeigneter Maßnahmen durch die verbleibenden Verbindungen. Ein Verweis auf derzeitige HGÜ-Projekte (vgl. Kapitel 1) unterstreicht die Relevanz des beschriebenen Szenarios. Die daraus resultierenden kritischen Contingencies werden in Tab. 4.10 aufgeführt. Die mit dem Szenario verbundenen Anpassungen der Arbeitspunkte sind in Anhang A.3 aufgeführt.

Tab. 4.10: Liste der kritischen Contingencies im Sonderfall parallele HGÜ-Verbindungen

#	Betriebsmittel	Ort des Ausfalls	Folge
1	AC-Leitung 42	Kuppelleitung / 24 zu 49	Überlastung AC-Leitung 43 (25-43)
2	AC-Leitung 43	Kuppelleitung / 25 zu 43	Überlastung AC-Leitung 42 (24 zu 49) Überlastung AC-Leitung 83 (47 zu 59)
3	AC-Leitung 47	26 zu 40	Überlastung AC-Leitung 57 (32 zu 40)
4	AC-Leitung 48	27 zu 28	Überlastung KW 9 (Blindleistung)
5	AC-Leitung 57	32 zu 40	Überlastung AC-Leitung 47 (26 zu 40)
6	AC-Leitung 73	43 zu 44	Überlastung AC-Leitung 83 (47 zu 59)
7	AC-Leitung 83	Kuppelleitung / 47 zu 59	Überlastung AC-Leitung 43 (25 zu 43) Überlastung AC-Leitung 73 (43 zu 44) Überlastung KW 6 (Blindleistung)
8	Kraftwerk 8	Knoten 33	Überlastung AC-Leitung 83 (47 zu 59) Überlastung KW 9 (Blindleistung)
9	Kraftwerk 12	Knoten 50	Überlastung AC-Leitung 83 (47 zu 59)
10	VSC1	Ausfall HGÜ-Verb. 1 Knoten 7	Überlastung AC-Leitung 42 (24 zu 49) Überlastung AC-Leitung 43 (25 zu 43) Überlastung AC-Leitung 83 (47 zu 59) Überlastung KW 11 (Blindleistung)
11	VSC2	Ausfall HGÜ-Verb. 1 Knoten 40	Überlastung AC-Leitung 42 (24 zu 49) Überlastung AC-Leitung 43 (25 zu 43) Überlastung AC-Leitung 83 (47 zu 59) Überlastung KW 10, 11 (Blindleistung)
12	VSC3	Knoten 3	Überlastung AC-Leitung 22 (10 zu 22) Überlastung AC-Leitung 43 (25 zu 43) Überlastung AC-Leitung 73 (26 zu 40) Überlastung AC-Leitung 83 (47 zu 59) Überlastung KW 6, 11, 14 (Blindleistung)
13	VSC7	Ausfall HGÜ-Verb. 3 Knoten 57	Überlastung KW 15 (Blindleistung)
14	VSC8	Knoten 27	Überlastung AC-Leitung 47 (26 zu 40) Überlastung KW9 (Blindleistung)

5 Numerische Fallstudien

Im vorliegenden Kapitel werden zunächst die einzelnen Komponenten des HGÜ-RAS mittels detaillierter Betrachtungen evaluiert. Dieses Vorgehen stellt einerseits die spätere Einsetzbarkeit im Kontext des HGÜ-RAS sicher, und erlaubt zum anderen eine Aussage über bestehende Defizite und zukünftigen Forschungsbedarf. Eine Besonderheit stellt dabei Abschnitt 5.3 dar. Die dort durchgeführten Untersuchungen stehen in direkter Wechselwirkung mit der Methodenentwicklung in Kapitel 3.

Der Validierung der Einzel-Komponenten in den Abschnitten 5.1-5.3 folgt abschließend die Erprobung des gesamten HGÜ-RAS. Diese gliedert sich in unterschiedliche Typen kritischer Contingencies, die den Ausfall von Kraftwerken und HGÜ-Umrichter, sowie Einfachausfälle von AC-Übertragungsleitungen umfassen. Die Betrachtungen erfolgen mittels dynamischer Zeitreihensimulationen und erlauben eine Analyse des Zusammenspiels der einzelnen Komponenten und der resultierenden Entlastung des AC-Systems.

Eine erfolgreiche Erprobung des HGÜ-RAS stellt einen Machbarkeitsbeweis für den zukünftigen Einsatz (teil-)automatisierter kurativer Arbeitspunktanpassungen durch HGÜ-Systeme dar. Kann der durch lokale Identifikation und Aktivierung restriktiv gestaltete Ansatz erfolgreich zur Beseitigung von Netzsicherheitsverletzungen eingesetzt werden, so kann auch ein abgewandelter Einsatz der vorgestellten Komponenten zur manuellen oder automatisierten Ausführung kurativer Maßnahmen nach (de-)zentraler Event-Identifikation sichergesellt werden.

Alle Betrachtungen erfolgen anhand des in Kapitel 4 vorgestellten AC-HGÜ-Benchmarknetzes und der beschriebenen Modellierung der Umrichter und Kraftwerke. Im Vordergrund steht zunächst der vorgestellte ***Base Case***, der ein vermaschtes HGÜ-Netz vorsieht. Als Ergänzung kommt das als ***Sonderfall*** betitelte Untersuchungsszenario zum Einsatz, das den parallelen Verlauf mehrerer HGÜ-Verbindungen anstelle des vermaschten HGÜ-Netzes vorsieht.

5.1 Identifikation des Systemzustandes

Die Komponente *Identifikation des Systemzustandes* wird in Abschnitt 3.3 vorgestellt und gliedert sich in eine zentrale Vorberechnung von Fehlermustern und einen lokalen Abgleich dieser mit Messwerten im Echtzeitbetrieb. Die Gültigkeit des Vorgehens und der Einsatz einer Feature Extraction werden an dieser Stelle durch Fallstudien auf die Zulässigkeit und Leistungsfähigkeit geprüft. Anforderungen an diese Komponente sind:

1. Identifikation der kritischen Events durch Umrichter mit Einfluss auf AC-System
2. Vermeidung von fehlerhaften Identifikationen und der damit verbundenen Aktivierung ungültiger kurativer Maßnahmen
3. Berücksichtigung von möglichen Modellfehlern

Grundsätzlich ist es nicht erforderlich, alle kritischen Events an allen Umrichtern lokal zu identifizieren, da nicht alle Umrichter zur erfolgreichen Ausführung einer kurativen Maßnahme benötigt werden und die Messwerte nicht an allen Orten die erforderliche Trennschärfe erlauben. Mit dem Gütemaß KPI_{ident} wird die Anzahl erfolgreicher lokaler Identifikationen bewertet (Gleichung (5.1)). Dieses beschreibt vereinfacht die Anzahl der erfolgreichen Identifikationen n_{ident} auf die maximal mögliche Anzahl, entsprechend der Umrichteranzahl n_{VSC} bei n_{C} kritischen Events.

$$KPI_{\text{ident}} = n_{\text{ident}} / (n_{\text{VSC}} * n_{\text{c}}) \tag{5.1}$$

Die Vorgehensweise zur Evaluierung der Komponente wird in Abb. 5.1 gezeigt. Zunächst wird die CFP-Datenbank aufbauend auf dynamischen Zeitreihensimulationen aller kritischen Events vorbereitet. Die Evaluierung erfolgt innerhalb der Abschnitte 5.1.1 und 5.1.2. Dort wird neben der Identifizierbarkeit der kritischen Events auch die Reaktion der Komponente *Identifikation des Systemzustandes* bei Eintreten unbekannter Events evaluiert. Die vorgesehene dynamische Abbildung des AC-HGÜ-Benchmarknetzes wird in Abschnitt 4.2 beschrieben.

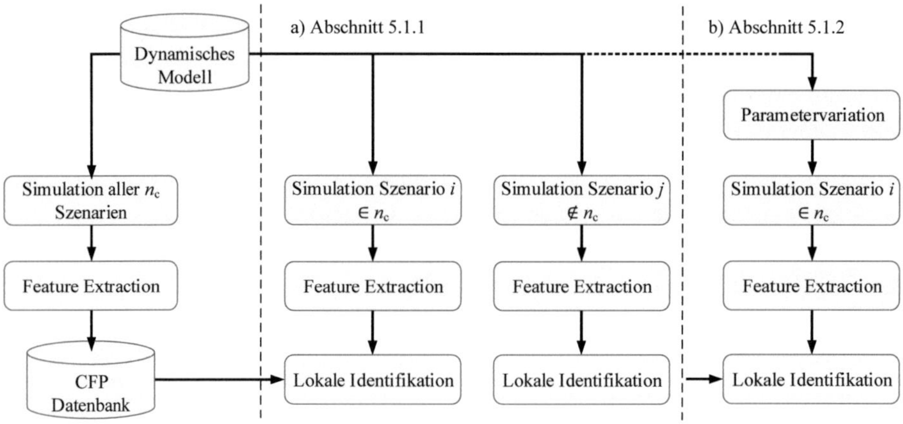

Abb. 5.1: Ablauf der Evaluierung ohne Parametervariation bzw. mit Parametervariation

Zur Abbildung der Zeitreihen und zu deren Vergleich wird das in Abschnitt 3.3.1 vorgestellte Verfahren zur Feature Extraction eingesetzt. Dieses baut auf einer Gradienten-basierten Auslösung der Identifikation auf. Zusätzlich werden Tot- und Toleranzbänder berücksichtigt. Tab. 5.1 fasst die zugehörigen Parameter zusammen. Die Parametrierung resultiert aus einem iterativen Prozess mit der Zielstellung, mehrdeutige und insbesondere fehlerhafte Identifikationen zu vermeiden.

Eine detaillierte Evaluierung erfolgt für den Base Case. Für den Sonderfall paralleler HGÜ-Verbindungen erfolgt eine Zusammenfassung der Ergebnisse, da diese mit denen des Base Case korrelieren. Die vollständigen Ergebnisse können dem Anhang entnommen werden. Die in den folgenden Abschnitten erzielten Ergebnisse werden in Tabellenform durch die im Folgenden aufgeführten Kennzahlen für jeden Umrichter aufgeführt:

0 Keine Detektion des eintretenden Events
1 Detektion eines Events, ohne erfolgreiche Identifikation
2 Keine eindeutige Identifikation, stattdessen mehrere mögliche Events
3 Erfolgreiche und eindeutige Identifikation

Tab. 5.1: Parametrierung der Methode zur lokalen Identifikation

Parameter	Beschreibung	Wert
ς_δ	Toleranzband Spannungswinkel	0,05 °
ς_i	Toleranzband Leitungsströme	0,004 kA
-	Totband Spannungswinkel	0,01 °
-	Totband Leitungsströme	0,001 kA
Δt	Länge Zeitfenster	400 ms
ε	Auslösegradient	10°/s

5.1.1 Allgemeine Leistungsfähigkeit

Dieser Abschnitt bewertet zunächst die allgemeine Performanz der lokalen Identifikation an den einzelnen Umrichtern im betrachteten Benchmarknetz. Entsprechend der Beschreibung in Abb. 5.1 stimmen das dynamische Modell zur Erzeugung der Datenbank und zur Generierung der Messwerte exakt überein. Modellfehler bleiben somit zunächst unberücksichtigt. Tab. 5.2 fasst die Ergebnisse zur Identifikation der kritischen Contingencies auf Basis der zuvor eingeführten Indikatoren (*0-3*) zusammen. Im Falle eines Umrichter-Ausfalls werden die betroffenen Umrichter gesondert markiert (*X*).

Insgesamt ergibt sich eine Identifikationsrate (KPI_{ident}) von 82,6%. Der Eintritt der betrachteten Events kann in den meisten Fällen nicht durch alle Umrichter anhand des Gradienten der Spannungswinkel detektiert werden (*0*). Tritt eine Detektion auf, so kann in den meisten Fällen auch eine korrekte lokale Identifikation erfolgen (*3*). In wenigen Ausnahmefällen ist dies aufgrund mehrdeutiger Identifikationsergebnisse (*2*, z. B. VSC1, #8) nicht möglich. Eine fehlerhafte Identifikation bei Betrachtung der kritischen Contingencies tritt nicht auf.

Die Ergebnisse der Untersuchungen zur Reaktion der Komponente *Identifikation des Systemzustandes* auf das Eintreten unbekannter Events werden an dieser Stelle nicht durch eine Ergebnis-tabelle aufgeführt. Die Untersuchung umfasst 105 Events, darunter 14

Kraftwerksausfälle und 91 Leitungsausfälle. In keinem Fall wurde ein Event identifiziert, weshalb ein fehlerhaftes Auslösen der Komponente ausgeschlossen werden kann.

Tab. 5.2: Ergebnisse der lokalen Identifikation im Base Case ohne Modellfehler

#	Typ	VSC1	VSC2	VSC3	VSC4	VSC5	VSC6	VSC7	VSC8
1	AC-Ltg	*3*	*3*	*3*	*3*	*0*	*3*	*3*	*0*
2	AC-Ltg	*3*	*3*	*3*	*3*	*3*	*3*	*3*	*3*
3	AC-Ltg	*3*	*0*	*3*	*3*	*0*	*3*	*3*	*0*
4	AC-Ltg	*3*	*3*	*3*	*3*	*3*	*3*	*3*	*3*
5	AC-Ltg	*3*	*3*	*3*	*3*	*3*	*0*	*3*	*3*
6	AC-Ltg	*0*	*3*	*3*	*3*	*3*	*3*	*3*	*3*
7	AC-Ltg	*2*	*3*	*3*	*3*	*3*	*0*	*3*	*3*
8	AC-Ltg	*2*	*3*	*3*	*3*	*3*	*0*	*3*	*3*
9	AC-Ltg	*0*	*3*	*3*	*3*	*3*	*3*	*3*	*3*
10	AC-Ltg	*3*	*0*	*3*	*3*	*0*	*3*	*3*	*1*
11	AC-Ltg	*0*	*3*	*3*	*3*	*3*	*3*	*3*	*3*
12	Kraftwerk	*3*	*3*	*3*	*3*	*3*	*3*	*3*	*3*
13	Kraftwerk	*3*	*3*	*3*	*3*	*3*	*3*	*3*	*3*
14	Umrichter	*3*	*X*	*0*	*2*	*3*	*0*	*0*	*3*
15	Umrichter	*3*	*3*	*0*	*2*	*X*	*0*	*3*	*3*
16	Umrichter	*3*	*3*	*3*	*3*	*3*	*3*	*X*	*3*
17	Umrichter	*3*	*3*	*3*	*3*	*3*	*3*	*3*	*X*

Die analog für den Sonderfall erfolgten Untersuchungen werden an dieser Stelle nur für die Ausfälle von Umrichtern und HGÜ-Verbindungen in Tab. 5.3 aufgeführt. Der signifikante Einfluss der Umrichter-Ausfälle auf die Verläufe der Spannungswinkel und Leitungsströme ermöglicht eine eindeutige Identifikation der fünf betrachteten kritischen Contingencies an allen übrigen Umrichtern.

Tab. 5.3: Ergebnisse der lokalen Identifikation im Sonderfall ohne Modellfehler

#	Typ	VSC1	VSC2	VSC3	VSC5	VSC6	VSC7	VSC8
10	HGÜ-Verbindung	X	X	3	3	3	3	3
11	HGÜ-Verbindung	X	X	3	3	3	3	3
12	Umrichter	3	3	X	3	3	3	3
13	HGÜ-Verbindung	3	3	3	3	X	X	3
14	Umrichter	3	3	3	3	3	3	X

5.1.2 Parametervariation

In Abschnitt 3.3.3 wird der Einfluss von Modellfehlern auf die Leistungsfähigkeit des Ansatzes diskutiert. Dabei werden vereinfachend drei potentielle Quellen für Modellfehler identifiziert. Um deren Einfluss auf Abweichungen zwischen Datenbank und überwachtem System untersuchen zu können, werden die drei folgenden Streuszenarien (vgl. Abschnitt 3.3.3) abgeleitet und in getrennten Analysen evaluiert:

a) Variation des Erzeugungs-Profils
b) Variation der AC-Leitungsparameter
c) Variation der Anlaufzeitkonstante

Entsprechend Abb. 5.1 bleibt die Datenbank unverändert, während die Messwerte mit einem angepassten Simulationsmodell erzeugt werden. Die Erzeugung der Streuszenarien erfolgt in zwei Stufen (2% und 5%, bezogen auf den Absolutwert der Parameter), entsprechend der in Gleichung (5.2) beschriebenen Bildungsvorschrift. Die Varianzen der eingesetzten Gauß-Verteilung sind in Tab. 5.4 aufgeführt. Anhang A.4 listet die Änderungen der Parameter ($\Delta\lambda$) auf.

$$\Delta\lambda = \lambda_0 + \lambda_0 * R \quad R \sim N(0, \sigma^2) \tag{5.2}$$

Tab. 5.4: Angewandte Parametervariation mittels Gauß-Verteilung

Streuung	Wahrscheinlichkeit	σ
2%	99%	0,78
5%	99%	1,94

a) Variation des Erzeugungs-Profils

Tab. 5.5 fasst den Einfluss abweichender Erzeugungsprofile auf die lokale Identifizierbarkeit zusammen. Während eine grüne Markierung für eine erfolgreiche Identifikation steht, indiziert die Farbe Gelb die Events, die im Zuge der Parametervariation nicht mehr erfolgreich identifiziert werden können. Dies ermöglicht einen besseren Vergleich mit Abschnitt 5.1.1. Mit zunehmendem σ sinkt die Anzahl der Umrichter mit erfolgreicher Identifikation entsprechend des ermittelten KPI_{ident} (82,6%, 66,7%, 56,0%). Eine Detektion eintretender Events bleibt in den betroffenen Fällen weiterhin möglich. Die Identifikationsrate bei Umrichter- und Kraftwerksausfällen übersteigt die durchschnittlichen Werte von AC-Leitungsausfällen. Dies ist auf eine stärkere Ausprägung der resultierenden Fehlermuster zurückzuführen.

Tab. 5.5: Ergebnisse der lokalen Identifikation im Base Case bei Variation des Erzeugungs-Profils

	# VSC	1	2	3	4	5	6	7	8	9	10	11	12	13	14	15	16	17
2%	1	3	3	3	3	3	0	2	2	0	3	0	3	3	3	3	3	3
	2	3	3	0	3	3	3	3	3	1	0	1	3	3	X	3	3	3
	3	3	1	3	3	3	3	3	3	3	3	1	3	3	0	0	3	3
	4	3	3	3	3	3	3	3	3	3	3	3	3	3	2	2	3	3
	5	0	3	0	3	1	3	3	3	3	0	1	3	3	3	X	3	3
	6	3	3	1	3	0	3	0	0	1	1	3	3	3	0	3	3	0
	7	3	3	1	3	3	3	3	0	1	1	3	3	3	0	3	X	3
	8	0	3	0	3	1	1	3	3	1	0	1	3	3	3	3	3	X
5%	1	3	3	3	3	3	0	2	2	0	3	0	3	3	3	3	3	3
	2	3	1	0	1	1	1	3	3	1	0	1	3	0	X	3	1	3
	3	0	1	3	3	3	3	3	3	3	3	3	3	3	0	0	3	3
	4	3	3	3	3	3	3	3	3	3	3	3	3	3	2	2	3	3
	5	0	1	0	1	1	1	3	3	1	0	1	3	3	3	X	1	3
	6	3	3	1	1	0	3	0	0	1	1	1	3	3	0	3	3	0
	7	3	3	1	1	1	3	3	0	1	1	1	3	3	0	3	X	3
	8	0	0	0	1	0	1	3	3	1	0	1	3	3	3	3	3	X

b) Variation des AC-Leitungsparameter

Der Einfluss abweichender AC-Leitungsparameter auf die lokale Identifizierbarkeit kritischer Events fällt gegenüber den anderen Modellfehlern groß aus (vgl. **Fehler! Ungültiger Eigenverweis auf Textmarke.**). So reduziert sich der Wert KPI_{ident} auf 55,6%. bzw. 50%. Bei Parametervariationen von bis zu 5% sinkt die Zahl der Umrichter mit erfolgreichen Identifikationen auf bis zu eins ab, gleichzeitig treten im betreffenden Szenario vier Fehlidentifikationen auf. In diesen wird der Eintritt von Betriebsmittelausfällen, die nicht Teil der kritischen Contingency Liste sind, fälschlicherweise klar als eines der kritischen Events identifiziert. Diese Problematik wird in Abschnitt 5.1.3 nochmals aufgegriffen. Bei bis zu 2%igen Parametervariationen tritt dagegen keine Fehlidentifikation auf.

Eine Begründung für den starken Einfluss abweichender Leitungslängen auf den lokalen Abgleich findet sich in der Beeinflussung der AC-Leistungsflüsse als Folge der geänderten Leitungsparameter. Im Gegensatz zur Variation der Erzeugungs-Profile, erfolgt nach Eintritt der Events ein abweichender Zeitverlauf der Spannungswinkel und Leitungsströme, die eine Zuordnung zu den vorberechneten Mustern erschweren. Breite Toleranzbänder schaffen in diesen Fällen keine Abhilfe, da sie die Gefahr von fehlerhaften Identifikationen erhöhen.

Tab. 5.6: Ergebnisse der lokalen Identifikation im Base Case bei Variation der AC-Leitungsparameter

	VSC \ #	1	2	3	4	5	6	7	8	9	10	11	12	13	14	15	16	17
2%	1	3	3	3	3	3	1	2	2	0	3	0	3	3	1	3	3	3
	2	2	1	0	1	3	3	3	3	1	0	1	1	3	X	3	1	3
	3	3	1	3	3	3	3	3	3	3	3	3	3	3	0	0	3	3
	4	3	3	3	3	1	1	3	3	3	3	3	3	3	2	2	3	3
	5	0	3	0	1	1	3	3	3	3	0	3	3	3	1	X	1	3
	6	3	3	1	3	0	3	0	0	3	1	3	3	3	0	3	1	0
	7	3	3	1	1	1	3	3	0	3	1	3	3	3	0	3	X	1
	8	0	3	0	3	1	1	1	3	1	0	3	3	3	1	3	1	X
5%	1	3	3	3	3	3	0	2	2	0	3	0	3	3	1	3	3	3
	2	3	0	0	0	1	1	1	1	1	0	1	3	3	X	3	1	1
	3	1	1	3	3	1	1	3	3	3	3	1	1	3	0	0	3	3
	4	3	3	3	3	1	3	3	3	3	3	3	3	3	2	2	3	3
	5	0	1	0	1	1	1	3	3	0	0	1	3	3	3	X	3	3
	6	3	1	1	1	0	3	0	0	1	1	1	3	3	0	3	3	0
	7	3	3	1	1	1	1	3	0	1	1	1	3	3	0	3	X	3
	8	0	3	0	1	1	1	1	3	3	0	1	3	3	3	3	3	X

c) Variation des Anlaufzeitkonstante

Die Variation der Anlaufzeitkonstanten (T_A) zeigt in beiden Streuszenarien einen nur geringen Einfluss auf die lokale Identifizierbarkeit (siehe Tab. 5.7). Der zugehörige KPI_{ident} liegt in beiden Fällen bei 80,6%. Die Variation von T_A wirkt sich hauptsächlich auf den Verlauf des Spannungswinkels aus. Allerdings kann das vorgesehene Toleranzband die resultierenden Einflüsse auf $\Delta\delta$ ausgleichen. Das Auftreten fehlerhafter Identifikationen kann in beiden Fällen ausgeschlossen werden.

5.1.3 Zwischenfazit zur Komponente Identifikation des Systemzustandes

Die vorgesehene Gliederung der Komponente in eine zentrale Vorberechnung und einen lokalen Abgleich auf Basis einer Feature Extraction, ermöglicht eine lokale Identifikation von Events verschiedener Kategorien an unterschiedlichen Positionen innerhalb eines ausgedehnten AC-Systems. Die Evaluierung zeigt, dass unter Anwendung lokal gemessener Größen (Spannungswinkel und Leitungsströme) eine hohe Identifikationsrate, bei gleichzeitigem Verhindern von fehlerhaften Identifikationen, möglich ist. So kann ein Großteil der untersuchten kritischen Contingencies durch alle Umrichter lokal identifiziert werden. Eine derartige Identifikationsrate ist für einen zukünftigen Einsatz in vielen Fällen nicht erforderlich. Zur besseren Einordnung der Ergebnisse sind der vereinfachte Versuchsaufbau (Abb. 5.1) und die hochauflösende Parametrierung der Methode (Tab. 5.1) zu berücksichtigen. Die Komponente *Identifikation des Systemzustandes* wird in der vorgestellten Form für eine Anwendung des HGÜ-RAS in Abschnitt 5.3 eingesetzt.

Tab. 5.7: Ergebnisse der lokalen Identifikation im Base Case bei Variation der Anlaufzeitkonstanten

	VSC \ #	1	2	3	4	5	6	7	8	9	10	11	12	13	14	15	16	17
2%	1	3	3	3	3	3	0	2	2	0	3	0	3	3	0	3	3	3
	2	3	1	0	3	3	3	3	3	3	0	3	3	3	X	3	3	3
	3	3	3	3	3	3	3	3	3	3	3	3	3	3	2	0	3	0
	4	3	3	3	3	3	3	3	3	3	3	3	3	3	2	2	3	3
	5	0	3	0	3	3	3	3	3	3	0	3	3	3	3	X	3	3
	6	3	3	3	3	0	3	0	0	3	3	3	3	3	0	3	3	0
	7	3	3	3	3	3	3	3	0	3	3	3	3	3	0	3	X	3
	8	0	3	0	3	3	3	3	3	3	0	3	3	3	3	3	3	X
5%	1	3	3	3	3	3	0	2	2	0	3	0	3	3	0	3	3	3
	2	3	3	0	3	3	3	3	3	3	0	3	3	3	X	3	3	3
	3	3	3	3	3	3	3	3	3	3	3	3	3	3	0	0	3	3
	4	3	3	3	3	3	3	3	3	3	3	3	3	3	2	2	3	3
	5	0	1	0	3	3	3	3	3	3	0	3	3	3	3	X	3	3
	6	3	3	3	3	0	3	0	0	3	3	3	3	3	0	3	3	0
	7	3	3	3	3	3	3	3	0	3	3	3	3	3	0	3	X	3
	8	0	3	0	3	3	3	3	3	3	0	3	3	3	3	3	3	X

Die bei einem Echtzeit-Einsatz der Komponente zu erwartende Abweichung zwischen offline und online Daten wird durch den Einsatz von Streuszenarien evaluiert. In Abhängigkeit von der Art und Ausprägung der Modellfehler sinkt die Identifikationsrate deutlich. Der Einfluss unterschiedlicher Modellfehler konnte im Rahmen der angestellten Untersuchungen deutlich gemacht werden. Tab. 5.8 fasst den Einfluss der Parametervariationen auf die lokale Identifizierbarkeit für die untersuchten Streuszenarien zusammen. Den durch abweichende Leitungsparameter hervorgerufenen Modellfehlern ist, wie die durchgeführten Untersuchungen zeigen, die größte Bedeutung beizumessen.

Tab. 5.8: Einfluss der untersuchten Modellfehler auf die lokale Identifizierbarkeit (KPI_{ident}) und Anzahl der Fehlidentifikationen (n_{irr}) im Base Case

Streuszenario	**2%**		**5%**	
	KPI_{ident}	n_{irr}	KPI_{ident}	n_{irr}
Keine	82,6%	0	82,6%	0
a) Erzeugungs-Profil	66,7%	0	56,0%	0
b) AC-Leitungsparameter	55,6%	0	50,0%	4
c) Anlaufzeitkonstante	80,6%	0	80,6%	0

In keinem der untersuchten Streuszenarien tritt eine fehlerhafte Identifikation kritischer Contingencies durch einen der beteiligten Umrichter auf. Betriebsmittelausfälle, die nicht Teil der kritischen Contingencies sind, werden im Normalfall und bei Variationen von bis zu 2% zwar detektiert, aber nicht identifiziert. Dies entspricht der Anforderung, nicht-kritische Contingencies unbehandelt zu lassen. Bei Variationen der jeweiligen Parameter in den Streuszenarien von bis zu 5% treten in Summe vier Verletzungen der Zuverlässigkeit auf. In diesen Fällen werden eintretende Ausfälle von AC-Leitungen, die nicht Teil der Contingency Liste sind und somit auch nicht in der offline Datenbank enthalten sind, als kritische Contingencies an jeweils einem Umrichter identifiziert. Dieser Effekt ist auf eine Wechselwirkung zwischen den definierten Toleranzbändern und dem starken Einfluss der Variation der AC-Leitungsparameter auf die Leistungsflüsse vor und nach dem Event zurückzuführen. Derartige Beeinflussungen der Komponente *Identifikation des Systemzustandes* sind als kritisch anzusehen. Um einen Einsatz des HGÜ-RAS unter diesen Bedingungen nicht zu gefährden, ist der Einsatz komplexerer Verfahren der Feature Extraction und robusterer Verfahren zum Abgleich zwischen Datenbank und Messwerten in weiterführenden Arbeiten zu prüfen.

Für den weiteren Verlauf dieser Arbeit wird der in Abschnitt 3.3.3 vorgestellten Ansatz zur Robustheitsanalyse eingesetzt, um die Teilergebnisse der Streuszenarien mit Variationen von bis zu 2% zu kombinieren. Dieses Vorgehen gewährleistet eine exemplarische Berücksichtigung möglicher Einschränkungen der Identifizierbarkeit bei der Berechnung und Ausführung kurativer Maßnahmen. Die Ergebnisse werden in Tab. 5.9 und Tab. 5.10 gezeigt. Die aufgeführten Zahlen zeigen, in wie vielen Fällen (Originalmodell + Streuszenarien) der Evaluierung eine lokale Identifikation möglich ist.

Tab. 5.9: Kombinierte Ergebnisse der lokalen Identifikation im Base Case

#	Typ	VSC1	VSC2	VSC3	VSC4	VSC5	VSC6	VSC7	VSC8
1	AC-Leitung	4	3	4	4	0	4	4	0
2	AC-Leitung	4	2	2	4	4	4	4	4
3	AC-Leitung	4	0	4	4	0	2	2	0
4	AC-Leitung	4	3	4	4	3	4	3	4
5	AC-Leitung	4	4	4	3	2	0	3	2
6	AC-Leitung	0	4	4	3	4	4	4	2
7	AC-Leitung	0	4	4	4	4	0	4	3
8	AC-Leitung	0	4	4	4	4	0	0	4
9	AC-Leitung	0	2	4	4	4	3	3	2
10	AC-Leitung	4	0	4	4	0	2	2	0
11	AC-Leitung	0	2	3	4	3	4	4	3
12	Kraftwerk	4	3	4	4	4	4	4	4
13	Kraftwerk	4	4	4	4	4	4	4	4
14	Umrichter	2	X	0	0	3	0	0	3
15	Umrichter	4	4	0	0	X	4	4	4
16	Umrichter	4	3	4	4	3	3	X	3
17	Umrichter	4	4	3	4	4	0	3	X

Die durchgeführten Betrachtungen unterstreichen die grundsätzliche Möglichkeit einer lokalen Identifikation von kritischen (Contingency) Events. Die vorgestellte vereinfachte Methode zur Feature Extraction lässt eine Anwendung im weiteren Verlauf der Arbeit zur Erprobung des gesamten HGÜ-RAS zu. Allerdings besteht für einen künftigen Praxisbetrieb der Bedarf eines aufwändigeren Verfahrens, das eine geringere Anfälligkeit gegenüber Modellfehlern aufweist.

Tab. 5.10: Kombinierte Ergebnisse der lokalen Identifikation im Sonderfall

#	Typ	VSC1	VSC2	VSC3	VSC5	VSC6	VSC7	VSC8
1	AC-Leitung	4	4	4	2	0	3	2
2	AC-Leitung	0	4	4	4	4	4	3
3	AC-Leitung	0	4	4	4	0	4	4
4	AC-Leitung	4	2	4	4	0	4	4
5	AC-Leitung	0	4	4	4	0	0	4
6	AC-Leitung	4	3	4	3	0	4	3
7	AC-Leitung	0	2	4	4	3	3	2
8	Kraftwerk	4	3	4	4	4	4	4
9	Kraftwerk	4	3	4	3	0	4	4
10	HGÜ-Verbindung	X	X	4	4	2	2	4
11	HGÜ-Verbindung	X	X	4	4	2	2	4
12	Umrichter	3	3	X	3	3	3	3
13	HGÜ-Verbindung	3	3	4	4	X	X	3
14	Umrichter	3	2	2	3	2	2	X

5.2 Berechnung kurativer Arbeitspunkte

Die Komponente *Berechnung kurativer Arbeitspunkte* umfasst die zentrale Berechnung kurativer Arbeitspunkte bzw. Arbeitspunktanpassungen der HGÜ-Umrichter für die kritischen Contingencies. Der Einsatz eines C-SCOPF stellt die Gültigkeit der resultierenden Arbeitspunkte sicher. Die Validierung der Komponente und des dazu weiterentwickelten C-SCOPF Algorithmus (Abschnitt 3.4) gliedert sich in drei Stufen:

- In Stufe 1 werden zunächst nur die Arbeitspunkte der Wirkleistung und DC-Spannungsregelung optimiert. Die Blindleistungsarbeitspunkte bleiben unverändert.
- In Stufe 2 wird die Hinzunahme der kurativen Anpassung der Blindleistungsarbeitspunkte der Umrichter untersucht.
- In Stufe 3 kommt die in Abschnitt 3.4 erarbeitete Beschränkung der Freiheitsgrade auf ausgewählte Umrichter zum Einsatz. So kann die in Abschnitt 5.1 bestimmte lokale Identifizierbarkeit im C-SCOPF berücksichtigt werden.

Alle Untersuchungen werden am AC-HGÜ-Benchmarknetz mit den in Abschnitt 0 beschriebenen Base Case und dem Sonderfall (parallele HGÜ-Verbindungen) durchgeführt.

Die durch Synchronmaschinen abgebildeten Kraftwerke sind als *PU*-Knoten berücksichtigt. Es erfolgt somit eine spannungsabhängige Blindleistungsabgabe innerhalb der zulässigen Grenzen. Die HGÜ-Umrichter verfügen dagegen über eine Festwertregelung der Blindleistung. Sie werden folglich als *PQ*-Knoten berücksichtigt. Die eingesetzten Zielfunktionen und Nebenbedingungen sind in Abschnitt 3.4.3 aufgeführt. Die Lösung des formulierten C-SCOPF Problems erfolgt mittels Differential Evolution. Der verwendete Algorithmus wird in Anhang A.2 im Detail beschrieben.

Die Ergebnisse der C-SCOPF-Berechnungen werden in Tabellenform zusammengefasst, indem für die einzelnen kritischen Contingencies die kurativen Arbeitspunktänderung der onshore HGÜ-Umrichter als Absolutwerte aufgeführt werden. Die dazu angewandte Vorzeichenorientierung wird durch Gleichung (5.3)-(5.5) beschrieben.

$$\Delta p_{\mathrm{kur}}^{c} = p_{\mathrm{VSC,ref,0}} - p_{\mathrm{VSC,kur}}^{c} \tag{5.3}$$

$$\Delta q_{\mathrm{kur}}^{c} = q_{\mathrm{VSC,ref,0}} - q_{\mathrm{VSC,kur}}^{c} \tag{5.4}$$

$$\Delta u_{\mathrm{kur}}^{c} = u_{\mathrm{DC,kur}}^{c} - u_{\mathrm{DC,ref,0}} \tag{5.5}$$

Um eine überschaubare Präsentation der Ergebnisse zu gewährleisten, werden die vollständigen Ergebnisse der C-SCOPF-Berechnungen im Anhang aufgeführt, während in den folgenden Abschnitten nur ausgewählte Szenarien im Detail betrachtet werden. Da die folgenden Abschnitte eine Erklärung der Ergebnisse beinhalten, wird bei der Auswahl der gezeigten Szenarien darauf geachtet, Dopplungen zu vermeiden. Stattdessen soll auf Besonderheiten hingewiesen werden.

Neben den Arbeitspunktanpassungen enthalten die Ergebnistabellen die Zielfunktionswerte (f_1, f_2, f_3, vgl. Gleichung (3.23)-(3.25)) und eine Kennzeichnung, ob alle Nebenbedingungen erfüllt sind und somit ein zulässiger Systemzustand ermöglicht werden kann. Tab. 5.11 zeigt die verwendeten Grenzwerte. In Fällen mit ungültigen Lösungen (*Zul*: Nein) liegt zwar eine Konvergenz der AC-HGÜ-Leistungsflussberechnung vor. Eine Verringerung des Netzengpasses durch die Arbeitspunktanpassungen kann dagegen nicht garantiert werden. Diese Lösungen sind ungültig.

Tab. 5.11: Eingesetzte Parameter für Nebenbedingungen der C-SCOPF Berechnung

Parameter	Beschreibung	Wert
$u_{\mathrm{AC,min}}$ ($u_{\mathrm{DC,min}}$)	Untere Grenze AC- (DC-) Spannung	380 kV (475 kV)
$u_{\mathrm{AC,max}}$ ($u_{\mathrm{DC,max}}$)	Obere Grenze AC- (DC-) Spannung	420 kV (525 kV)
$u_{\mathrm{DC,operation\_max}}$	Obere Grenze DC-Betriebsspannung	515,0 kV
η_{Gen} / η_{line}	Sicherheitsabstand Generator-/Leitungsauslastung	90%

5.2.1 Stufe 1: Optimierung von Wirkleistung und DC-Spannung

Der Optimierungsvektor in Stufe 1 umfasst die Arbeitspunkte der Wirkleistung und DC-Spannungsregelung aller onshore Umrichter.

a) Base Case

Im Base Case können durch die Optimierung der Wirkleistungsarbeitspunkte (unter Berücksichtigung der DC-Sollspannungen) aller Umrichter 14 der insgesamt 17 kritischen Contingencies gelöst werden. Die resultierenden kurativen Arbeitspunktanpassungen (Δp_{kur}, Δu_{kur}) sind für ausgewählte kritische Contingencies in Tab. 5.12 gelistet. Rot markierte Einträge zeigen unzulässige Lösungen, in denen keine gültige kurative Maßnahme durch das HGÜ-System möglich ist.

Tab. 5.12: Ausgewählte Ergebnisse für Stufe 1 des C-SCOPF im Base Case (ΔP_{kur} in MW und ΔU_{kur} in kV)

#		VSC1	VSC2	VSC3	VSC4	VSC5	VSC6	VSC7	VSC8	*f*	*Zul.*
3	ΔP_{kur}	0,0	-0,6	166,3	-0,2	-3,9	-112,5	-38,3	-6,3	328,1	Ja
	ΔU_{kur}	0,1	-0,2	0,4	-0,3	-0,5	-0,9	-0,8	-0,4	-0,2	
7	ΔP_{kur}	0,0	201,8	0,0	0,0	0,0	0,0	0,0	-198,5	400,3	Ja
	ΔU_{kur}	-0,3	-0,2	-0,4	-0,5	-0,8	-0,6	-0,7	-1,1	-0,6	
12	ΔP_{kur}	31,2	10,0	124,7	170,4	0,2	66,8	-14,4	-373,9	--	Nein
	ΔU_{kur}	0,3	-0,2	0,7	0,4	-0,4	0,4	0,0	-1,4	--	
13	ΔP_{kur}	0,0	-187,9	0,1	214,6	-10,6	0,1	0,0	-12,8	426,1	Ja
	ΔU_{kur}	-0,4	-0,6	-0,1	0,1	-0,2	0,0	-0,1	-0,4	-0,2	
14	ΔP_{kur}	27,7	Aus-fall	2,0	-0,5	0,0	0,0	-46,8	-960,1	1037,5	Ja
	ΔU_{kur}	3,5		3,0	2,5	1,2	2,0	1,5	-0,3	2,3	
16	ΔP_{kur}	0,0	-122,3	0,0	-5,2	-459,3	155,1	X	-1000	--	Nein
	ΔU_{kur}	-1,3	-1,0	-1,6	-2,0	-2,6	-2,7	-4,3	-4,9	--	

In einem ersten Beispiel (#3) kann die aus einem AC-Leitungsausfall resultierende Verletzung der maximal zulässigen Leitungsauslastung (vgl. Tab. 4.9) durch eine summierte Wirkleistungsanpassung von 328,1 MW behoben werden. Dabei sind insgesamt sieben Umrichter des HGÜ-Netzes beteiligt (siehe Tab. 5.12). Ergänzend zeigt Abb. 5.2, dass die Arbeitspunktanpassungen in Relation zu dem Stellbereich der Umrichter gering ausfallen. Die stärksten Anpassungen erfolgen in den Regelzonen 1 (VSC3) und 3 (VSC6, VSC7).

Im Kontrast zu Event #2, beinhaltet die kurative Maßnahme bei #7 lediglich zwei Umrichter (VSC2 und VSC8) als optimale Lösung (entsprechend der definierten Zielfunktionen). Die Änderung von u_{DC} im Rahmen der C-SCOPF-Berechnung resultiert aus den geänderten DC-Leistungsflüssen. Diese fällt in beiden Fällen mit Abweichungen von unter 1 kV gering aus. Somit ist ein Betrieb innerhalb des definierten Betriebsspannungsbandes nach

Ausführen der kurativen Maßnahme weiterhin sichergestellt. Wie Abb. 5.2 verdeutlicht, erfolgt die kurative Maßnahme nur innerhalb RZ2 durch eine Arbeitspunkt-Verschiebung zwischen VSC2 und VSC8.

Von den beiden kritischen Kraftwerksausfällen (#12, #13) kann nur die durch Event #13 bedingte AC-Leitungsüberlastung, kurativ gelöst werden. Dies erfolgt vor allem durch eine Anpassung von p_{VSC} seitens VSC2 und VSC4. Der Ausfall von Kraftwerk 8 (#12) resultiert wiederum in einer Verletzung der definierten Blindleistungsgrenzen von Kraftwerk 9. Eine Behebung dieser ist, wie die Ergebnisse in Tab. 5.12 zeigen, durch eine reine Anpassung von p_{VSC} nicht möglich.

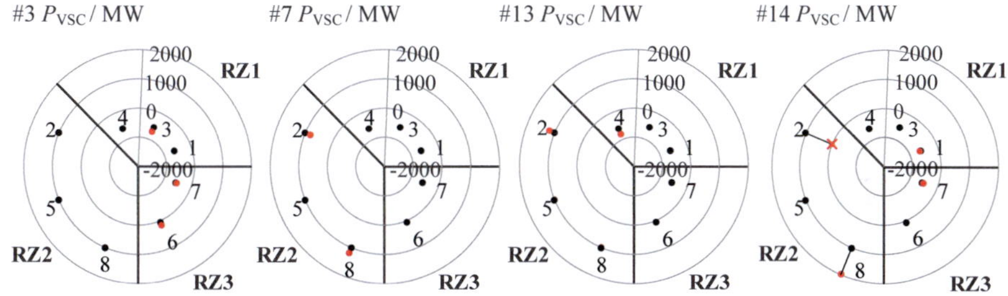

Abb. 5.2: Gegenüberstellung der stationären (schwarz) und kurativen Arbeitspunkte in Stufe 1 (rot) für ausgewählte kritische Events im Base Case

Weiterhin kann zwei von insgesamt vier kritischen Umrichter-Ausfällen durch kurative Wirkleistungsanpassungen geeignet begegnet werden. So bestimmt der C-SCOPF für den Ausfall von VSC2 (#14, $P_{VSC,2}$=1000 MW) eine Verlagerung der Wirkleistung auf VSC8, um den bestehenden Wirkleistungstransit zwischen RZ1 und RZ2 aufrecht zu halten, ohne die AC-Kuppelleitungen zu überlasten. Abb. 5.2 zeigt die deutliche Anpassung von $P_{VSC,8}$ um 50% der zulässigen Umrichter-Grenzen von 2000 MW. Die auftretende Spannungsabweichung fällt aufgrund der signifikanten Leistungsflussänderung gegenüber den anderen Lösungen stark aus. Bei einem Ausfall VSC8 (#16) kann keine erfolgreiche kurative Maßnahme bestimmt werden. Zwar können die durch den Ausfall zunächst überlasteten Kuppelleitungen zwischen RZ2 und den angrenzenden RZ1, RZ3 entlastet werden, die kritische Spannungshaltung um VSC8 kann allerdings durch den Wegfall der lokalen Blindleistungs-Bereitstellung nicht behoben werden.

Die gezeigten Ergebnisse bestätigen die Funktionalität des C-SCOPF in Stufe 1. So können grundsätzlich geeignete Δp_{kur} für die betrachteten Arten von Betriebsmittelausfällen bestimmt werden, die eine Beseitigung der zuvor aufgetretenen Verletzungen der Operational Security Limits ermöglichen.

b) Sonderfall

Während die vollständigen C-SCOPF Ergebnisse in Anhang A.6 aufgeführt sind, wird hier gezielt auf kritische Contingencies eingegangen, die auf einen Ausfall von HGÜ-PtP-Verbindungen oder einzelnen Umrichtern innerhalb einer Multiterminal-Verbindung folgen (Tab. 5.13). Insgesamt können acht der 14 kritischen Contingencies durch Stufe 1 des C-SCOPF gelöst werden. Durch das Fehlen der Querverbindungen zwischen den HGÜ-Verbindungen in Nord-Süd-Richtung, fallen die Ergebnisse im Vergleich zu dem vermaschten HGÜ-Netz (Base Case) merklich schlechter aus. Dies unterstreicht den Vorteil eines vermaschten HGÜ-Netzes gegenüber parallelen HGÜ-Verbindungen und motiviert somit eine zukünftige Erweiterung geplanter HGÜ-Verbindungen zu einer Netzstruktur (vgl. Abschnitt 1.2).

Tab. 5.13: Ausgewählte Ergebnisse für Stufe 1 des C-SCOPF im Sonderfall (ΔP_{kur} in MW und ΔU_{kur} in kV)

#		**HGÜ-Verb. 1**		**HGÜ-Verbindung 2**			**HGÜ-Verb. 3**		*f*	*Zul*
		VSC1	**VSC2**	**VSC3**	**VSC5**	**VSC8**	**VSC6**	**VSC7**		
10	ΔP_{kur}	Ausfall	0,0	630,5	0,0	-595,5	0,0	0,0	1226,1	Ja
	ΔU_{kur}		0,0	2,7	0,0	-3,0	0,0	0,0	-0,1	
11	ΔP_{kur}	0,0	Ausfall	656,6	102,4	-718,4	0,0	0,0	--	Nein
	ΔU_{kur}	0,0		2,9	0,0	-3,7	0,0	0,0	--	
12	ΔP_{kur}	496,1	-483,0	Ausfall	774,1	826,2	498,4	-492,0	--	Nein
	ΔU_{kur}	0,3	-0,2		0,0	5,0	-0,2	-3,1	--	

Die Umrichter VSC1 und VSC2 bilden gemeinsam die HGÜ-Verbindung 1. Der Ausfall eines Umrichters bedingt eine Kommutation der übertragenen Wirkleistung in das AC-Netz und einen Wegfall der durch den betroffenen Umrichter bereitgestellten Blindleistung. Die Verletzungen der AC-Sicherheit durch den Ausfall von VSC1 (#10) können durch eine kurative Übernahme der Wirkleistung durch HGÜ-Verbindung 2 beseitigt werden. Da der Ausfall von VSC2 (#11) zusätzlich auch zu einer Verletzung der Blindleistungsgrenzen von KW10 und KW11 führt, bleibt eine erfolgreiche Bestimmung kurativer Maßnahmen in Stufe 1 des C-SCOPF erfolglos.

Event #12 beschreibt den Ausfall von VSC3 innerhalb RZ1. Dadurch verliert HGÜ-Verbindung 2 die Verbindung zwischen RZ1 und RZ2. Die fehlende Übertragungskapazität kann nicht durch HGÜ-Verbindung 1 gedeckt werden, weshalb keine gültige kurative Maßnahme durch das HGÜ-System ausgeführt werden kann.

5.2.2 Stufe 2: Optimierung von Wirk-, Blindleistung und DC-Spannung

Das Erweitern der kurativen Arbeitspunktanpassung um die Blindleistung (Δq_{kur}) stellt einen weiteren Freiheitsgrad zur Korrektur von Verletzungen der AC-Sicherheit dar. Um den Vergleich mit den Ergebnissen aus Stufe 1 zu erleichtern, werden die Differenzen der Zielfunktionswerte ($\Delta f = f_{\mathrm{Stufe2}} - f_{\mathrm{Stufe1}}$) anstelle der Absolutwerte aufgeführt.

a) Base Case

Ausgewählte Ergebnisse der C-SCOPF Berechnung in Stufe 2 werden für den Base Case in Tab. 5.14 aufgeführt. Durch die beschriebene Erweiterung können insgesamt 15 anstelle von 14 (Stufe 1) der 17 kritischen Contingencies kurativ durch das HGÜ-System behoben werden.

Tab. 5.14: Ausgewählte Ergebnisse für Stufe 2 des C-SCOPF im Base Case (ΔP_{kur} in MW, ΔQ_{kur} in Mvar und ΔU_{kur} in kV)

#		VSC1	VSC2	VSC3	VSC4	VSC5	VSC6	VSC7	VSC8	Δf	*Zul*
	ΔP_{kur}	0,0	-0,6	166,3	-0,2	-3,9	-112,5	-38,3	-6,3	0,0	
3	ΔQ_{kur}	0,0	0,0	0,0	0,0	0,0	0,0	0,0	0,0	0,0	Ja
	ΔU_{kur}	0,1	-0,2	0,4	-0,3	-0,5	-0,9	-0,8	-0,4	0,0	
	ΔP_{kur}	0,0	201,8	0,0	0,0	0,0	0,0	0,0	-198,5	0,0	
7	ΔQ_{kur}	0,0	0,0	0,0	0,0	0,0	0,0	0,0	0,0	0,0	Ja
	ΔU_{kur}	-0,3	-0,2	-0,4	-0,5	-0,8	-0,6	-0,7	-1,1	0,0	
	ΔP_{kur}	-0,1	-0,1	13,0	-0,7	-3,0	-3,8	-4,9	0,0	f=25,5	
12	ΔQ_{kur}	0,0	0,0	0,0	0,0	179,2	0,1	0,0	37,7	f=217,1	Ja
	ΔU_{kur}	0,1	0,1	0,1	0,0	0,0	0,0	0,0	0,0	f=0,0	
	ΔP_{kur}	-0,6	X	-69,7	-85,7	-394,9	-3,8	-188,8	-250,0	-44,0	
14	ΔQ_{kur}	0,0	X	-0,1	0,1	48,1	0,0	0,0	171,1	219,2	Ja
	ΔU_{kur}	3,0	3,9	2,0	1,6	0,1	0,7	-0,2	1,3	-0,7	
	ΔP_{kur}	-0,2	-847,0	0,0	0,0	-309,7	181,5	0,0	-470,6	--	
16	ΔQ_{kur}	0,0	0,0	0,0	0,0	0,0	0,0	0,0	0,0	--	Nein
	ΔU_{kur}	-1,0	-1,1	-1,0	-0,9	-0,5	-1,2	-2,5	-2,2	--	

In den meisten Fällen, die bereits durch Stufe 1 des C-SCOPFs gelöst werden konnten, bleibt Δp_{kur} unverändert; Δq_{kur} nimmt dabei Werte nahe null ein (u.a. #3 und #7). In diesen Fällen wird die thermische Leitungsüberlastung durch den globalen Einfluss der VSCs auf die Wirkleistungstransite bedingt. Die Bereitstellung von Blindleistung ist dagegen auf lokale Probleme der Spannungshaltung beschränkt. So kann dem kritischen Ausfall von Kraftwerk 8 (#12) unter Hinzunahme einer Blindleistungsanpassung durch die Umrichter erfolgreich kurativ begegnet werden. Die kurative Maßnahme setzt sich aus geringen Anpassungen von p_{VSC} an mehreren Umrichtern und Anpassungen von q_{VSC} an VSC5 und VSC8 zusammen (siehe auch Abb. 5.3).

In Einzelfällen erlaubt die Hinzunahme der Blindleistung in Stufe 2 unter Umständen eine Reduktion der kurativen Wirkleistungsanpassungen. So zum Beispiel beim Ausfall von VSC2 (#14). Durch eine Anpassung von $q_{VSC,5}$ und $q_{VSC,8}$ kann die lokale Spannungshaltung in RZ2 unterstützt werden und der Blindleistungsfluss über die zuvor überlastete Kuppelleitung (AC-Leitung 43) zusätzlich zur Wirkleistung gesenkt werden. Die Abweichung der DC-Spannung sinkt durch den gesenkten HGÜ-Leistungstransport analog. Abb. 5.3 zeigt den Einfluss auf die erforderlichen Anpassungen der Umrichter- Wirkleistungsarbeitspunkte. Zu besseren Übersicht werden die kurativen Arbeitspunkte ($p_{VSC,kur}$) aus Stufe 1 in grün abgebildet.

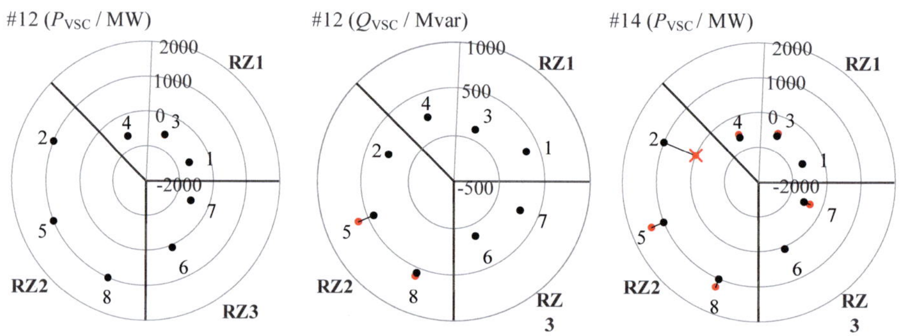

Abb. 5.3: Gegenüberstellung der stationären (schwarz) und kurativen Arbeitspunkte aus Stufe 1 (grün) und Stufe 2 (rot) für ausgewählte kritische Events im Base Case

Die Betrachtung für Event #14 zeigt, dass die kurative Anpassung in Stufe 2 auf mehrere Umrichter in allen Regelzonen verteilt ist und dafür die in Stufe 1 erforderliche Anpassung ΔP_{kur}=-960 MW deutlich reduziert werden kann.

Die aus Event #19 (Ausfall von VSC8) resultierenden Verletzungen von Blindleistungsgrenzen können auch in Stufe 2 nicht behoben werden. Stattdessen ist zusätzliche Blindleistungsbereitstellung z.B. durch Anpassung von Kraftwerksarbeitspunkten, Arbeitspunkten von etwaig installierten STATCOMS, o.ä. erforderlich.

b) Sonderfall

Die Zahl der lösbaren kritischen Contingencies steigt im Sonderfall von acht auf zehn an. Tab. 5.15 zeigt eine Ergebnisauswahl. Während die kurativen Maßnahmen für Event #10 unverändert bleiben, ermöglicht die zusätzliche kurative Anpassung von q_{VSC} nach Ausfall von VSC2 (#11) eine Beseitigung des Engpasses zwischen RZ1 und RZ2, sowie der verletzten Blindleistungsgrenzen von KW10 und KW11 (vgl. Tab. 5.15). VSC8 passt dazu die Blindleistung um ΔQ_{kur}=151 Mvar an. Für Event #12 kann entsprechend der Erläuterungen in Abschnitt 5.2.2 b) keine erfolgreiche kurative Anpassung der Umrichter-Arbeitspunkte bestimmt werden.

Tab. 5.15: Ausgewählte Ergebnisse für Stufe 2 des C-SCOPF im Sonderfall (ΔP_{kur} in MW, ΔQ_{kur} in Mvar und ΔU_{kur} in kV)

#		HGÜ-Verb. 1		HGÜ-Verbindung 2			HGÜ-Verb. 3		Δf	*Zul*
		VSC1	**VSC2**	**VSC3**	**VSC5**	**VSC8**	**VSC6**	**VSC7**		
10	ΔP_{kur}		0,0	630,5	0,0	-595,5	0,0	0,0	1226,1	
	ΔQ_{kur}	Aus-fall	0,0	0,0	0,0	0,0	0,0	0,0	0,0	Ja
	ΔU_{kur}		0,0	2,7	0,0	-3,0	0,0	0,0	-0,1	
11	ΔP_{kur}	0,0		636,1	0,0	-588,6	0,0	0,0	1224,7	
	ΔQ_{kur}		Aus-fall	0,0	0,0	151,5	0,0	0,0	151,5	Ja
	ΔU_{kur}	0,0		2,6	-1,0	-4,7	0,0	0,0	-1,4	
12	ΔP_{kur}	496,1	-483,0		774,1	826,2	498,4	-492,0	3569,8	
	ΔQ_{kur}	0,0	0,0	Aus-fall	0,0	0,0	0,0	0,0	0,0	Nein
	ΔU_{kur}	0,3	-0,2		0,0	5,0	-0,2	-3,1	-1,4	

5.2.3 Stufe 3: Optimierung an ausgewählten Umrichtern

In diesem Schritt wird die Bestimmung der kurativen Maßnahmen durch das HGÜ-System auf die Umrichter mit sichergestellter lokaler Identifizierbarkeit der kritischen Events beschränkt. Der eingesetzte C-SCOPF Algorithmus entspricht damit seiner in Abschnitt 3.4.3 vorgeschlagenen Ausführung. Die lokale Identifizierbarkeit geht dabei auf die Untersuchungen in Abschnitt 5.1.3 zurück. Die Abweichungen der Zielfunktionswerte (**Δf**) beziehen sich auf Stufe 2.

a) Base Case

Infolge der beschriebenen Begrenzung der Freiheitsgrade, kann dem Ausfall von VSC2 (Event #14) nicht kurativ begegnet werden, da nur an VSC1 eine lokale Identifikation sichergestellt werden kann. Somit geht die Anzahl der lösbaren kritischen Contingencies im Base Case von 15 auf 14 zurück.

Obwohl Event #2 nicht mehr durch alle Umrichter lokal identifiziert werden kann, bleibt der Aufwand kurativen Anpassung unverändert. Bei den Events #3 und #7 führt die, aus der ausbleibenden lokalen Identifizierbarkeit resultierende, Einschränkung der verfügbaren Freiheitsgrade jeweils zu einem Anstieg der erforderlichen Anpassung der Wirkleistungsarbeitspunkte. Abb. 5.4 stellt die kurativen Arbeitspunktpunkte den Ergebnissen aus Stufe 2 vergleichend gegenüber.

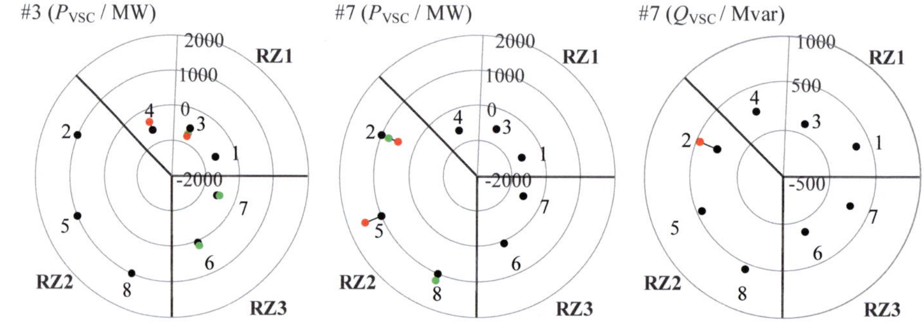

Abb. 5.4: Gegenüberstellung der stationären (schwarz) und kurativen Arbeitspunkte aus Stufe 2 (grün) und Stufe 3 (rot) für ausgewählte kritische Events im Base Case

Die kurative Maßnahme für den Ausfall von AC-Leitung 26 (#3) umfasst eine Wirkleistungsverschiebung zwischen VSC3 und VSC4. Die summierte Arbeitspunktanpassung fällt mit 492 MW ca. 164 MW höher aus als in Stufe 1 und 2 (vgl. Tab. 5.16), da die in Stufe 1 des C-SCOPF eingesetzten Umrichter VSC6 und VSC7 in RZ3 nicht mehr zur Verfügung stehen.

Tab. 5.16: Ausgewählte Ergebnisse für Stufe 3 des C-SCOPF im Base Case (ΔP_{kur} in MW, ΔQ_{kur} in Mvar und ΔU_{kur} in kV)

#		VSC1	VSC2	VSC3	VSC4	VSC5	VSC6	VSC7	VSC8	Δ*f*	*Zul*
	ΔP_{kur}	11,8			-0,5	0,0	39,3	0,0	-49,2	0,0	
2	ΔQ_{kur}	0,0			0,0	0,0	0,0	0,0	0,0	0,0	Ja
	ΔU_{kur}	0,0	0,0	0,0	0,0	0,0	0,2	0,1	-0,2	0,0	
	ΔP_{kur}	0,0		248,7	-243,2					163,7	
3	ΔQ_{kur}	0,0		0,0	0,0					0,0	Ja
	ΔU_{kur}	0,4	0,1	0,8	-0,2	-0,1	-0,2	-0,2	0,0	0,0	
	ΔP_{kur}		506,7	0,0	0,0	-501,2		0,0		604,0	
7	ΔQ_{kur}		-190,6	0,0	0,0	0,0		0,0		190,0	Ja
	ΔU_{kur}	-0,2	0,2	-0,6	-1,1	-2,4	-1,5	-1,9	-1,1	-0,6	
	ΔP_{kur}	-0,1		13,0	-0,7	-3,0	-3,8	-4,9	0,0	0,0	
12	ΔQ_{kur}	0,0		0,0	0,0	179,2	0,1	0,0	37,7	0,0	Ja
	ΔU_{kur}	0,1	0,1	0,1	0,0	0,0	0,0	0,0	0,0	0,0	

#		VSC1	VSC2	VSC3	VSC4	VSC5	VSC6	VSC7	VSC8	Δf	*Zul*
14	ΔP_{kur}	0,0		Aus-fall						0,0	Nein
	ΔQ_{kur}	0,0								0,0	
	ΔU_{kur}	0,0	0,0		0,0	0,0	0,0	0,0	0,0	0,0	

Bei Event #7 entsteht ein Anstieg der summierten Arbeitspunktanpassung um insgesamt 604 MW (vgl. Tab. 5.16 und Abb. 5.4 b)) weil an VSC8, der zuvor gemeinsam mit VSC2 den Engpass zwischen den beiden Umrichtern direkt überbrücken konnte, keine lokale Identifikation garantiert werden kann. Die resultierende Anpassung der AC-Leistungsflüsse erfordert eine zusätzliche Anpassung der Blindleistung seitens VSC2. Die kurative Maßnahme bleibt auf RZ2 beschränkt.

b) Sonderfall

Für Event #12, als Teil der in Tab. 5.17 exemplarisch aufgeführten Ergebnisse, ist keine eindeutige Identifikation an den Umrichter lokal möglich, sodass sich eine Berechnung kurativer Maßnahmen als Teil des HGÜ-RAS erübrigt.

Tab. 5.17: Ausgewählte Ergebnisse für Stufe 3 des C-SCOPF im Sonderfall (ΔP_{kur} in MW, ΔQ_{kur} in Mvar und ΔU_{kur} in kV)

#		HGÜ-Verb. 1		HGÜ-Verbindung 2			HGÜ-Verb. 3		Δf	*Zul*
		VSC1	VSC2	VSC3	VSC5	VSC8	VSC6	VSC7		
10	ΔP_{kur}	Aus-fall		630,5	0,0	-595,5			0,0	Ja
	ΔQ_{kur}			0,0	0,0	0,0			0,0	
	ΔU_{kur}			2,7	0,0	-3,0			0,0	
11	ΔP_{kur}		Aus-fall	636,1	0,0	-588,6			0,0	Ja
	ΔQ_{kur}			0,0	0,0	151,5			0,0	
	ΔU_{kur}			2,6	-1,0	-4,7			0,0	
12	ΔP_{kur}			Aus-fall					0,0	Nein
	ΔQ_{kur}								0,0	
	ΔU_{kur}								0,0	

Die in Abschnitt 5.2.2 bestimmten kurativen Maßnahmen für den Ausfall von HGÜ-Verbindung 1 (#10, #11) beinhalten nur eine Anpassung durch HGÜ-Verbindung 2. Da die drei korrespondierenden Umrichter (VSC3, VSC5 und VSC8) eine lokale Identifikation sicherstellen, stimmen die Berechnungsergebnisse für Stufe 3 mit denen aus Stufe 2 überein.

5.2.4 Zwischenfazit zur Komponente Berechnung kurativer Arbeitspunkte

Die durchgeführte dreistufige Untersuchung der Komponente *Berechnung kurativer AP* zeigt die Eignung des vorgestellten C-SCOPF-Algorithmus zur Bestimmung kurativer Arbeitspunkte ($p_{\mathrm{VSC,kur}}$, $q_{\mathrm{VSC,kur}}$, $u_{\mathrm{DC,kur}}$), die eine Behebung Contingency-bedingter Verletzungen der AC-Systemsicherheit sicherstellen. Das Anpassen der Wirk- und Blindleistung ermöglicht ein Beheben von Netzengpässen, sowie von Verletzungen der Generatorblindleistung und des AC-Spannungsbandes. Ein zusätzliches Optimieren der Sollwerte der DC-Spannungsregelung stellt eine Berücksichtigung der HGÜ-seitigen Leistungsflüsse und möglicher Grenzwertverletzungen sicher. Die Größe des zur Optimierung eingesetzten HGÜ-Netzes übersteigt mit neun Umrichter die Größe anderer Testnetze (u. a. [158, 161, 164, 165, 171, 190–194]). Die Anwendbarkeit des hier vorgestellten C-SCOPFs in ausgedehnten AC-HGÜ-Netzen ist somit nachgewiesen.

Der vorgestellte C-SCOPF ermöglicht zusätzlich eine Beschränkung des Optimierungsvektors auf ausgewählte Umrichter. Dies stellt eine Neuerung gegenüber existierenden C-SCOPF-Algorithmen im Bereich der HGÜ-Applikationen dar. Im Rahmen dieser Arbeit ergibt sich die Beschränkung des Optimierungsvektors exemplarisch aus der lokalen Identifizierbarkeit von Events. Diese beschriebene Anpassung wirkt sich nicht auf die Leistungsfähigkeit des Algorithmus aus. Die sinkende Anzahl gültiger Arbeitspunkte konnte in den betreffenden Fällen auf topologische Gegebenheiten und fehlende Freiheitsgrade zurückgeführt werden. Zukünftig kann die partielle Optimierung ausgewählter Umrichter beispielsweise auf die Regelzonen-Zugehörigkeit übertragen werden. Auf diese Weise lässt sich der Koordinationsaufwand zwischen den einzelnen Regelzonen-Verantwortlichen bzw. der ÜNBs reduzieren.

Der wesentliche Schwachpunkt des hier vorgestellten Ansatzes ist die Reaktion des C-SCOPF bei einer Nicht-Lösbarkeit der Optimierungsaufgabe. Die eruierten Ergebnisse zeigen, dass, wenn der Zustandsraum keine gültige Lösung enthält, die berechneten kurativen AP zwar einen konvergenten AC-DC-Leistungsfluss darstellen, diese aber nicht eine Reduzierung der betreffenden Sicherheitsverletzungen garantiert. Ein Anpassen des Algorithmus und der eingesetzten Steuervariablen ist aus diesem Grund anzustreben.

5.3 Aktivierung kurativer Arbeitspunkte

Die Komponente *Aktivierung kurativer Arbeitspunkte* ist so zu gestalten, dass die Stabilität des AC- und DC-Systems gewahrt bleibt, und die HGÜ-Umrichter die vorgesehenen Wirkleistungsarbeitspunkte einnehmen. Insbesondere für die Stabilitätsuntersuchungen stellen dynamische Zeitreihensimulationen ein probates Mittel dar. So zeichnet sich der vorliegende Abschnitt durch eine enge Beziehung zur Entwicklung der Komponente in Abschnitt 3.5 aus. Zunächst findet eine Untersuchung mehrerer Leistungsgradienten zur Aktivierung der kurativen Arbeitspunkte statt, die in die Auswahl eines geeigneten Gradienten mündet (Abschnitt 5.3.1). Es erfolgt ein Vergleich möglicher Schnittstellen zwischen

HGÜ-RAS und lokaler Umrichter Regelung (Abschnitt 5.3.2). Abschnitt 5.3.3 untersucht abschließend den Einfluss einer nicht-synchronisierten Aktivierung der kurativen Arbeitspunktanpassung auf die Systemstabilität.

5.3.1 Einfluss der Leistungsgradienten auf Systemstabilität

Der Einfluss der gewählten Gradienten von Wirkleistungsanpassungen auf die AC-Stabilität erfolgt mit einem Fokus auf die Rotorwinkel-Stabilität. Aufgrund des großen Einflusses von Topologie, Parametrierung und Arbeitspunkten sind Simulationen im Zeitbereich erforderlich. Die in Abschnitt 4.2 beschriebene Modellierung des Systems genügt den Anforderungen zur Untersuchung der Rotorwinkel-Stabilität.

Die Untersuchung erfolgt anhand zweier unterschiedlicher kritischer (Contingency) Events, die den Ausfall einer stark belasteten AC-Leitung zwischen RZ1 und RZ2, sowie einen Kraftwerksausfall innerhalb RZ2 abbilden. Zwischen Eventeintritt und kurativer Maßnahme besteht ein zeitlicher Abstand von 200 ms. Der Vorgang der lokalen Identifikation bleibt an dieser Stelle unberücksichtigt. Vereinfachend wird eine Verschiebeleistung von insgesamt 2000 MW aus dem AC in das HGÜ-System durch die Umrichter VSC1, VSC2, VSC3 und VSC5 vorgesehen. Es kommen die in Tab. 5.18 aufgeführten Leistungsgradienten zum Einsatz. Die vorgesehene AP-Anpassung stellt im Vergleich zu den in Abschnitt 5.2 bestimmten kurativen Maßnahmen eine worst-Case Annahme dar.

Die Evaluierung erfolgt anhand der Zeitverläufe von Frequenz und Polradwinkel zweier ausgewählter Synchronmaschinen, sowie Spannungsbetrag und -Winkel an zwei AC-Knoten. Die Werte repräsentieren RZ1 und RZ2. Die in Tab. 5.18 beschriebenen Gradienten werden in Abb. 5.5 und Abb. 5.6 gegenübergestellt. Von einem Einsatz zusätzlicher Indikatoren wie Frequenzgradienten, Dynamic Voltage Index, etc. (vgl. [208]) wird an dieser Stelle abgesehen.

Tab. 5.18: Kurative Anpassung der Wirkleistung mit drei Leistungsgradienten

	Gradient 1 (---)	**Gradient 2 (...)**	**Gradient 3 (—)**
$\Delta p_{\mathrm{kur},1}$	1000 MW	1000 MW	1000 MW
$\Delta p_{\mathrm{kur},2}$	-1000 MW	-1000 MW	-1000 MW
$\Delta p_{\mathrm{kur},3}$	1000 MW	1000 MW	1000 MW
$\Delta p_{\mathrm{kur},5}$	-1000 MW	-1000 MW	-1000 MW
Leistungsgradient	100 GW/s	10 GW/s	2 GW/s

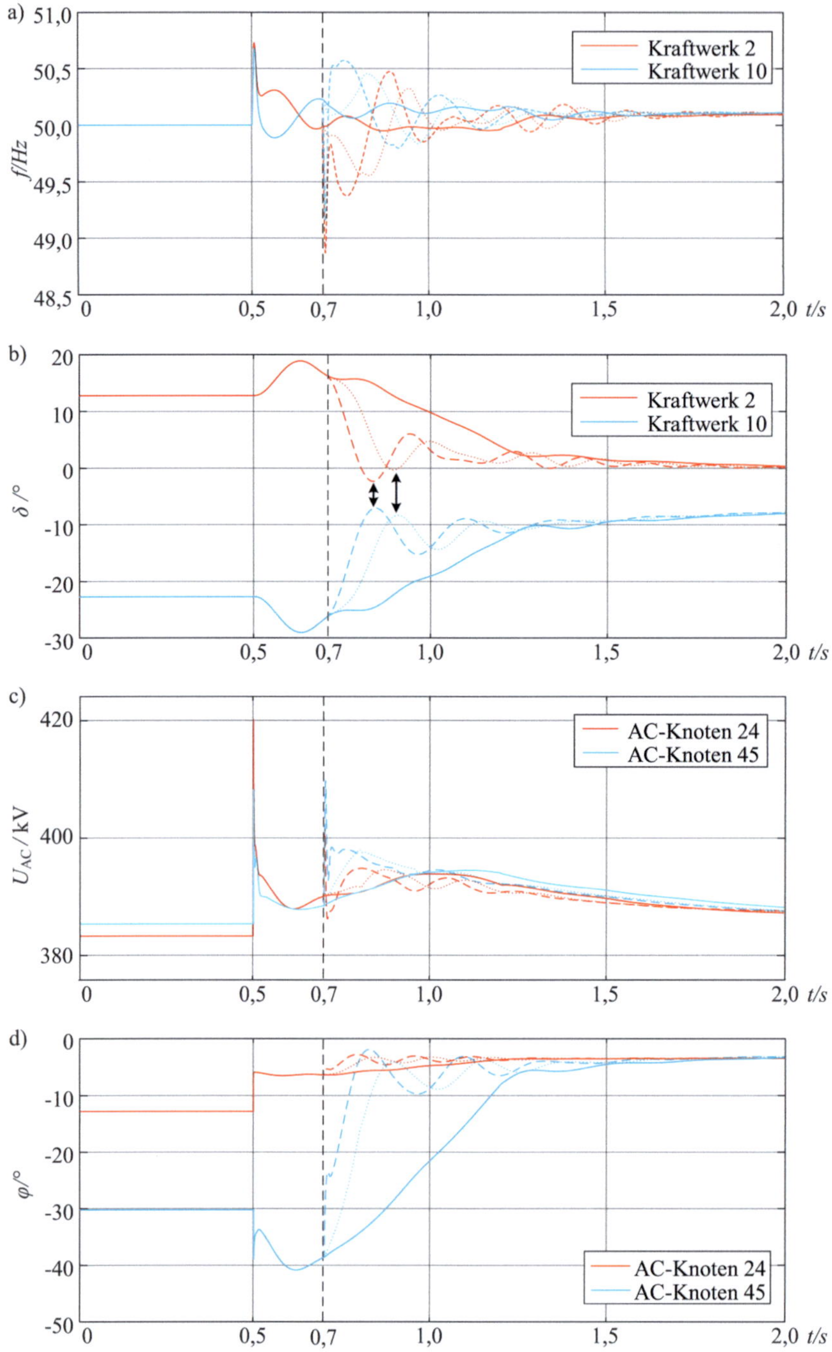

Abb. 5.5: Darstellung von Zustandsgrößen bei Ausfall AC-Leitung 42 (t=0,5 s) mit anschließender Aktivierung kurativer Maßnahmen (t=0.7 s)

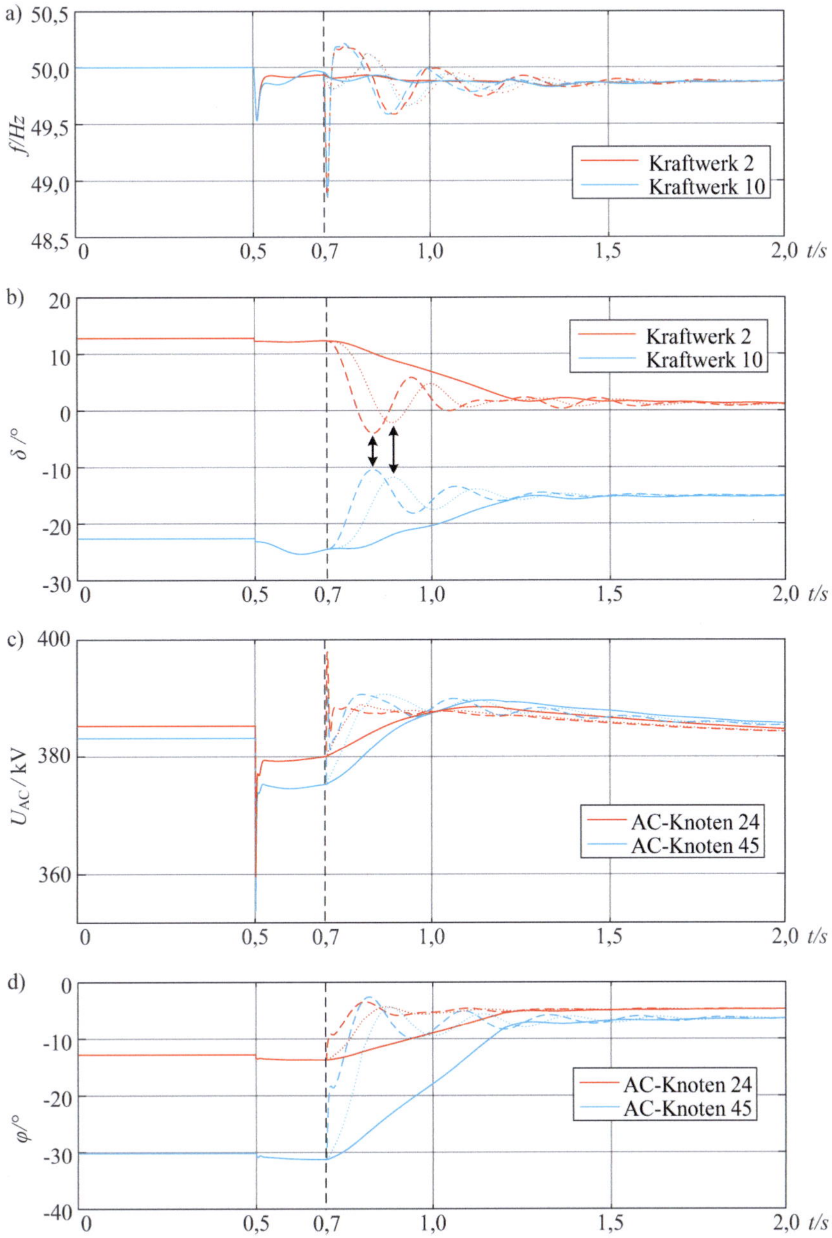

Abb. 5.6: Darstellung von Zustandsgrößen bei Ausfall Kraftwerk 11 (t=0,5 s) mit anschließender Aktivierung kurativer Maßnahmen (t=0.7 s)

Beide Betriebsmittelausfälle (bei t=0,5 s) führen zunächst zu einer Anregung des Systems, in Form einer gedämpften Schwingung im Verlauf der Frequenz und teilweise auch des

Polradwinkels. Die Aktivierung der kurativen Arbeitspunktanpassungen (bei t=0,7 s) weist für Gradient 1 und Gradient 2 eine zusätzliche Anregung des Systems auf. Besonders deutlich äußert sich diese für die Polradwinkel der betrachteten Synchronmaschinen. Abb. 5.5 b) und Abb. 5.6 b) zeigen, wie die Maschinen der benachbarten Regelzonen RZ1 und RZ2 gegeneinander schwingen. Im Untersuchungsfall ist diese Schwingung stark gedämpft und klingt innerhalb weniger Sekunden ab. Die Ausprägung der Schwingung nimmt mit sinkendem Gradienten ab. Ein Einsatz von Gradient 3 verhindert deren Auftreten vollständig. Das betrachtete AC-HGÜ-Benchmarknetz ist als stark gedämpft anzusehen, weshalb die Ergebnisse nicht direkt auf beliebige Systeme übertragen werden können.

Die Anregung der Polradwinkel überträgt sich auch auf den Zeitverlauf der Spannungswinkel der betrachteten AC-Knoten. Deren abklingendes Verhalten und Abhängigkeit zu den Gradienten verläuft analog. Die Spannungsbeträge weisen bei Einsatz der Gradienten 1 und 2 eine kurze Auslenkung bei AP-Anpassung auf, die jedoch innerhalb weniger Sekunden auf einen stationären Wert zurückgeht. Auch hier lässt sich die zweite Systemanregung mit Hinblick auf U_{AC} durch Gradient 3 verhindern. Die Betrachtung der Frequenz zeigt für die Leistungsgradienten von 100 GW/s bzw. 10 GW/s das Auftreten registrierbaren Frequenzgradienten, die den Event-bedingten Frequenzgardienten übersteigt. Da diese allerdings nur für wenige ms auftreten, besteht zunächst Bedarf für weitere Betrachtungen.

Zusammenfassend verläuft die Anregung des AC-Systems in Abhängigkeit zur Ausprägung der eingesetzten Leistungsgradienten. Die mit Gradient 3 verbundene Leistungsänderung von 5 GW/s erfolgt für das angenommene AC-HGÜ-System so langsam, dass zusätzliche Anregungen der Systemgrößen vermieden werden können. Stattdessen schwingt sich das bereits durch den Eventeintritt angeregte AC-System direkt in einen neuen stationären Zustand ein.

Abb. 5.7 zeigt abschließend den Verlauf der DC-Knotenspannungen an ausgewählten Umrichterknoten. Die Auswahl umfasst an den kurativen Maßnahmen beteiligte (VSC1, VSC2) und unbeteiligte Umrichter (VSC6, VSC8). Neben den neuen stationären Spannungswerten wird auch die Beteiligung von VSC6 und VSC8 an der DC-Spannungsregelung ab t=0,7 s deutlich. Es erfolgt ebenfalls eine Gegenüberstellung der drei Leistungsgradienten nach Tab. 5.18.

Unabhängig von dem betrachteten Leistungsgradienten, erreichen die Umrichter einen neuen stationären Arbeitspunkt der DC-Spannung. Es erfolgt keine Anregung einer DC-seitigen Schwingung. Dies ist darauf zurückzuführen, dass die innere Regelung der HGÜ-Umrichter, und somit auch die DC-Spannungsregelung, hinsichtlich ihrer Zeitkonstanten die Dynamik des AC-Systems übersteigt (vgl. Abschnitt 4.2.2). Die Dynamik des AC-Systems stellt bei der Aktivierung kurativer Maßnahmen hinsichtlich der Leistungsgradienten den begrenzenden Faktor dar.

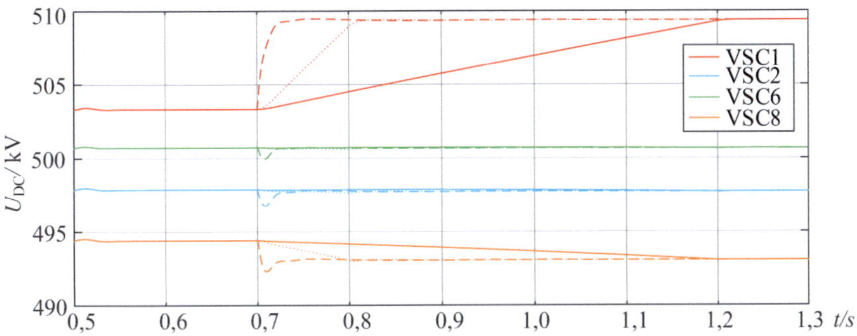

Abb. 5.7: Darstellung der DC-Spannung bei Aktivierung der kurativen Maßnahmen (t=0.7 s)

5.3.2 Variantenvergleich zur lokalen Anpassung der Wirkleistung

Zur lokalen Anpassung der Wirkleistungsarbeitspunkte ist eine geeignete Schnittstelle zwischen HGÜ-RAS und der bestehenden lokalen Umrichter Regelung erforderlich. Dafür werden in Abschnitt 3.5.2 folgende drei Varianten vorgestellt, die an dieser Stelle verglichen und auf Verwendbarkeit für das HGÜ-RAS evaluiert werden:

- Variante 1: Korrektur der Wirkleistung und DC-Spannung
- Variante 2: Korrektur der Wirkleistung ohne DC-Spannungsregelung
- Variante 3:Autonomer lokaler Regler

Die Untersuchung erfolgt an einem aus vier HGÜ-Umrichtern bestehenden Testnetz (Abb. 5.8). Die einfache Struktur erlaubt eine Konzentration auf die Wechselwirkung zwischen den einzelnen Umrichtern, bei gleichzeitigem Abbilden aller für das HGÜ-System relevanten Aspekte. Die Ergebnisse können somit auf ausgedehnte Systeme übertragen werden. Die lokale Identifikation und Sollwertänderung ist auf VSC1 und VSC3 beschränkt. Eine Berechnung korrespondierender Sollwerte für Wirkleistung und DC-Spannung erfolgt mittels des in Abschnitt 3.4 beschriebenen C-SCOPF Algorithmus. Diese sind in Tab. 5.19 aufgeführt. Alle Umrichter sind identisch nach Tab. 4.8 parametriert. Ein Einsatz der in Abschnitt 3.5.1 bestimmten Anstiegsbegrenzung ist aufgrund der zu untersuchenden DC-seitigen Effekte nicht relevant, und wird vernachlässigt.

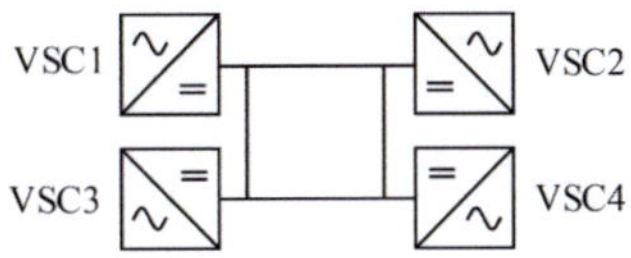

Abb. 5.8: Struktur des einfachen HGÜ-Testnetz mit vier HGÜ-Umrichtern

Die Untersuchung beinhaltet eine Zeitreihensimulation der Aktivierung der vorberechneten Arbeitspunktänderungen durch die drei vorgestellten Varianten. Die resultierenden Zeitverläufe von P_{VSC} und U_{DC} werden in Abb. 5.9 bis Abb. 5.11 gezeigt. Alle drei Varianten führen zu einer Überführung des HGÜ-Systems in einen neuen stationären Arbeitspunkt. Bei Variante 1 und 2 wird dieser Übergang durch das Verhalten des Umrichternahen *PI*-Reglers des Wirkleistungszweigs (vgl. Abschnitt 4.2) charakterisiert. Entsprechend dessen Parametrierung erfolgt der Übergang im Zeitbereich von 20 ms. Dagegen erfolgt der Arbeitspunktwechsel bei Variante 3 durch den zusätzlich eingebrachten Sekundärregler innerhalb von etwa 500 ms.

Durch den Sollwertsprung von Wirkleistung und DC-Spannung weist Variante 1 eine abklingende Schwingung auf, die im Verlauf von U_{DC} und P_{VSC} registrierbar ist (Abb. 5.9). Derartige Schwingungen werden in dieser Arbeit nicht weiter untersucht, können aber Schwingungsmoden innerhalb des HGÜ-Netzes treffen, die vor allem bei einem hohen Kabelanteil ausgeprägt sind [209, 210]. Bei Variante 2 und 3 treten keine Schwingungen auf, stattdessen wird der neue Arbeitspunkt asymptotisch stabil erreicht.

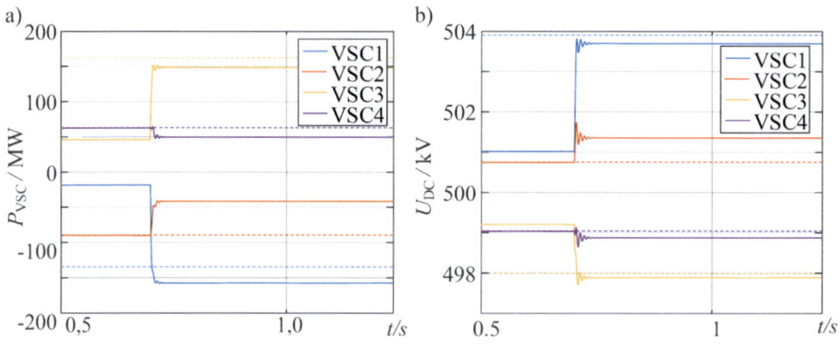

Abb. 5.9: Lokale Aktivierung kurativer Arbeitspunkte (bei t=0,7 s) durch Variante 1, Zeitverläufe von a) P_{VSC} und b) U_{DC}

Durch die DC-Spannungsregelung an allen vier Umrichtern kann bei Anwendung von ***Variante 1*** an keinem der Umrichter der gewünschte Wirkleistungssollwert erreicht werden. Die bleibenden Regelabweichungen (ΔP_{VSC}, ΔU_{DC}) sind in Tab 5.19 aufgeführt. Die Abweichungen zwischen Soll- und Ist-Wirkleistung (ΔP_{VSC}) belaufen sich auf bis zu 50% an Umrichtern ohne lokale Identifikation (vergleiche Abb. 5.9). Eine gesicherte Entlastung des unterlagerten AC-Netzes durch das HGÜ-RAS kann somit nicht gewährleistet werden, da ungeplante AC-Leistungsflüsse auftreten.

Ein ähnliches Verhalten ist bei ***Variante 2*** zu beobachten. Durch die temporäre Deaktivierung der DC-Spannungsregelung an VSC1 und VSC3 zur Anpassung der Wirkleistung kann die Regelabweichung ΔP_{VSC} an den beiden Umrichtern eliminiert werden. Allerdings weichen auch in diesem Fall die übrigen Umrichter ohne lokale Identifikation (VSC2,

VSC4) deutlich von ihrem ursprünglichen Arbeitspunkt ab (vgl. Tab. 5.19). Dieses Verhalten ist auf die aktive DC-Spannungsregelung an beiden Umrichtern zurückzuführen, die den durch die veränderte DC-Leistungsflusssituation abweichenden DC-Spannungen ($U_{DC,2}$, $U_{DC,4}$) entgegenwirkt (vgl. Abb. 5.10). Im Rahmen der C-SCOPF-Berechnung kann diese Abweichung durch eine Integration der DC-Spannungsregelung (vgl. AC-DC-Leistungsflussberechnung [211]) berücksichtigt werden.

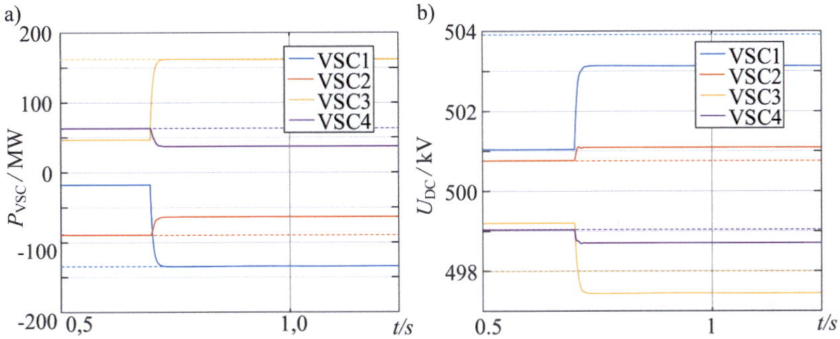

Abb. 5.10: Lokale Aktivierung kurativer Arbeitspunkte (bei t=0,7 s) durch Variante 2, Zeitverläufe von a) P_{VSC} und b) U_{DC}

Der Einsatz von ***Variante 3*** ermöglicht eine Überführung des Systems in die gewünschten Wirkleistungsarbeitspunkte der Umrichter mit lokaler Identifikation, bei konstanten P_{VSC} an den übrigen Umrichtern (Abb. 5.11 a)). Die auftretende Abweichung der DC-Knotenspannungen fällt im betrachteten Beispiel größer aus als bei Variante 1 und 2, führt allerdings nicht zu einer Verletzung der definierten Spannungsbänder. Ein zentral koordinierter Redispatch nach [179] kann im Anschluss im Rahmen des folgenden Zeitintervalls der Netzbetriebsführung als Tertiärregelung erfolgen. Wie Abb. 5.11 b) zeigt, nimmt die DC-Spannung einen neuen stationären Arbeitspunkt ein.

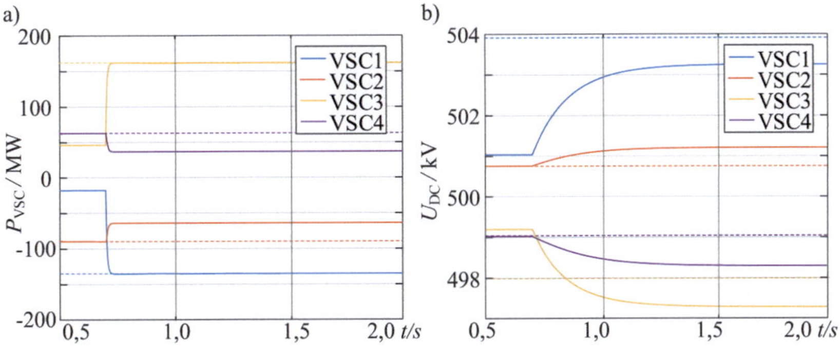

Abb. 5.11: Lokale Aktivierung kurativer Arbeitspunkte (bei t=0,7 s) durch Variante 3, Zeitverläufe von a) P_{VSC} und b) U_{DC}

Der Vergleich zeigt, dass zunächst alle drei untersuchten Varianten eine Überführung des HGÜ-Systems in einen neuen stationären Arbeitspunkt erlauben. Allerdings weichen diese in Teilen von den Vorgaben für P_{VSC} und U_{DC} ab (siehe Tab. 5.19). Der in Variante 3 betrachtete Einsatz eines autonomen lokalen Reglers führt die auftretende Abweichung der Wirkleistung (ΔP_{VSC}) für alle Umrichter zu null und garantiert somit die exakte Ausführung der vorgesehenen kurativen Arbeitspunktanpassungen ohne unzulässige Rückwirkungen mit der DC-Spannungsregelung.

Tab. 5.19: Vergleich vorgestellter Aktivierungsmethoden hinsichtlich der Abweichung zwischen Soll- und Ist-Werten von DC-Spannung und Wirkleistung

		VSC1	VSC2	VSC3	VSC4	$\sum\lvert\boldsymbol{x}\rvert$
Rahmendaten	$P_{VSC,ref,0}$/ MW	18,4	90,40	-45,9	-62,5	-
	$U_{DC,ref,0}$ / kV	501,0	500,8	499,2	499,1	-
	ΔP_{kur} / MW	117,3	0,0	-115,6	0,0	-
	$\Delta U_{DC,kur}$ / kV	2,9	0,0	-1,2	0,0	-
Variante 1	P_{VSC} / MW	157,6	42,0	-148,0	-49,1	-
	U_{DC} / kV	503,7	501,4	497,9	498,9	-
	ΔP_{VSC} / MW	21,9	-48,4	13,5	13,4	97,2
	ΔU_{DC} / kV	-0,3	0,6	-0,1	-0,2	1,2
Variante 2	P_{VSC} / MW	135,7	64,4	-161,6	-36,7	-
	U_{DC} / kV	503,1	501,1	497,5	498,7	-
	ΔP_{VSC} / MW	0,0	**-26,0**	0,0	**25,8**	51,8
	ΔU_{DC} / kV	-0,8	0,3	-0,6	-0,3	2,0
Variante 3	P_{VSC} / MW	135,7	90,40	-161,6	-62,5	-
	U_{DC} / kV	503,0	501,0	497,2	498,2	-
	ΔP_{VSC} / MW	0,0	0,0	0,0	0,0	0,0
	ΔU_{DC} / kV	-0,95	0,25	-0,85	-0,85	2,9

5.3.3 Auswirkungen einer zeitversetzten Aktivierung der kurativen APs

Im folgenden Abschnitt werden mögliche Auswirkungen einer nicht vollständig zeitgleich erfolgenden Aktivierung der kurativen Arbeitspunktanpassungen betrachtet. Dafür kommt das AC-HGÜ-Benchmarknetz zum Einsatz, die Arbeitspunktanpassungen werden in Tab. 5.20 aufgeführt. Um einen Worst-Case abzubilden, werden die vier am HGÜ-RAS beteiligten Umrichter (VSC1, VSC2, VSC3 und VSC5) mit dem Abstand von 25 ms gestaffelt aktiviert. Als kritisches Event wird der Ausfall von AC-Leitung 42 vorgesehen. Die dynamische Parametrierung entspricht den Vorgaben in Abschnitt 4.2. Die Aktivierung der kurativen Arbeitspunkte erfolgt unter Einsatz des ausgewählten autonomen lokalen Reglers und einem Gradienten von maximal 2 GW/s.

Tab. 5.20: Kurative Anpassung der Wirkleistung bei einer zeitversetzter Aktivierung um $\Delta t_{\text{Aktivierung}}$

	VSC1	VSC2	VSC3	VSC5
Δp_{kur}	1000 MW	-1000 MW	1000 MW	-1000 MW
$\Delta t_{\text{Aktivierung}}$	200 ms	250 ms	225 ms	275 ms

Die Untersuchung baut auf einer dynamischen Zeitreihensimulation auf. Der Vorgang der lokalen Identifikation wird an dieser Stelle nicht berücksichtigt. Die Aktivierung beginnt 200 ms nach Auslösen des Schutzes. Die Ergebnisse sind in Abb. 5.12 gezeigt, und werden mit einer synchronen Auslösung der VSCs verglichen.

Die gestaffelte Änderung der Wirkleistungsarbeitspunkte führt zu einer mehrmaligen aber nur kurzzeitigen Störung des DC-Energiegleichgewichtes. Im betrachteten Beispiel ruft dies einen zeitweiligen Anstieg aller DC-Knotenspannungen hervor (siehe Abb. 5.12 b)). Das zulässige Spannungsband (525-475 kV) wird dabei nicht verletzt. Auf Seiten des AC-Systems weist der betrachtete Frequenzverlauf an den gezeigten Synchronmaschinen (Abb. 5.12 c)) ebenfalls nur marginale Abweichungen auf. Im untersuchten Worst-Case hat die zeitlich versetzte Aktivierung kurativer Arbeitspunktanpassungen keine negative Auswirkung auf die Stabilität des AC- und HGÜ-Systems gezeigt.

5.3.4 Zwischenfazit zur Komponente Aktivierung kurativer Arbeitspunkte

Die durchgeführten Betrachtungen und dynamischen Zeitreihensimulationen stellen eine Grundlage zur Entwicklung der Komponente *Aktivierung kurativer Arbeitspunkte* dar. So wurde der Einfluss unterschiedlicher Wirkleistungsgradienten auf die Rotorwinkelstabilität des AC-HGÜ-Benchmarknetzes untersucht und ein zulässiger Gradient (2 GW/s) ausgewählt. Ferner wird ein autonomer lokaler Regler als am besten geeignete Schnittstelle zur existierenden Umrichter-Regelung identifiziert. Die resultierende Ausführung stellt eine exakte Ausführung der kurativen Arbeitspunktanpassung sicher, ohne die Stabilität des AC- oder HGÜ-Systems zu gefährden. Ein Einsatz der Komponente als Teil des vollständigen HGÜ-RAS ist somit zulässig und findet im weiteren Verlauf Berücksichtigung.

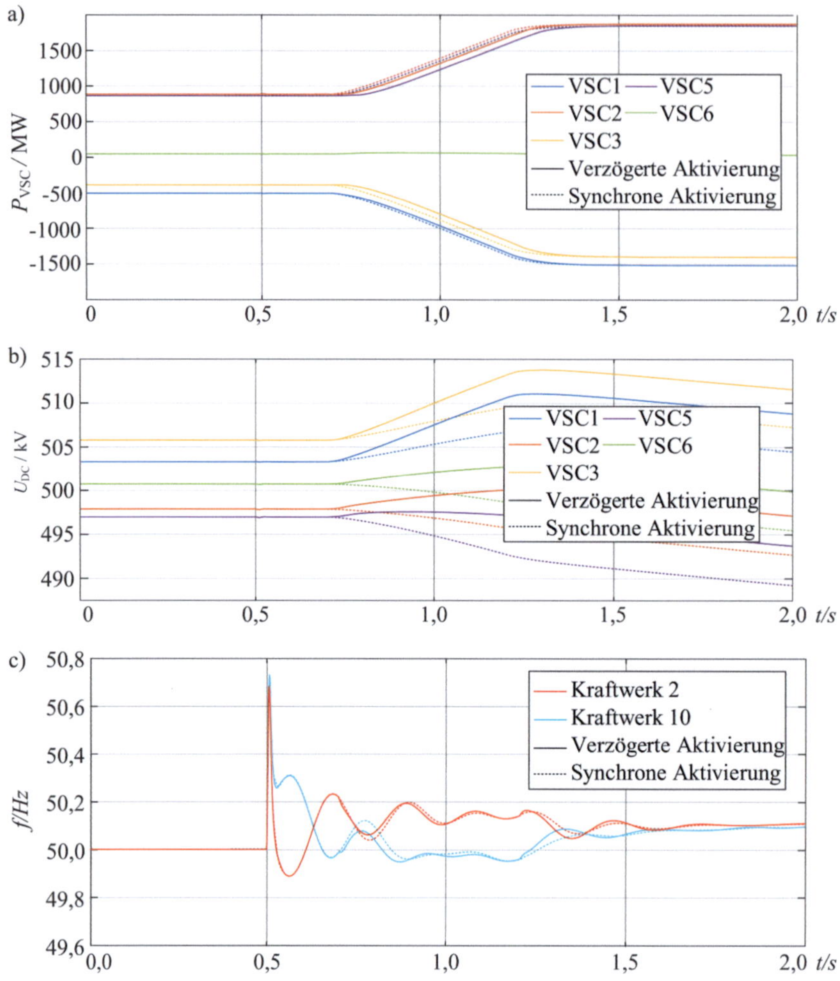

Abb. 5.12: Darstellung von Zustandsgrößen bei Ausfall AC-Leitung 42 (t=0,5 s) mit verzögerter Aktivierung kurativer Maßnahmen ab t=0.7 s

5.4 Vollständige Erprobung des HGÜ-RAS

Nachdem die einzelnen Komponenten des HGÜ-RAS bereits isoliert validiert wurden, findet in diesem Abschnitt eine Untersuchung des gesamten Ansatzes anhand mehrerer Fallbeispiele statt. Diese umfassen die im Folgenden aufgeführten Typen kritischer Events, die den in Kapitel 4 vorgestellten Untersuchungsszenarien entnommen sind:

- Einzelausfall einer AC-Übertragungsleitung innerhalb einer Regelzone (Base Case)
- Ausfall eines Kraftwerks (Base Case)

- Ausfall eines HGÜ-Umrichters (Base Case)
- Ausfall einer HGÜ-Punkt-zu-Punkt-Verbindung zwischen zwei Regelzonen (Sonderfall)

Die durchgeführten Betrachtungen beruhen auf dynamischen Zeitreihensimulationen, die die folgenden Vorgänge während und nach Ausführung kurativer Maßnahmen durch das HGÜ-RAS abbilden:

- Eintritt des Events und Auswirkungen auf das hybride AC-HGÜ-System hinsichtlich der Systemsicherheit
- Lokale Identifikation des eingetretenen Events durch die Komponente *Identifikation des Systemzustandes*
- Kurative Arbeitspunktanpassung der HGÜ-Umrichter mit lokaler Identifikation durch die Komponente *Aktivierung kurativer Arbeitspunkte*
- Überführen des AC-Systems in einen zulässigen Zustand entsprechend der Operational Security Limits (Engpassbeseitigung)

Die beschriebenen Betrachtungen dienen dem Beweis der Gültigkeit und Eignung des HGÜ-RAS zur Ausführung kurativer Maßnahmen durch ein HGÜ-System. Neben den statischen Netzsicherheitsverletzungen stehen mögliche Wechselwirkungen zwischen HGÜ-RAS und weiteren Instanzen des gemischten AC-HGÜ-Systems (Leistungs-Frequenz-Regelung und DC-Spannungsregelung) im Fokus.

5.4.1 Ausfall AC-Leitung

Zur exemplarischen Betrachtung einer kritischen Contingency des Typs AC-Leitung wird die AC-Übertragungsleitung 47 im Base Case bei einer Auslastung von ca. 70% der Nennleistung nach einem mutmaßlichen Kurzschluss durch die Leistungsschalter bei t=0,5 s getrennt. Das beschriebene Fallbeispiel (Event #7) wurde ausgewählt, da es sich um eine kritische Contingency handelt, deren Ursache und Wirkung sich auf eine Regelzone beschränkt. So gewährleistet die betroffene Leitung ausgehend von VSC2 eine Versorgung der südlichen Lasten innerhalb RZ2. Wie Abb. 5.13 a) zeigt, führt der Ausfall zu einer Überlastung der parallel verlaufenden AC-Leitung 57, falls das HGÜ-RAS inaktiv bleibt. Eine Verletzung der definierten Grenzen der Generatorblindleistungen und AC-Knotenspannungen erfolgen im gezeigten Fall nicht. Die Auslastung der AC-Leitungen mit aktivierten HGÜ-RAS ist ebenfalls abgebildet. Abb. 5.13 b) zeigt eine schematische Übersicht der Topologie des AC-HGÜ-Benchmarknetzes zur besseren Nachvollziehbarkeit der Ergebnisse.

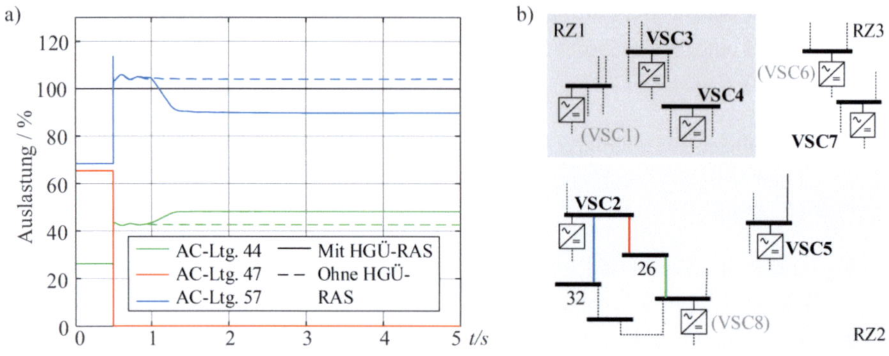

Abb. 5.13: Ausfall von AC-Leitung 47: a) Zeitverlauf der AC-Leitungsauslastung und b) Schematische AC-Netzdarstellung

Eine lokale Identifikation des eintretenden Events ist nur an den Umrichtern VSC2, VSC3, VSC4, VSC5 und VSC7 möglich (siehe auch Abschnitt 5.1). Das HGÜ-RAS sieht eine Beseitigung des entstandenen AC-Engpasses durch eine Anpassung der Wirkleistungsarbeitspunkte von VSC2 und VSC5 vor. Wie bereits in Abschnitt 5.2.3 diskutiert, erfordert die kurative Maßnahme eine signifikante Anpassung der Wirkleistungsarbeitspunkte, da sich für VSC8 keine lokale Identifikation garantieren lässt. Abb. 5.14 a) zeigt den Zeitverlauf von P_{VSC} unter Einfluss einer lokalen Ausführung der kurativen AP-Anpassung bei t=0,9 s. Die Umrichter erreichen ihre Sollarbeitspunkte ($P_{\mathrm{VSC,kur}}$) ohne Überschwingen nach weniger als 600 ms. Die übrigen Umrichter behalten wie vorgesehen ihre konstanten Wirkleistungsarbeitspunkte bei. Die kurative Maßnahme wird somit wie vorgesehen nur durch die HGÜ-Umrichter (VSC2, VSC5) getragen. Abb. 5.14 b) zeigt den resultierenden Zeitverlauf der Auslastung der HGÜ-Leitungen, die sich für das gesamte HGÜ-System ändern.

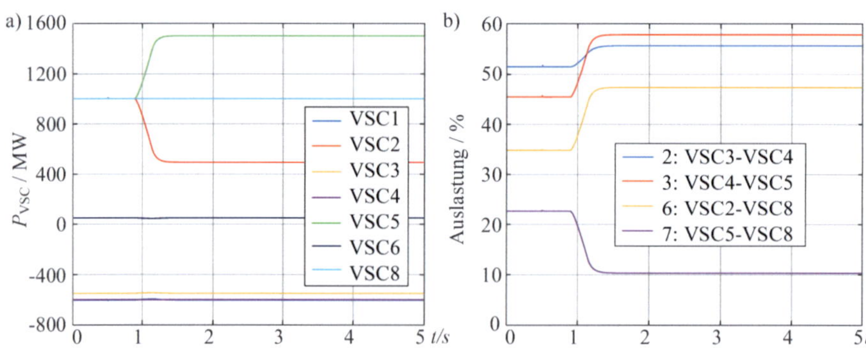

Abb. 5.14: Ausfall von AC-Leitung 47: a) Zeitverlauf von P_{VSC} und b) Zeitverlauf HGÜ-Leitungsauslastung bei aktiviertem HGÜ-RAS

Abb. 5.15 a) zeigt einen Vergleich der Auslastung ausgewählter AC-Leitungen (ab 50% Auslastung). Das gezeigte Diagramm ist in die drei Regelzonen gegliedert, die Kuppelleitungen (42, 43, 83) sind an der jeweiligen Übergangsstelle im Diagramm abgebildet. Es wird deutlich, dass sich der Einfluss der kurativen Maßnahme auf die vom Event betroffene Regelzone (RZ2) beschränkt, während sich die gezeigten post-Event Leitungsauslastungen innerhalb von RZ1, RZ3 und an den Kuppelleitungen nur unwesentlich ändern. Die dort auftretenden Abweichungen sind auf geänderte Blindleistungsflüsse zurückzuführen.

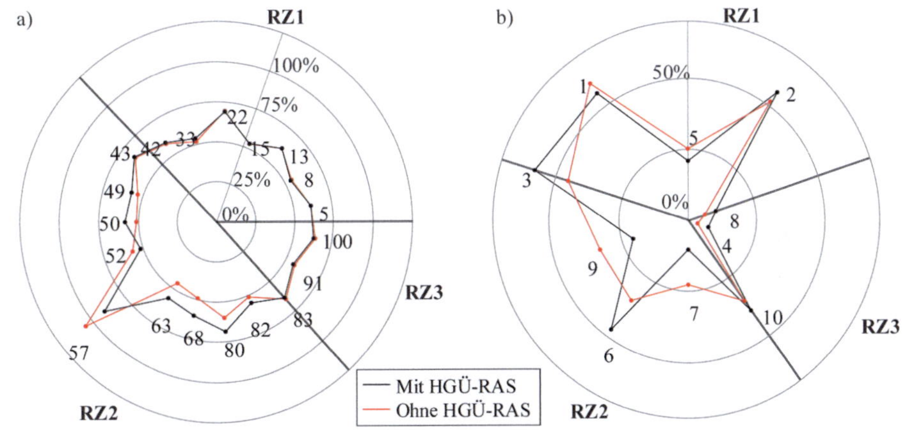

Abb. 5.15: Ausfall von AC-Leitung 47: Vergleich der Auslastungen für a) ausgewählte AC-Leitungen und b) alle HGÜ-Leitungen

Innerhalb RZ2 reduziert das HGÜ-RAS die Auslastung von Leitung 57 auf 90%. Die korrespondierenden Wirkleistungsarbeitspunkte der Umrichter sorgen für eine steigende Auslastung anderer AC-Leitungen innerhalb RZ2. Aufgrund der Topologie des vorliegenden HGÜ-Systems erfahren alle HGÜ-Leitungen eine Veränderung der Auslastung (siehe Abb. 5.15 b)).

Eine detaillierte Darstellung der Änderung der AC-Leistungsflüsse durch die kurativen Maßnahmen und die dadurch realisierte Engpassbeseitigung erfolgt in Abb. 5.16 . Im Zeitverlauf von P_{VSC} (Abb. 5.16 a)) kann zunächst das Öffnen der Leistungsschalter an der fehlerbehafteten AC-Leistung 47 (t=500 ms) in Form einer kurzzeitigen Anregung der Regelung beobachtet werden. Durch die gewählte Ausführung der Komponente *Identifikation des Systemzustandes* umfasst die Zeit zwischen Event-Eintritt und Anpassung der Umrichter-Arbeitspunkte 400 ms. Zusätzliche Berechnungs- und Latenzzeiten der Stationsinstanz des HGÜ-RAS werden vernachlässigt.

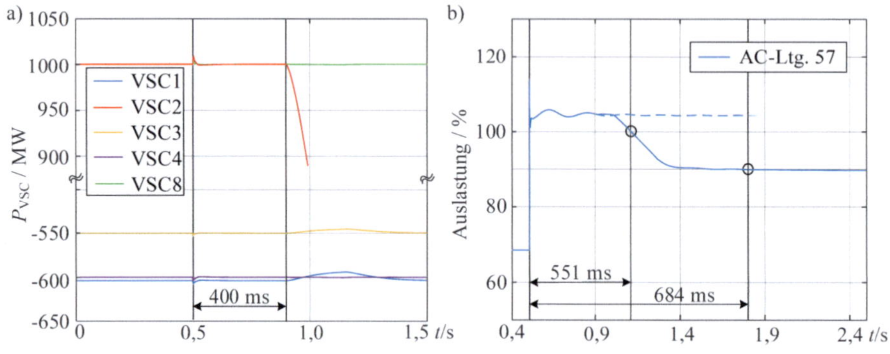

Abb. 5.16: Ausfall von AC-Leitung 47: a) Zeitverlauf von P_{VSC}, b) Zeitverlauf AC-Leitungsauslastung bei aktiviertem HGÜ-RAS

Temporär auftretendem Abweichungen zwischen Soll- und Ist-Arbeitspunkt von beispielsweise VSC1 ($P_{\mathrm{VSC,1,ref}}$ und $P_{\mathrm{VSC,1}}$) liegen im Bereich von wenigen MW (vgl. Abb. 5.16 a)). Sie resultieren aus der kurzzeitigen Anregung der DC-Spannungsregelung, die eine schnellere Zeitkonstante als die Sekundärinstanz der lokalen Umrichter-Regelung besitzt (vgl. Abschnitt 3.5.2). Die Abweichung wird nach weniger als 1 s durch letztere korrigiert.

Im gezeigten Fall benötigt das HGÜ-RAS rund 550 ms zur Reduktion der Auslastung von AC-Leitung 57 auf unter 100%. Bis zum Erreichen der durch den C-SCOPF vorgesehenen Zielbelastung von 90% vergehen zusätzliche 133 ms (vgl. Abb. 5.16 b)) Die Zeit für die Überführung des Systems in einen erneut zulässigen Zustand unterschreitet deutlich das übliche Betriebsintervall in der das Bedienpersonal manuell aktiv werden kann (bspw. ¼ Stunde [212]). Die Reaktionszeit liegt ebenfalls unterhalb der thermischen Zeitkonstanten der Leiterseile der AC-Leitungen (vgl. [213]). Eine zusätzliche Anregung des Systems und eine Gefährdung der AC-Stabilität durch die Aktivierung der kurativen Arbeitspunkte treten erwartungsgemäß und aufgrund der gewählten Leistungsgradienten nicht auf.

Das Ausführen des HGÜ-RAS beeinflusst die DC-Knotenspannungen (U_{DC}) aller Umrichter, ungeachtet ihrer Beteiligung an der Ausführung der kurativen Maßnahme (Abb. 5.17). Das in Abschnitt 3.5 vorgestellte Aktivierungsverfahren sieht eine lokale Anpassung der DC-Sollspannung vor, um die gewünschten Wirkleistungsarbeitspunkte zu erreichen bzw. einzuhalten. Dadurch bleibt die kurative Maßnahme auf RZ2 beschränkt. Änderungen von P_{VSC} in den übrigen Regelzonen bleiben aus. Trotz des Eingriffs in die DC-Spannungsregelung, bleibt die DC-Stabilität gewahrt und das DC-Spannungsprofil $[u_{\mathrm{DC,operation\_min}}, u_{\mathrm{DC,operation\_max}}]$ eingehalten. Die gestrichelten Linien zeigen die ebenfalls durch den eingesetzten C-SCOPF bestimmten DC-Sollspannungen für das nächste Arbeitspunktupdate.

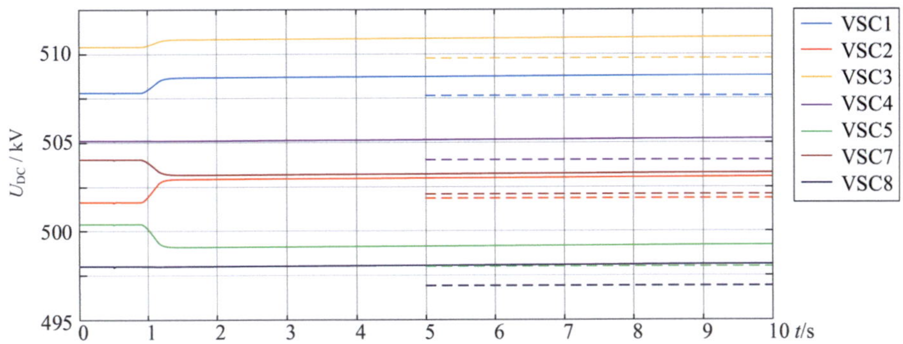

Abb. 5.17: Ausfall von AC-Leitung 47: Zeitverlauf von U_{DC} bei aktiviertem HGÜ-RAS

Im betrachteten Fallbeispiel ist das HGÜ-RAS in der Lage nach Ausfall einer kritischen AC-Leitung innerhalb weniger als einer Sekunde einen zulässigen Systemzustand wiederherzustellen. Dabei werden die überlasteten AC-Leitungen auf einen vorgegebenen Zielwert korrigiert. Die kurativen Maßnahmen können – falls es die Topologie zulässt – auf eine Regelzone beschränkt werden.

5.4.2 Ausfall Kraftwerk

Als Beispiel des Event-Typs Kraftwerksausfall wird der sofortige Wegfall von Kraftwerk 11 (Event #13) innerhalb Regelzone 2 betrachtet. Der Ausfall führt zunächst zu einem Einbruch der Netzfrequenz und einer Aktivierung der Primärregelung der im AC-System verteilten Kraftwerke. Abb. 5.18 a) zeigt den Wirkleistungsverlauf ausgewählter Erzeugungseinheiten.

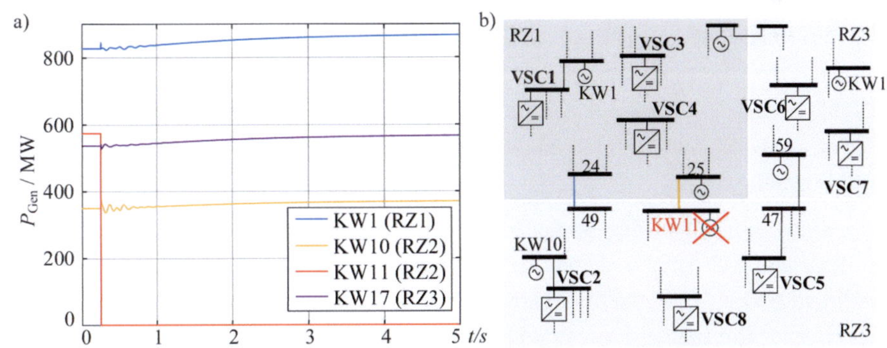

Abb. 5.18: Ausfall von KW 11: a) Zeitverlauf von P_{Gen} und b) Schematische AC-Netzdarstellung

Die Anpassung von P_{Gen} führt zu einer Veränderung der AC-Leistungsflüsse und im Zuge dessen auch zu einer Überlastung der AC-Kuppelleitung 43 als Verbindung zwischen RZ1 und RZ2. Die Leitung überschreitet bei deaktiviertem HGÜ-RAS ihre Nennleistung nach weniger als 2 s nach Kraftwerksausfall (vgl. Abb. 5.19 a)). Aus diesem Grund ist das Event Teil der kritischen Contingencies. Eine Identifikation kann an allen onshore Umrichtern sichergesellt werden. Die vorberechneten kurativen Maßnahmen konzentrieren sich dagegen auf eine signifikante Arbeitspunktanpassung von VSC2 und VSC8. Der Zeitverlauf von P_{VSC} bei aktiviertem HGÜ-RAS ist in Abb. 5.19 b) dargestellt.

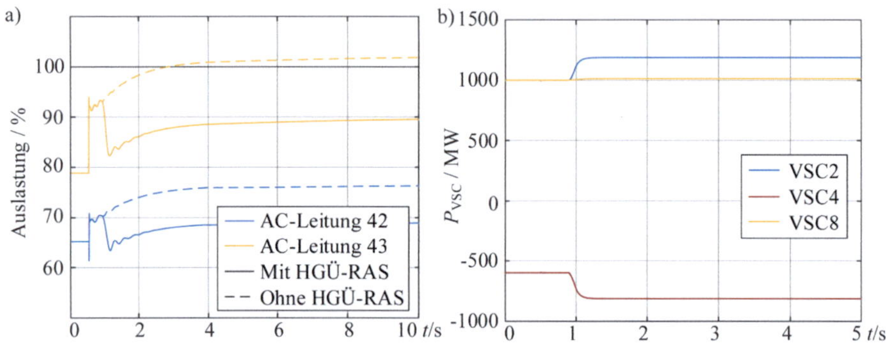

Abb. 5.19: Ausfall von KW 11: a) Zeitverlauf der AC-Leitungsauslastung und b) Zeitverlauf von P_{VSC}

Die AP-Korrektur erfolgt mit dem festgelegten Gradienten von 2 GW/s und verläuft damit schneller als der Anstieg der AC-Leitungsauslastungen, der von der Dynamik der Primärregelung bestimmt wird. Dieser Unterschied wird in Abb. 5.19 a) klar erkennbar. So erlaubt es das HGÜ-RAS eine Überlastung der betroffenen AC-Leitung vollständig zu verhindern. Der Zeitverlauf der Leitungsauslastungen zeigt auch, dass ein langsameres Verhalten des HGÜ-RAS ausreichend ist. Eine Harmonisierung der Zeitkonstanten von HGÜ-RAS und Primärregelung kann die in Abb. 5.19 a) sichtbare Wechselwirkung zwischen Leistungsfrequenz-Regelung und kurativen Maßnahmen reduzieren. Die Betrachtungen erfolgen zunächst ohne die Berücksichtigung der Sekundärinstanz der Leistungs-Frequenz-Regelung.

Der zusätzliche Einfluss der Sekundärregelung auf Basis des Netzkennlinienverfahrens (vgl. Abschnitt 4.2) auf den Zeitverlauf der Leitungsauslastung wird in Abb. 5.20 abgebildet. Wie in Abb. 5.20 gezeigt, führt ein Einsatz der Sekundärregelung bereits ohne HGÜ-RAS zu einer Entlastung der temporär Überlasteten AC-Leitung 43 zwischen RZ1 und RZ2.

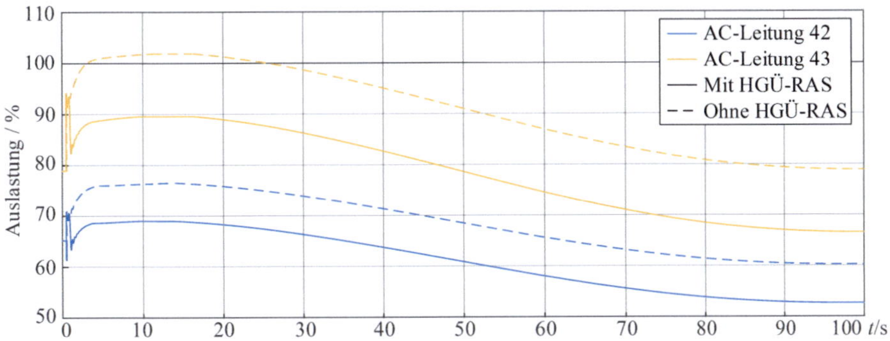

Abb. 5.20: Approximierter Zeitverlauf der AC-Leitungsauslastung bei aktivierter Leistungs-Frequenz-Regelung inkl. Sekundärregelung

Der zusätzliche Einsatz des HGÜ-RAS garantiert im betrachteten Beispiel das Vermeiden einer Leitungsüberlastung. Zusätzlich sorgt der Einsatz zu einem Rückgang der AC-Leitungsauslastung auf einen Wert unterhalb des prä-Event-Wertes, da durch das Aktivieren des HGÜ-RAS die über das HGÜ-Netz übertragene Wirkleistung steigt, und innerhalb des ACE des Netzregelverbundes Berücksichtigung findet. Das beschriebene Verhalten ist auf Netzengpässe zwischen einzelnen Regelzonen beschränkt, bei Engpässen innerhalb einer Regelzone nach Ausfall von Kraftwerken treten derartige Effekte in den Hintergrund. Für den Einsatz des HGÜ-RAS bei Kraftwerksausfällen kann somit zukünftig der Einfluss der Sekundärregelung in Kombination mit der zulässigen Dauer einer Überlastung (in Abb. 5.20 ca. 20 s) berücksichtigt werden.

5.4.3 Ausfall HGÜ-Umrichter

Als Beispiel für einen Umrichter Ausfall innerhalb des HGÜ-Netzes wird an dieser Stelle der Ausfall von VSC5 in RZ2 betrachtet. Der Umrichter wird im stationären Arbeitspunkt bei P_{VSC}=1000 MW und Q_{VSC}=445 Mvar betrieben. Die lineare Verstärkung der DC-Spannungsregelung (k_{DC}) ist für alle onshore Umrichter identisch. Daraus ergibt sich betragsmäßig eine gleichmäßige Aufteilung der in das AC-Netz eingespeisten Wirkleistung (siehe Abb. 5.21 a)). Die Anpassung von P_{VSC} geschieht durch die hohe Dynamik der DC-Spannungsregelung im Bereich von etwa 100 ms. Abb. 5.21 b) zeigt die schematische Positionierung der Umrichter im Base Case.

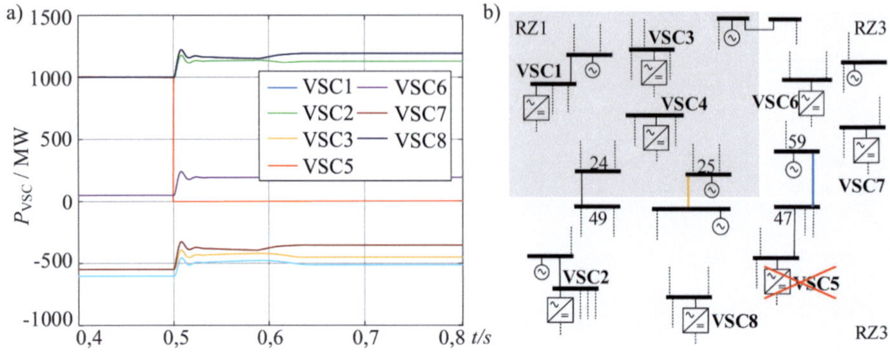

Abb. 5.21: Ausfall von VSC5: a) Zeitverlauf von P_{VSC} bei Aktivierung der DC-Spannungsregelung ohne HGÜ-RAS, b) Schematische AC-Netzdarstellung

Durch die beschriebene Auslösung der DC-Spannungsregelung reduziert sich der Wirkleistungsimport über das HGÜ-Netz innerhalb von RZ2. Dadurch tritt eine Verletzung der zulässigen Belastungen von AC-Leitung 43 und AC-Leitung 83 auf. Die entsprechenden Zeitverläufe werden in Abb. 5.22 a) gezeigt und dem durch das HGÜ-RAS gewährleisteten Zeitverlauf gegenübergestellt. Gut sichtbar ist der angeregte Zustand des AC-Systems in Folge des Umrichterausfalls.

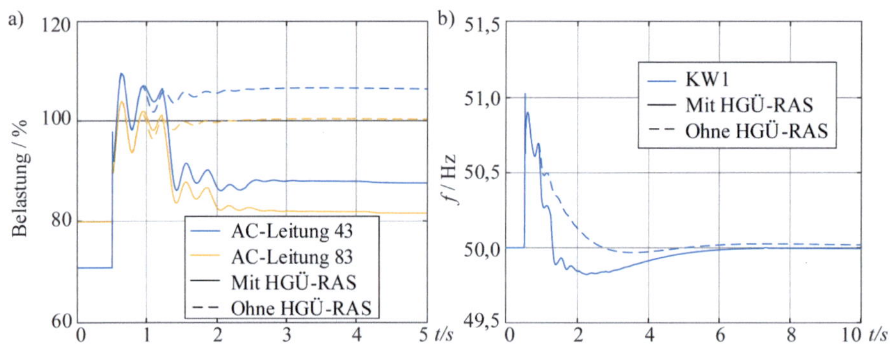

Abb. 5.22: Ausfall von VSC5: Zeitverlauf a) der AC-Leitungsauslastung b) der Netzfrequenz

Das auftretende Event kann an allen onshore Umrichtern erfolgreich durch AC-seitige Messungen lokal identifiziert werden. Die vorberechnete kurative Maßnahme bewirkt eine Anpassungen der Wirkleistungsarbeitspunkte von VSC2 ($\Delta P_{kur,2} \approx$ -80 MW), VSC7 ($\Delta P_{kur,7} \approx$ -150 MW) und VSC8 ($\Delta P_{kur,8} \approx$ -760 MW). Eine Anpassung der Blindleistung ist nicht vorgesehen, da keine Verletzungen des AC-Spannungsbandes und der Blindleistungsgrenzen auftreten. Die entsprechenden Zeitverläufe der kurativen Wirkleistungsänderung sind in Abb. 5.23 a) dargestellt. Das HGÜ-RAS stellt eine Reduktion der AC-Leistungsflüsse unter die definierte Grenze von 90% sicher, wie Abb. 5.22 a) zeigt. Eine weitere Anregung der Systemdynamik findet durch den gewählten Gradienten nicht statt (vgl. Abb. 5.22 b)).

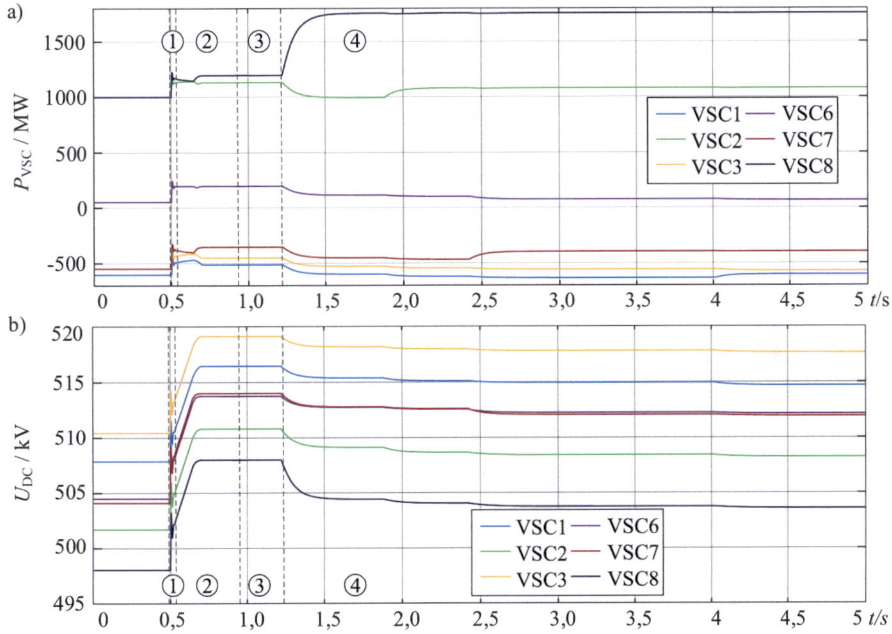

Abb. 5.23: Ausfall von VSC5: Zeitverlauf von a) P_{VSC} und b) U_{DC} bei aktiviertem HGÜ-RAS

Aufgrund der Störung des DC-Energiegleichgewichts eignet sich das betrachtete Event zur Betrachtung möglicher Wechselwirkungen zwischen der DC-Spannungsregelung und dem HGÜ-RAS. Abb. 5.23 zeigt den Zeitverlauf von P_{VSC} und U_{DC}, die Betrachtung lässt eine Einteilung des Zeitverlaufs während der HGÜ-RAS Ausführung in mehrere Phasen zu:

- Phase 1 ist bestimmt durch die Aktivierung der droop-basierten DC-Spannungsregelung in Folge der Störung des Umrichter-Ausfalls und der damit verbundenen Anpassung der Wirkleistungsarbeitspunkte.
- In Phase 2 versucht der autonome lokale Regler (vgl. Abschnitt 3.5.2) die stationären Arbeitspunkte ($P_{VSC,ref}$) wiederherzustellen und arbeitet dabei gegen die Primärinstanz der DC-Spannungsregelung. Die Wechselwirkung wird durch vorgesehene Stellwertbegrenzung (vgl. Abb. 3.25, Abschnitt 3.5.2) eingeschränkt. Die DC-Spannung stabilisiert sich zunächst.
- Phase 3 beginnt mit der Aktivierung der kurativen Arbeitspunktanpassung.

- Phase 4 beinhaltet schließlich das Erreichen der neuen stationären Arbeitspunkte von DC-Spannung und Wirkleistung.

Aufgrund der Dynamik des *PI*-Glieds des eingesetzten autonomen lokalen Reglers und den beschriebenen Vorgängen (Phase 2), vergehen in Phase 3 zusätzlich ca. 300 ms bis sich P_{VSC} an den betroffenen Umrichtern (VSC2, VSC7 und VSC8) entsprechend ΔP_{kur} ändert. Die nicht an der Ausführung der kurativen Maßnahmen beteiligten Umrichter (ΔP_{kur}=0) nehmen innerhalb Phase 4 erneut ihren vorgesehenen Arbeitspunkt $P_{VSC,ref}$ ein. Das stationäre DC-Spannungsprofil wurde durch die Störung sowie die veränderten HGÜ-Leistungsflüsse beeinflusst, liegt aber noch innerhalb der zulässigen Grenzen und kann zu einem späteren Zeitpunkt entsprechend Δu_{kur} in den vorgesehenen Arbeitsbereich zurückgeführt werden. In Ergänzung zu den bisherigen Ergebnissen liefert Abb. 5.24 eine Gegenüberstellung ausgewählter Leitungsauslastungen der AC- und HGÜ-Leitungen mit und ohne Einsatz des HGÜ-RAS nach Ausfall von VSC5.

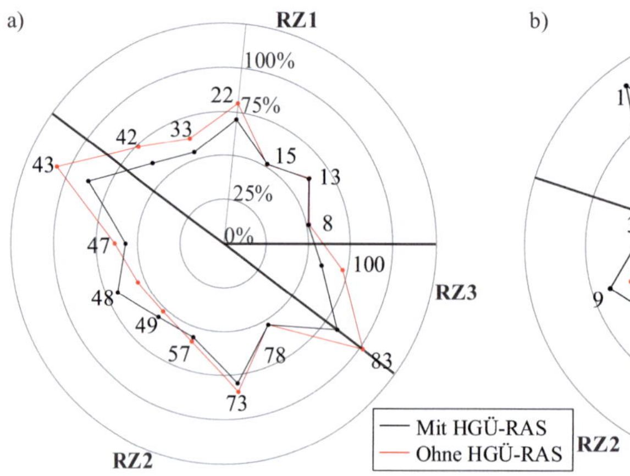

Abb. 5.24: Ausfall von VSC5: Vergleich der Auslastungen für a) ausgewählte AC-Leitungen und b) alle HGÜ-Leitungen

Die Darstellung der Leitungsbelastungen ohne HGÜ-RAS schließt bereits die Reaktion der DC-Spannungsregelung mit ein. Neben den Entlastungen der überlasteten AC-Leitungen 43 und 83, sind signifikante Änderungen der Leistungsflüsse in allen drei Regelzonen zu verzeichnen. Während ein Großteil der AC-Leitungen durch die kurativen Maßnahmen entlastet werden können (vgl. Abb. 5.24 a)), nimmt die Auslastung der Leitungen im gesamten HGÜ-System zu (vgl. Abb. 5.24 b)).

Das betrachtete Untersuchungsbeispiel zeigt die Anwendbarkeit des HGÜ-RAS bei Ausfällen von Umrichtern als Teil des HGÜ-Netzes. Den resultierenden AC-seitigen Verletzungen der Systemsicherheit kann kurativ begegnet werden, während die signifikante Störung des DC-Energiegleichgewichtes durch die DC-Spannungsregelung ausgeglichen wird und die Stabilität somit gewährleistet bleibt.

5.4.4 Ausfall HGÜ-Verbindung

Um die Wirkungsweise des HGÜ-RAS für den Betrieb mehrerer paralleler HGÜ-Verbindungen anstelle eines vermaschten HGÜ-Netzes zu betrachten, wird an dieser Stelle der Sonderfall parallele HGÜ-Verbindungen herangezogen. Dabei bilden die Umrichter VSC1 und VSC2 gemeinsam die HGÜ-Verbindung 1. Der Ausfall von VSC1 (#10) bedingt eine Kommutierung von 1400 MW Wirkleistung in das AC-System. Die Folgen für die Auslastung des in Abb. 5.25 b) schematisch beschriebenen AC-Systems werden in Abb. 5.25 a) exemplarisch für die AC-Leitungen 42, 43 und 83 gezeigt.

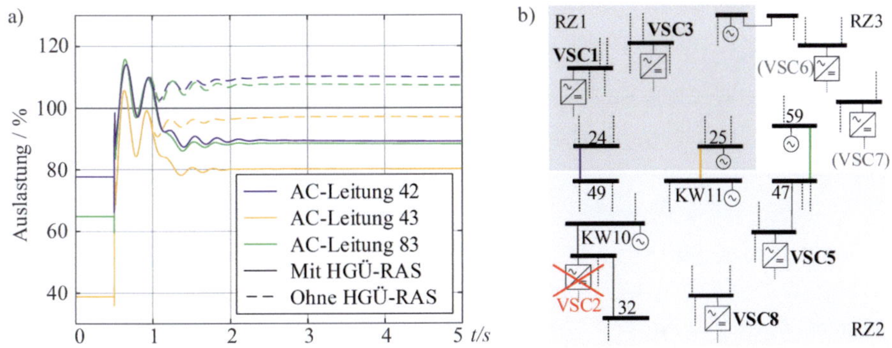

Abb. 5.25: Ausfall von VSC2 und HGÜ-Verbindung 1: a) Zeitverlauf der AC-Leitungsauslastung und b) Schematische AC-Netzdarstellung

Eine lokale Identifikation des beschriebenen Ausfall-Szenarios ist im Rahmen des HGÜ-RAS an allen Umrichtern der parallel verlaufenden HGÜ-Verbindung 2 möglich (VSC3, VSC5 und VSC8). Die durch den C-SCOPF vorberechneten kurativen Arbeitspunkte sehen eine Übernahme von insgesamt 600 MW Wirkleistung in Nord-Süd-Richtung vor, um die überlasteten Leitungen auf eine maximale Auslastung von 90% zurückzuführen.

Entsprechend des in Abb. 5.26 a) gezeigten Zeitverlaufs von P_{VSC}, entfallen die kurativen Arbeitspunktanpassungen auf VSC3 und VSC8. Analog zu den bisher gezeigten Beispielen, beginnt die Arbeitspunktanpassung aufgrund der lokalen Identifikation 400 ms nach Eventeintritt und verläuft entsprechend des definierten Gradienten von 2 GW/s ohne Überschwingen. Die daraus resultierende Entlastung der AC-Leitungsauslastungen wird in Abb. 5.25 a) verdeutlicht. Die überlasteten Leitungen können binnen 500 ms auf unter 100% entlastet werden.

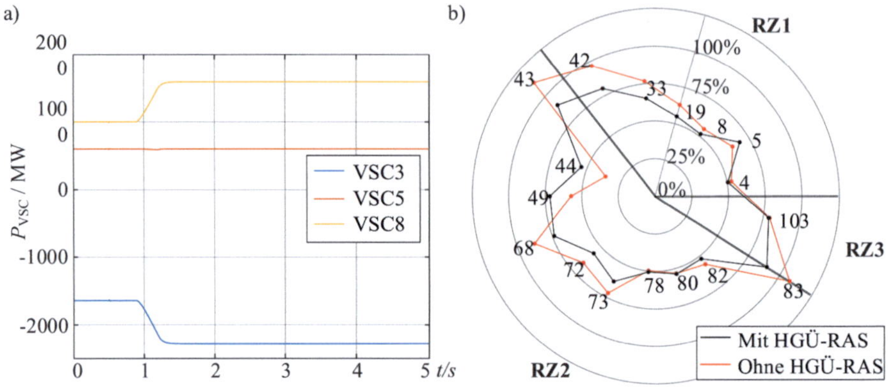

Abb. 5.26: Ausfall von VSC2 und HGÜ-Verbindung 1: a) Zeitverlauf von P_{VSC} und b) Vergleich der Auslastung ausgewählter AC-Leitungen

Ergänzend stellt Abb. 5.26 b) die Auslastung ausgewählter AC-Leitungen mit und ohne Aktivierung des HGÜ-RAS nach Eventeintritt gegenüber. So wird die systemweite Beeinflussung der AC-Leistungsflüsse durch die kurativen Maßnahmen sichtbar. Neben der Entlastung der überlasteten AC-Leitungen erfahren beispielsweise AC-Leitung 44 und 49 eine steigende Auslastung, da sie direkte Zuleitungen zu VSC8 darstellen (vgl. Abb. 5.26 a)).

Der betrachtete Ausfall von VSC2 bedingt auch den Wegfall der bereitgestellten Blindleistung ($Q_{VSC,2}$=378 Mvar). Der Ausfall resultiert in einen abrupten Einbruch der AC-Spannung U_{AC} (siehe Abb. 5.27).

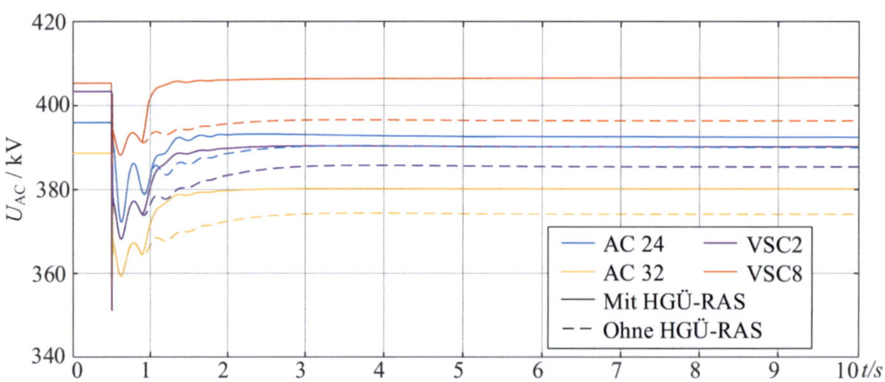

Abb. 5.27: Ausfall von VSC2 und HGÜ-Verbindung 1: Zeitverlauf von U_{AC}

Entsprechend der in Abb. 5.28 a) beschriebenen Anpassung von Q_{Gen} (durch die vorgesehene Erregungsregelung), kann zunächst (ohne HGÜ-RAS) ein neuer stabiler Betriebspunkt für U_{AC} eingenommen werden. Dabei beteiligen sich die Umrichter entsprechend der vorgesehenen Festwertregelung der Blindleistung nicht an der AC-Spannungsregelung. Im resultierenden Arbeitspunkt liegt eine Verletzung des definierten Spannungsbandes an AC-Knoten 32 vor. Zusätzlich überschreiten KW10 und KW11 die definierten Blindleistungsgrenzen (Abb. 5.28 a)).

Der in Abb. 5.27 gezeigte Spannungseinbruch führt auch zu einer temporären Störung der Blindleistungsbereitstellung an den Umrichtern. Abb. 5.28 b) zeigt den Zeitverlauf von Q_{VSC}. Während VSC4 und VSC5 wieder ihre vorgegebenen stationären Arbeitspunkte $Q_{\mathrm{VSC,ref}}$ einnehmen, nimmt VSC8 entsprechend des aktivierten HGÜ-RAS den vorberechneten kurativen Arbeitspunkt $Q_{\mathrm{VSC,kur,8}}$=673 Mvar ein. Der sich daraus ergebende Zeitverlauf ist von einer Wechselwirkung mit der Erregungsregelung der Synchronmaschine geprägt. Eine detaillierte Betrachtung dieser Phänomene steht nicht im Fokus dieser Arbeit.

Die Kombination kurativer Wirk- und Blindleistungsanpassungen der Umrichter von HGÜ-Verbindung 3 ermöglicht eine Behebung des AC-Leitungsengpasses (vgl. Abb. 5.25 a)), eine Korrektur der AC-Spannungsbandverletzung (Abb. 5.27) und ein Überführen der Synchronmaschinen in einen zulässiges Q_{Gen} (Abb. 5.28 a)). Das dafür erforderliche $Q_{\mathrm{VSC,kur}}$ wird dabei durch U_{AC} von Knoten 32 bestimmt.

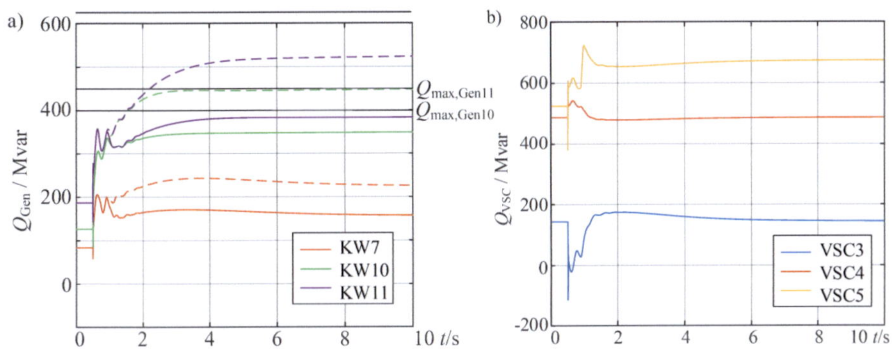

Abb. 5.28: Ausfall von VSC2 und HGÜ-Verbindung 1: a) Zeitverlauf Q_{VSC} bei aktiviertem HGÜ-RAS und b) Zeitverlauf von Q_{Gen}

Das in diesem Abschnitt beschriebene Beispiel validiert die Übertragbarkeit des vorgestellten HGÜ-RAS von vermaschten HGÜ-Netzen auf getrennte HGÜ-Verbindungen. Zudem kann das HGÜ-RAS auch Probleme der Blindleistungshaltung adressieren. Eine Gegenüberstellung mit einer koordinierten Spannungsregelung von Synchronmaschinen (Q_{Gen}) als auch HGÜ-Umrichter (Q_{VSC}), findet an dieser Stelle nicht statt.

5.4.5 Zusammenfassung der Erprobung des HGÜ-RAS

Die erfolgten Zeitreihensimulationen zeigen die Fähigkeit des HGÜ-RAS, Verletzungen der stationären Netzsicherheit innerhalb weniger als 1 s nach Eintritt der Störung koordiniert zu beheben. Um das gesamte Feld möglicher Verletzungen der Operational Security

Limits abzudecken und unterschiedliche Phänomene zu beleuchten, wurden die in Tab. 5.21 aufgeführten Eventtypen berücksichtigt. Alle Untersuchungsfälle basieren entweder auf dem in Kapitel 4 entwickelten Base Case (BC), oder dem Sonderfall paralleler HGÜ-Verbindungen (SF). Die aufgeführten Netzsicherheitsaspekte entsprechen den definierten Operational Security Limits (max. 100% Auslastung und AC-Spannungen zwischen 380 kV und 420 kV).

Tab. 5.21: Übersicht der zum betrachteten Untersuchungsfälle zur vollständigen Erprobung des HGÜ-RAS

Event	Ausfall von	Netzsicherheitsaspekt	Untersuchungsfokus
#7 (BC)	AC-Leitung	Leitungsüberlastung	Maßnahmen innerhalb einer Regelzone (durch einen ÜNB)
#13 (BC)	Kraftwerk	Leitungsüberlastung	Wechselwirkung mit Leistungs-Frequenz-Regelung
#15 (BC)	HGÜ-Umrichter	Leitungsüberlastung	Wechselwirkung mit DC-Spannungsregelung
#10 (SF)	HGÜ-Umrichter / HGÜ-Verbindung	Leitungsüberlastung, Verletzung AC-Spannungsband Verletzung Blindleistungsgrenzen	Maßnahme innerhalb mehrerer Regelzonen, Betrieb paralleler HGÜ-Verbindungen

Die Grenzwertverletzung von AC-Leitungsauslastungen kann in allen betrachteten Fällen sicher behoben werden. Je nach Lage der überlasteten Leitungen, umfassen die kurativen Maßnahmen HGÜ-Umrichter mehrerer Regelzonen (#13, #15, #10 (SF)). Kann die kurative Maßnahme dagegen auf eine Regelzone beschränkt werden (#7), so tritt keine Wechselwirkung mit anderen Regelzonen auf. Der Koordinierungsaufwand kann somit minimal gehalten werden.

Da sich q_{VSC} nicht durch eine AC-seitige Spannungsregelung, sondern durch eine Festwertregelung ergibt, werden die Sollwerte nur durch kurative Maßnahmen entsprechend der C-SCOPF Vorberechnung angepasst. Die Betrachtung des Ausfalls einer HGÜ-Verbindung (Event #10 im Sonderfall) zeigt, dass das gewählte Vorgehen praktikabel ist, um neben Leitungsengpässen auch anderen Verletzungen der Blindleistungsgrenzen und des Spannungsbandes zu begegnen. Bei Einsatz einer für das gesamte AC-System koordinierten automatischen Spannungsregelung, kann ggf. auf kurative Blindleistungsanpassungen der Umrichter verzichtet werden.

Die am Beispiel des Kraftwerksausfalls (Event #13 im Base Case) beschriebene Wechselwirkung zwischen der Leistungs-Frequenz-Regelung und dem HGÜ-RAS stellt kein grundlegendes Problem dar. So gewährleistet das HGÜ-RAS auch in diesem Fall die Ausführung einer wirkungsvollen kurativen Arbeitspunktanpassung. Allerdings übersteigt die derzeitige Dynamik des HGÜ-RAS die erforderliche Auslösegeschwindigkeit. Eine Ergänzung um eine zusätzliche Instanz zur kontinuierlichen Anpassung von p_{VSC} unter Berücksichtigung der Regelleistungsbereitstellung erscheint in derartigen Fällen sinnvoll und wurde durch den Autor bereits in [214] untersucht.

In allen gezeigten Untersuchungsfällen wird die Umsetzung der kurativen Maßnahmen durch den in Abschnitt 3.5.2 vorgestellten autonomen lokalen Regler gewährleistet. An Umrichtern mit vorgesehener Sollwertanpassung stellt die lokale Instanz ein Ausführen dieser sicher. An den übrigen Umrichtern ermöglicht sie, trotz Abweichungen der DC-Knotenspannung, ein Einhalten der zentral vorgegebenen Arbeitspunkte ($p_{\mathrm{VSC,ref,0}}$). Mögliche Wechselwirkungen zwischen beiden Instanzen der DC-Spannungsregelung werden für eine Großsignalstörung des HGÜ-Energiegleichgewichtes nach Ausfall eines Umrichters (Event #15) untersucht. Auch in diesem Fall kann eine Gefährdung der DC-Spannungsstabilität ausgeschlossen werden.

Aufbauend auf den dargestellten Untersuchungen und Ergebnissen ist die Anwendbarkeit des HGÜ-RAS als Erweiterung der bestehenden Betriebsführung zur Erbringung kurativer Maßnahmen durch HGÜ-Systeme möglich. Dadurch wird eine Wahrung der Systemsicherheit entsprechend statischer Aspekte durch Wiederherstellung eines zulässigen Systemzustands sichergestellt. Der Ansatz lässt sich sowohl für vermaschte HGÜ-Netze (Abschnitt 5.4.1 bis 5.4.3), als auch parallel verlaufende HGÜ-Verbindungen (Abschnitt 5.4.4) realisieren.

6 Zusammenfassung und Ausblick

In der vorliegenden Arbeit wird unter Berücksichtigung der bestehenden Netzbetriebsführung von Übertragungsnetzen ein Verfahren vorgestellt, das die Erbringung Event-bezogener kurativen Maßnahmen durch ein HGÜ-Overlay-Netz erlaubt. Dieses Verfahren zeichnet sich durch eine lokale und automatisierte Aktivierung kurativer Arbeitspunktanpassungen durch die HGÜ-Umrichter aus. Die resultierende Behebung von Verletzungen der Operational Security Limits ermöglicht ein Überführen des Gesamtsystems in einen zulässigen Systemzustand nach Eintritt einer kritischen Contingency in weniger als 1 Sekunde.

Dazu werden Methoden zur lokalen Identifikation von Events, sowie zur Berechnung und Ausführung kurativer Maßnahmen entworfen und zu einem Gesamtverfahren synthetisiert. Der Fokus liegt somit nicht auf der detaillierten Ausarbeitung einzelner Algorithmen, sondern auf deren sinnvollen Kombination. Der hier als HGÜ-RAS eingeführte Ansatz erfüllt die regulatorischen Anforderungen eines Remedial Action Schemes nach NERC [30]. Diese bewusst gewählten engen Rahmenbedingungen erlauben ein Übertragen des Ansatzes bzw. seiner einzelnen Komponenten auf eine Anwendung bei weniger strikten Anforderungen, darunter:

- (Vor-)Berechnung kurativer Arbeitspunkte zur Aktivierung durch Bedienpersonal
- Identifikation von Events durch Staffelung von lokalen, dezentralen und zentralen Instanzen zur Erhöhung der Situation Awareness
- Lokale Aktivierung kurativer Arbeitspunktanpassungen nach Identifikation eines Events durch mehrere dezentrale Instanzen

Eine erfolgreiche Umsetzung des HGÜ-RAS wird in dieser Arbeit bewiesen und als Machbarkeitsbeweis für den Einsatz von Verfahren zur automatisierten Aktivierung kurativer Arbeitspunkte gewertet. Alle Untersuchungen erfolgen nicht nur für ein vermaschtes HGÜ-System, sondern auch für mehrere parallel verlaufende HGÜ-Verbindungen mit zwei oder drei Umrichtern. Eine Anwendung in derzeitigen HGÜ-Projekte im deutschen Übertragungsnetz erscheint somit möglich. Neben einer Beantwortung der Forschungsfragen, beinhaltet dieses Kapitel einen Ausblick auf resultierende nächste Schritte.

6.1 Beantwortung der Forschungsfragen

Die in Abschnitt 1.2 formulierten Forschungsfragen werden an dieser Stelle aufgegriffen und mittels der erarbeiteten Inhalte zusammenfassend beantwortet. Für Details wird auf die entsprechenden Stellen innerhalb der Arbeit verwiesen.

Durch die Berücksichtigung der regulatorischen Rahmenbedingungen und der bestehenden Netzbetriebsführung sind die erzielten Ergebnisse und die daraus resultierenden Antworten der Forschungsfragen als allgemeingültig anzusehen. Inhalte, die nicht abschließend geklärt werden konnten, sind entsprechend gekennzeichnet. Das zur Erprobung des HGÜ-RAS eingesetzte AC-HGÜ-Benchmarknetz, wurde bewusst aus bestehenden Referenznetzen entwickelt. Dieses Vorgehen stützt ebenfalls die Übertragbarkeit und Allgemeingültigkeit der Ergebnisse.

F1: Welchen Beitrag zur AC-Systemsicherheit kann die VSC-basierte HGÜ-Technologie leisten?

Zunächst erfolgt eine Differenzierung des Systemsicherheitsbegriffs in stationäre und dynamische Aspekte. Letztere lässt sich über Kriterien aus den Stabilitätskategorien Frequenz-, Winkel- und Spannungsstabilität beurteilen. Die in Abschnitt 2.3 zusammenfassend dargestellten Ergebnisse der Literaturrecherche zeigen, dass existierender Ansätze zur Betriebsführung bzw. zur aktiven Regelung von VSC-basierten HGÜ-Systemen einen Beitrag zu einzelnen Aspekten der AC-Sicherheit leisten können. Abb. 6.1 stellt aus der Recherche resultierende Ansätze den AC-seitigen Phänomenen gegenüber und bietet so eine Einordnung der erzielten Ergebnisse.

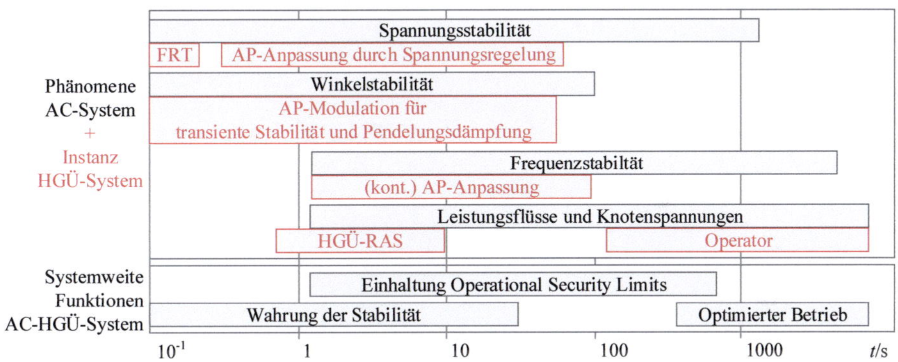

Abb. 6.1: Beitrag VSC-basierter HGÜ-Systeme zu Aspekten der AC-Systemsicherheit

Die in bisherigen Arbeiten thematisierten Beiträge der HGÜ-Systeme und deren Umrichter beginnen bei der schnellen Bereitstellung von Blindströmen bei AC-seitigen Kurzschlüssen durch die Umrichter (FRT). Modulationen von Wirk- und Blindleistung erhöhen die First Swing Stability oder erlauben eine Dämpfung von Netzpendelungen. Eine kontinuierliche Anpassung des HGÜ-Leistungstransports erlaubt sowohl eine Wahrung der Frequenzstabilität (bei asynchronen AC-Netzen), sowie eine Beteiligung an unvorhergesehenen Leistungsflussänderungen zur Vermeidung von Netzengpässen.

VSC-basierte HGÜ-Systeme können somit aktiv einen Beitrag zur AC-Systemsicherheit leisten, sofern die bestehende Technologie um neue Regelungsverfahren und Betriebsführungsstrategien erweitert wird. Das in dieser Arbeit vorgestellte HGÜ-RAS stellt eine Ergänzung der beschriebenen Ansätze dar und schließt dabei die Lücke zwischen kontinuierlichen Arbeitspunktmodulationen bzw. -Anpassungen und Handlungen des Bedienpersonals zur Einhaltung zulässiger Leitungsflüsse und Knotenspannungen (vgl. Abb. 6.1).

F2: Wie können HGÜ-basierte kurative Maßnahmen als SPS/RAS umgesetzt werden?

Die Begrifflichkeiten Special Protection Schemes und Remedial Action Schemes beschreiben die automatisierte Ausführung einer Maßnahme, die die Wiederherstellung eines zulässigen Systemzustands bewerkstelligt. Um die kurativen Arbeitspunktanpassungen eines HGÜ-Systems als festen Bestandteil der Netzbetriebsführung etablieren zu können, werden in dieser Arbeit die gegebenen Anforderungen berücksichtigt und ein RAS vorgestellt, das die Erbringung kurativer Maßnahmen durch das HGÜ-System sicherstellt. Um dies zu ermöglichen, gliedert sich das HGÜ-RAS in drei wesentliche Komponenten (Abb. 6.2): Eine lokale Instanz innerhalb der Stationsleitebene der einzelnen Umrichter ermöglicht mittels Identifikation des Systemzustands (und eintretender kritischer Events) eine Aktivierung zentral vorberechneter kurativer Arbeitspunkte. Deren Vorberechnung auf Netzleitebene stellt eine rückwirkungsfreie und erfolgreiche Wiederherstellung eines zulässigen Systemzustands sicher.

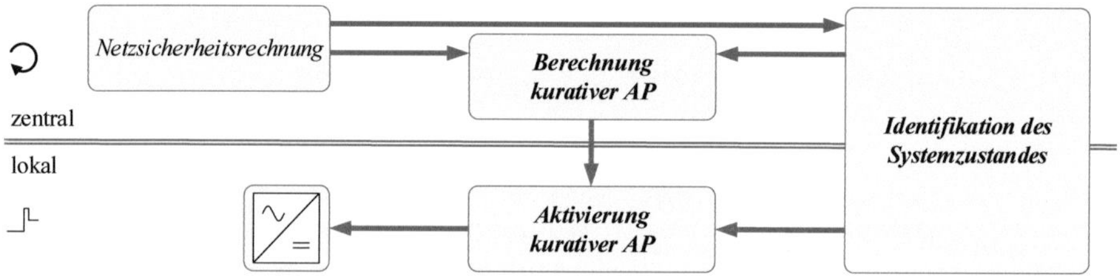

Abb. 6.2: Gliederung des HGÜ-RAS in einzelne Komponenten

Der Fokus dieser Arbeit liegt auf der Beschreibung erforderlicher Schnittstellen und einer nahtlosen Synthese dieser Komponenten. Die Komponenten werden, unter Berücksichtigung des gegenwärtigen Stands der Forschung, entwickelt und durch geeignete Fallstudien evaluiert. Die so gewonnenen Erkenntnisse können entweder für eine Integration des gesamten HGÜ-RAS in den Netzbetrieb, oder für die Verwendung einzelner Komponenten eingesetzt werden. Die Untersuchungen haben die Eignung der entwickelten Struktur zur Umsetzung eines RAS bestätigt.

F2-1: Wie können HGÜ-basierte kurative Maßnahmen koordiniert bestimmt werden?

HGÜ-basierte kurative Maßnahmen umfassen Korrekturen der Wirk- und Blindleistungsarbeitspunkte der Umrichter. Der mögliche Einfluss auf die AC- und HGÜ-Leistungsflüsse ist so einzusetzen, dass die Contingency-bedingten Verletzungen der Operational Security

Limits behoben werden und keine anderen Verletzungen von Betriebsmittelgrenzen auftreten. Der Betrieb eines vermaschten HGÜ-Netzes erfordert eine zusätzliche Berücksichtigung der DC-Spannungen an den einzelnen Umrichterknoten.

Eine derartige Koordination wird durch den Einsatz des C-SCOPF-Verfahrens sichergestellt. Dessen Einsatz setzt dabei eine Kenntnis über mögliche kritische Contingencies und der damit verbundenen Topologie des AC-HGÜ-Systems voraus. Aus dem beschriebenen Datenaufkommen, der Komplexität des Optimierungsproblems und möglichem Abstimmungsbedarf mehrerer ÜNBs, wird eine zentrale Vorberechnung erforderlich. Geeignete Ansätze für vermaschte HGÜ-Systeme werden in Abschnitt 3.4.1 zunächst beschrieben, und in Abschnitt 3.4.3 zu einem neuen Algorithmus weiterentwickelt. Dieser ermöglicht eine Optimierung der Wirk- und Blindleistung, sowie der DC-Sollspannung und berücksichtigt dabei gleichzeitig die Identifizierbarkeit der kritischen Events durch die HGÜ-Umrichter. Der Ansatz wird anhand umfassender Fallstudien überprüft (vgl. Abschnitt 5.2). Dabei wird auch eine Eignung für ausgedehnte und vermaschte HGÜ-Netze nachgewiesen.

F2-2: Wie können auftretende Events identifiziert werden, um geeignete kurative Maßnahmen zu aktivieren?

Zur Klärung dieser Frage erfolgt zunächst eine ausführliche Aufarbeitung des aktuellen Standes der Forschung zu den Themen Detektion, Klassifikation und Identifikation von Events in elektrischen Energiesystemen (Abschnitt 2.4). Der Themenkomplex hat in den letzten Jahren an Relevanz gewonnen, wobei ein besonderer Fokus auf der zentralen Auswertung von PMU-Daten zur Klassifikation von Events liegt. Ein Großteil der Methoden arbeitet datenbezogen und vergleicht Messsignale mit einer Datenbank anhand abgeleiteter Muster. Da bisher keine Verfahren zur Identifikation von Events publiziert wurden, stellt die Arbeit in Abschnitt 3.3 ein vereinfachtes Verfahren vor, das die prinzipielle Wirkungsweise einer ***Feature Extraction*** aufgreift und ein Erkennen von kritischen Contingencies anhand lokaler Messwerte an den Umrichtern gewährleistet. Dies ermöglicht die Ausführung einer dem Event zugeordneten kurativen Maßnahme.

Das Verfahren beweist die generelle Umsetzbarkeit einer automatisierten Identifikation bestimmter Events. Kritische Events können, auch bei einem Auftreten von Modellfehlern unterschiedlicher Art, klar identifiziert werden, während fehlerhafte Identifikationen vermieden werden. Bei zunehmenden Modellfehlern sinkt die Zuverlässigkeit dagegen deutlich.

F2-3: Welche Restriktionen sind bei der Aktivierung HGÜ-basierter kurativer Maßnahmen zu berücksichtigen?

Die Aktivierung der vorberechneten kurativen Maßnahmen ist bei Einsatz des HGÜ-RAS zunächst durch die lokale Umsetzung beschränkt und eine Koordination des Gesamtsystems durch zentrale Regler somit ausgeschlossen. Eine lokale Anpassung der Wirkleistungsarbeitspunkte der Umrichter ruft eine Veränderung der DC-Spannungen und ein Ansprechen der DC-Spannungsregelung hervor.

Um die bestehende Struktur der lokalen Umrichter-Regelung zu nutzen und Wechselwirkungen mit der DC-Spannungsregelung begegnen zu können, wird in Abschnitt 3.5.2 der Einsatz eines autonomen lokalen Reglers zur Ausführung der kurativen Maßnahmen beschrieben. Die durchgeführten Fallstudien zeigen, dass die DC-Spannungsstabilität auch bei einer nicht-zeitsynchronen Aktivierung oder Störungen des DC-Energiegleichgewichts gewahrt bleibt (Abschnitt 3.5.3).

Eine Restriktion für die zulässigen Leistungsgradienten bei der Aktivierung erwächst aus der AC-Stabilität. Ausgehend von einem, aus Sicht der Leistungselektronik möglichen, Gradienten von 200 GW/s wird deren Einfluss dieser auf die AC-Stabilität mit Fokus auf die Rotorwinkelstabilität untersucht. Innerhalb des eingesetzten AC-HGÜ-Benchmarknetzes konnten zwar deutliche Anregungen des AC-Systems registriert, aber keine Stabilitätsverletzungen identifiziert werden. Da die Aktivierung des vorgestellten HGÜ-RAS nicht zeitkritisch ist, wurde eine generelle Beschränkung auf 2 GW/s vorgesehen. Die erzielten Ergebnisse sind nicht als grundsätzlicher Stabilitätsnachweis zu verstehen. Eine Betrachtung der kurativen Maßnahme und deren Übergangsverhalten mittels dynamischer Zeitreihensimulation im Rahmen der Netzbetriebsplanung – beispielsweise als Teil eines DSA – erscheint deshalb zur Gewährleistung der Systemstabilität sinnvoll.

6.2 Ausblick

Eine Umsetzung des HGÜ-RAS umfasst neben der Berechnung und der Ausführung kurativer Maßnahmen auch die Übertragung der erforderlichen Daten zwischen Leitwarte und Feldebene mittels geeigneter Fernwirkprotokolle, die eine entsprechende Erweiterung benötigen.

Um der beschriebenen Anfälligkeit der lokalen Identifikation gegenüber Modellfehlern begegnen zu können, ist der Einsatz robusterer Verfahren zur Feature Extraction, und Event-Identifikation auch unter Einsatz nachgelagerter dezentraler oder zentraler Instanzen, als nächste Schritte anzusehen. Zur Ausführung kann auf die in Abschnitt 2.4 erstellte Literaturliste zum Thema Detektion, Klassifikation und Identifikation zurückgegriffen werden.

Das vorgestellte C-SCOPF-Verfahren ist grundsätzlich zur Bestimmung kurativer Wirk- und Blindleistungsarbeitspunkte für Umrichter eines HGÜ-Netzes geeignet. Ein Einbinden des HGÜ-RAS in den Netzbetrieb erfordert eine Berücksichtigung von Prognosefehlern und eine weitere Verbesserung des eingesetzten Lösungsverfahrens. Die Beschränkung der Optimierung auf ausgewählte Umrichter wird bisher durch die lokale Identifizierbarkeit bestimmt, kann aber zukünftig auch in Abhängigkeit zur Regelzonen-Zugehörigkeit erfolgen, um dabei die ÜNB-Koordination für ausgewählte Contingencies zu erleichtern. Eine Koordination der HGÜ-Anpassungen mit anderen kurativen Maßnahmen und der bestehenden Redispatch-Planung wird in Abschnitt 3.6 angesprochen. Da in dieser Arbeit eine explizite Beschränkung auf monopolare HGÜ-Systeme stattfindet, ist der zusätzliche Freiheitsgrad bipolarer Anordnungen im Rahmen kurativer Maßnahmen zu untersuchen.

Die erfolgreiche Erprobung des gesamten HGÜ-RAS umfasst auch Ausfälle von Umrichtern als Teil des HGÜ-Netzes. Die Identifikation dieser Events beschränkt sich auf den Einsatz lokaler Messungen auf der AC-Seite der Umrichter. Eine Ergänzung um DC-seitige Größen stellt eine Erweiterung dar, die zusätzlich eine Identifikation von DC-Leitungsausausfällen ermöglicht. Um die im Rahmen der numerischen Fallstudien identifizierten Wechselwirkungen zwischen der DC-Spannungsregelung und dem vorgelagerten autonomen lokalen Regler im Falle von HGÜ-seitigen Fehlern vollständig zu vermeiden, kann anstelle des HGÜ-RAS eine optimierte DC-Spannungsregelug eingesetzt werden. Dafür existieren Ansätze, die eine Optimierung der p-u-Charakteristik zur Vermeidung von Netzsicherheitsverletzungen ermöglichen.

Die Ergebnisse der numerischen Fallstudien legen eine Ergänzung des HGÜ-RAS mit anderen kurativen Maßnahmen (z.B. kontinuierliche AP-Anpassungen bei Netzsicherheitsverletzungen im Rahmen der Leistungs-Frequenz-Regelung) nahe. Eine Koordination der Blindleistungsarbeitspunkte der Umrichter und Synchronmaschine, sowie etwaigen FACTS-Geräten im Rahmen einer AC-Spannungsregelung erscheint ebenfalls begründet.

7 Literaturverzeichnis

[1] A. J. Schwab, *Elektroenergiesysteme: Erzeugung, Transport, Übertragung und Verteilung elektrischer Energie,* 2nd ed.: Springer Berlin, 2009.

[2] Publications Office of the European Union, "EU 2020 and 2030 Climate and Energy framework," Luxembourg, 2014.

[3] Publications Office of the European Union, "Energy roadmap 2050," Luxembourg, 2012.

[4] Deutsche Bundesregierung, "Energiekonzept für eine umweltschonende, zuverlässige und bezahlbare Energieversorgung," [Online] Available: https://m.bundesregierung.de/Content/DE/_Anlagen/2017/11/2017-11-14-beschluss-kabinett-umwelt.pdf?__blob=publicationFile&v=1. Accessed on: Jan. 01 2018.

[5] *Gesetz für den Ausbau Erneuerbarer Energien (Erneuerbare-Energien-Gesetz - EEG 2017): EEG*, 2014.

[6] European Energy Agency, "Renewable energy in Europe – 2017 Update: Recent growth and knock-on effects," European Energy Agency, Luxembourg, 2017.

[7] *Renewables 2017: Global Status Report*. Montreal, QC, CA: REN21, 2017.

[8] Bundesministerium für Wirtschaft und Energie, Ed., "Erneuerbare Energien in Zahlen: Nationale und internationale Entwicklung im Jahr 2017," Sep. 2017. [Online] Available: http://www.bmwi.de/Redaktion/DE/Publikationen/Energie/erneuerbare-energien-in-zahlen-2016.pdf?__blob=publicationFile&v=16. Accessed on: Nov. 01 2018.

[9] Fraunhofer ISE, *energy-charts.de.* Available: www.energy-charts.de. Accessed on: Nov. 01 2018.

[10] Deutsche Energie Agentur (DENA), *DENA-Netzstudie II: Integration erneuerbarer Energien in die deutsche Stromversorgung im Zeitraum 2012 - 2020 mit Ausblick 2025.* [Online] Available: http://www.dena.de/. Accessed on: Jan. 10 2015.

[11] *Gesetz über den Bundesbedarfsplan: BBPlG*, 2013.

[12] 50Hertz Transmission GmbH, Amprion GmbH, TenneT TSO GmbH, TransnetBW GmbH, "Netzentwicklungsplan Strom 2030,, Version 2017," [Online] Available: http://www.netzentwicklungsplan.de/. Accessed on: Nov. 10 2017.

[13] ENTSO-E, "Ten Year Network Development Plan 2018," [Online] Available: http://tyndp.entsoe.eu/. Accessed on: Nov. 11 2017.

[14] *Gesetz zum Ausbau von Energieleitungen (Energieleitungsausbaugesetz): EnLAG*, 2016.

[15] *Netzausbaubeschleunigungsgesetz Übertragungsnetz: NABEG*, 2017.

[16] Bundesnetzagentur, *netzausbau.de.* [Online] Available: https://www.netzausbau.de. Accessed on: Nov. 05 2017.

[17] DPA, *Energiewende Stromnetzbetreiber Tennet meldet Rekordkosten für Noteingriffe.* [Online] Available: http://www.dw.com/de/stromnetzbetreiber-tennet-meldet-rekordkosten-f%C3%BCr-noteingriffe/a-41989177. Accessed on: Jan. 05 2018.

[18] netztransparenz.de, *Redispatch-Maßnahmen.* [Online] Available: https://www.netztransparenz.de/EnWG/Redispatch. Accessed on: Nov. 05 2017.

[19] BDEW, "Redispatch in Deutschland: Auswertung der Transparenzdaten," Oct. 2017.

[20] Bundesnetzagentur, "Monitoringbericht 2017," Bundesnetzagentur. [Online] Available: https://www.bundesnetzagentur.de/SharedDocs/Downloads/DE/Allgemeines/Bundesnetzagentur/Publikationen/Berichte/2017/Monitoringbericht_2017.pdf?__blob=publicationFile&v=4. Accessed on: Jan. 01 2018.

[21] Consentec GmbH, "Netzstresstest: Studie im Auftrag von TenneT TSO GmbH," Nov. 2016. [Online] Available: https://www.tennet.eu/de/unser-netz/rund-um-den-netzausbau/netzstresstest/. Accessed on: Jan. 01 2018.

[22] Dirk Westermann, "Technische Möglichkeiten des Netzausbaus," Jena, Apr. 24 2008.

[23] A. Ulbig, T. S. Borsche, and G. Andersson, "Impact of Low Rotational Inertia on Power System Stability and Operation," in *Proc. 2014 IFAC World Congress*, 2014.

[24] IFHT RWTH Aachen, "Studie zu Aspekten der elektrischen Systemstabilität im deutschen Übertragungsnetz bis 2023," 2016.

[25] *Supporting Document for the Network Code on Operational Security*, 2015.

[26] ENTSO-E, Subgroup "Protection and Dynamics", Ed., "Report on Special Protection Schemes," Brussel, Mar. 2012. [Online] Available: https://www.entsoe.eu/fileadmin/user_upload/_library/publications/entsoe/RG_SOC_CE/120425_RG_CE_TOP_06.5_D.2_SPS_report_1_.pdf. Accessed on: Aug. 05 2016.

[27] T. E. Dy-Liacco, "Enhancing power system security control," *IEEE Computer Applications in Power*, vol. 10, no. 3, pp. 38–41, 1997.

[28] *ENTSO-E Continental Europe Operation Handbook*, 2009.

[29] *ENTSO-E Network Code on Operational Security*, 2015.

[30] North American Electric Reliability Cooperation (NERC), Ed., "PRC-012-2 – Remedial Action Schemes (Final Draft)," North American Electric Reliability Cooperation (NERC) PRC-012-2, Apr. 2016.

[31] Y. Pipelzadeh, B. Chaudhuri, T. C. Green, G. Strbac, and R. Moreno, "An assessment of transient assistive measures using HVDC for special protection schemes:

case on the GB transmission system," in *Proc. 10th IET Conference on AC and DC Power Transmission (ACDC 2012)*, Birmingham, UK, Dec. 2012.

[32] B. Adhikari and C. A. Badachi, "Reliability assessment of special protection system at Kolar HVDC station," in *Proc. 2014 International Conference on Advances in Electronics Computers and Communications*, Bangalore, India, Oct. 2014.

[33] V. K. Agrawal, R. K. Porwal, R. Kumar, P. Vivek, and T. Muthukumar, "Deployment of System Protection Schemes for enhancing reliability of power system," in *Proc. 2014 International Conference on Advances in Electronics Computers and Communications*, Bangalore, India, 2004.

[34] J. Wen, P. Arons, and W.-H. E. Liu, "The role of Remedial Action Schemes in renewable generation integrations," in *Proc. 2010 Innovative Smart Grid Technologies (ISGT)*, Gaithersburg, USA, 2010.

[35] M. Aryanezhad, "An Iranian roadmap for special protection scheme with challenges of wind farms integration," in *Proc. 2016 21st Conference on Electrical Power Distribution Networks Conference (EPDC)*, Karaj, Iran, 2016.

[36] M. Derafshian, N. Amjady, and S. Dehghan, "Special protection scheme against voltage collapse," *IET Generation, Transmission & Distribution*, vol. 10, no. 2, pp. 341–351, 2016.

[37] D.-H. Choi, S. H. Lee, Y. C. Kang, and J.-W. Park, "Analysis on Special Protection Scheme of Korea Electric Power System by Fully Utilizing STATCOM in a Generation Side," *IEEE Transactions on Power Systems*, vol. 32, no. 3, pp. 1882–1890, 2017.

[38] B. Ingelsson, P.O. Lindstrom, D. Karlsson, G. Runvik, and J. O. Sjodin, "Special Protection Scheme against voltage collapse in the south part of swedish grid," in *Proc. Cigré Session 1996*, 1996, pp. 98–105.

[39] R.G. Correa da Silva *et al.*, "Special Protection Schemes in operation at Itaipu power plant," in *Proc. Cigré Session 2006*, 2006.

[40] N. Dhaliwal, J.B. Davis, D.A.N. Jacobson, and R. Gonzales, "Use of an integrated AC/DC special protection scheme at Manitoba Hydro," in *Proc. Cigré Session 2006*, 2006.

[41] O. Breidablik, F. Giaever, and I. Glende, "Innovative measures to increase the utilization of Norwegian transmission," in *Proc. 2003 IEEE Bologna Power Tech Conference Proceedings*, Bologna, Italy, 2003.

[42] CIGREÉ, "Combined AC/DC Transmision Systems: Benefits and Prospects of innovative Multilevel VSC Technologogies," Paris, 2014.

[43] WindEurope asbl/vzw, Ed., “TWENTIES project - Final Report,” Oct. 2013. [Online] Available: https://windeurope.org/about-wind/reports/twenties-project/. Accessed on: Jan. 01 2018.

[44] Friends of the Supergrid, “Roadmap to the Supergrid Technologoes: Update Report,” Jun. 2014.

[45] CIGRÉ Brochure 533, *HVDC Grid Feasibility Study*, 2013.

[46] *IEC 60050-601: Generation, transmission and distribution of electricity*, 1985.

[47] *ENTSO-E Network Code on High Voltage Direct Current Connections and DC-connected Power Park Modules*, 2016.

[48] S. Schlegel, *Wahrung der Netzsicherheit durch Nutzung flexibler Lasten am Beispiel des gesteuerten Ladens von Elektrofahrzeugen*. Ilmenau: Universitätsverlag Ilmenau, 2016.

[49] R. Schwerdfeger, *Vertikaler Netzbetrieb: Ein Ansatz zur Koordination von Netzbetriebsinstanzen verschiedener Netzebenen*. Ilmenau: Universitätsverlag Ilmenau, 2017.

[50] North American Electric Reliability Cooperation (NERC), “Glossary of Terms Used in NERC Reliability Standards: Updated September 29, 2016,” [Online] Available: http://www.nerc.com/files/glossary_of_terms.pdf. Accessed on: Nov. 10 2016.

[51] K. Morison, L. Wang, and P. Kundur, “Power system security assessment,” *IEEE Power and Energy Mag.*, vol. 2, no. 5, pp. 30–39, 2004.

[52] U. Kerin, G. Bizjak, E. Lerch, O. Ruhle, and R. Krebs, “Dynamic security assessment using time-domain simulator,” in *Proc. 2009 IEEE/PES Power Systems Conference and Exposition (PSCE)*, Seattle, USA, Mar. 2009.

[53] “Definition and Classification of Power System Stability IEEE/CIGRE Joint Task Force on Stability Terms and Definitions,” *IEEE Transactions on Power Systems*, vol. 19, no. 3, pp. 1387–1401, 2004.

[54] P. Kundur, N. J. Balu, and M. G. Lauby, *Power System Stability and Control*. New York: McGraw-Hill, 1994.

[55] M. Raza, E. Prieto-Araujo, and O. Gomis-Bellmunt, “Small Signal Stability Analysis of Offshore AC Network having Multiple VSC-HVDC System,” *IEEE Transactions on Power Delivery*, p. 1, 2017.

[56] J. Z. Zhou, H. Ding, S. Fan, Y. Zhang, and A. M. Gole, “Impact of Short-Circuit Ratio and Phase-Locked-Loop Parameters on the Small-Signal Behavior of a VSC-HVDC Converter,” (en), *IEEE Transactions on Power Delivery*, vol. 29, no. 5, pp. 2287–2296, 2014.

[57] D. van Hertem and R. H. Renner, "Ancillary services in electric power systems with HVDC grids," *IET Generation, Transmission & Distribution*, vol. 9, no. 11, pp. 1179–1185, 2015.

[58] Y. Tokiwa *et al.*, "Novel control strategies for HVDC system with self-contained converter," (da), *Electrical Engineering in Japan*, vol. 113, no. 5, pp. 1–13, 1993.

[59] T. M. Haileselassie and K. Uhlen, "Control of Multiterminal HVDC Transmission for Offshore Wind Energy," in *Proc. Nordic Wind Power Conference 2009*, Bornholm, Sep. 2009.

[60] T. K. Vrana, J. Beerten, R. Belmans, and O. B. Fosso, "A classification of DC node voltage control methods for HVDC grids," (en), *Electric Power Systems Research*, vol. 103, pp. 137–144, Oct. 2013.

[61] A.-K. Marten, *Operation of meshed high voltage direct current (HVDC) overlay grids*. Ilmenau: Universitätsverlag Ilmenau, 2015.

[62] Cigré Joint Working Group C4/B4/C1.604, "Influence of Embedded HVDC Transmission on System Security and AC Network Performance," Cigré, 2013.

[63] S.C. Müller, U. Häger, and C. Rehtanz, "Integrated coordination of AC power flow controllers and HVDC transmission by a multi-agent system," in *Proc. 2013 Workshop on Modeling and Simulation of Cyber-Physical Energy Systems (MSCPES)*, Berkeley, CA, USA, 2013.

[64] A.-K. Marten and D. Westermann, "Power flow participation by an embedded HVDC grid in an interconnected power system," in *Proc 3rd IEEE PES Innovative Smart Grid Technologies Europe (ISGT Europe)*, Berlin, Germany, 2012.

[65] K. Frey, K. Rudion, and J. Christian, "Automated operation approach for embedded HVDC links during (N-1)-condition in the AC system," in *Proc. 2016 IEEE International Energy Conference (ENERGYCON)*, Leuven, Belgium, Apr. 2016.

[66] P. L. Francos, S. S. Verdugo, H. F. Alvarez, S. Guyomarch, and J. Loncle, "INELFE — Europe's first integrated onshore HVDC interconnection," in *Proc. 2012 IEEE Power and Energy Society General Meeting*, San Diego, CA, 2012.

[67] S. de Boeck and D. van Hertem, "Coordination of multiple HVDC links in power systems during alert and emergency situations," in *Proc. 2013 IEEE PowerTech*, Grenoble, France, 2013.

[68] N. R. Chaudhuri, R. Majumder, B. Chaudhuri, and J. Pan, "Stability Analysis of VSC MTDC Grids Connected to Multimachine AC Systems," (en), *IEEE Transactions on Power Delivery*, vol. 26, no. 4, pp. 2774–2784, 2011.

[69] F. D. Bianchi and O. Gomis-Bellmunt, "Droop control design for multi-terminal VSC-HVDC grids based on LMI optimization," in *Proc 50th IEEE Conference on Decision and Control and European Control Conference*, Orlando, FL, USA, 2011.

[70] A. Egea-Alvarez, S. Fekriasl, F. Hassan, and O. Gomis-Bellmunt, “Advanced Vector Control for Voltage Source Converters Connected to Weak Grids,” (da), *IEEE Transactions on Power Systems*, vol. 30, no. 6, pp. 3072–3081, 2015.

[71] L. Shen *et al.*, “The Effect of VSC-HVDC Control on AC System Electromechanical Oscillations and DC System Dynamics,” *IEEE Transactions on Power Delivery*, vol. 31, no. 3, pp. 1085–1095, 2016.

[72] Weixing Lu and Boon Teck Ooi, “Simultaneous inter-area decoupling and local area damping by voltage source HVDC,” in *Proc. 2001 Winter Meeting of the IEEE Power Engineering Society*, Columbus, OH, USA, Jan. 2001, pp. 1079–1084.

[73] R. Preece, J. V. Milanovic, A. M. Almutairi, and O. Marjanovic, “Damping of inter-area oscillations in mixed AC/DC networks using WAMS based supplementary controller,” *IEEE Transactions on Power Systems*, vol. 28, no. 2, pp. 1160–1169, 2013.

[74] R. Preece and J. V. Milanovic, “Tuning of a Damping Controller for Multiterminal VSC-HVDC Grids Using the Probabilistic Collocation Method,” (en), *IEEE Transactions on Power Delivery*, vol. 29, no. 1, pp. 318–326, 2014.

[75] R. Eriksson, “A New Control Structure for Multiterminal DC Grids to Damp Inter-area Oscillations,” *IEEE Transactions on Power Delivery*, vol. 31, no. 3, pp. 990–998, 2016.

[76] S. Pirooz Azad, R. Iravani, and J. E. Tate, “Damping Inter-Area Oscillations Based on a Model Predictive Control (MPC) HVDC Supplementary Controller,” *IEEE Transactions on Power Systems*, vol. 28, no. 3, pp. 3174–3183, 2013.

[77] A. Fuchs, M. Imhof, T. Demiray, and M. Morari, “Stabilization of Large Power Systems Using VSC–HVDC and Model Predictive Control,” *IEEE Transactions on Power Delivery*, vol. 29, no. 1, pp. 480–488, 2014.

[78] H. F. Latorre, M. Ghandhari, and L. Soder, “Application of Control Lyapunov Functions to Voltage Source Converters-based High Voltage Direct Current for Improving Transient Stability,” in *Proc. 2007 IEEE Power Tech*, Lausanne, Switzerland, Jul. 2007, pp. 244–249.

[79] R. Eriksson, “Coordinated Control of Multiterminal DC Grid Power Injections for Improved Rotor-Angle Stability Based on Lyapunov Theory,” (en), *IEEE Transactions on Power Delivery*, vol. 29, no. 4, pp. 1789–1797, 2014.

[80] J. Renedo, A. Garcia-Cerrada, and L. Rouco, “Active Power Control Strategies for Transient Stability Enhancement of AC/DC Grids With VSC-HVDC Multi-Terminal Systems,” *IEEE Transactions on Power Systems*, vol. 31, no. 6, pp. 4595–4604, 2016.

[81] J. Renedo, A. Garcia-Cerrada, and L. Rouco, "Reactive-Power Coordination in VSC-HVDC Multi-Terminal Systems for Transient Stability Improvement," *IEEE Transactions on Power Systems*, p. 1, 2016.

[82] I. M. Sanz *et al.*, "Corrective control through Western HVDC link in future Great Britain transmission system," in *Proc. 2015 IEEE Power & Energy Society General Meeting*, Denver, CO, USA, Aug. 2015.

[83] Y. Phulpin, J. Hazra, and D. Ernst, "Model predictive control of HVDC power flow to improve transient stability in power systems," in *Proc. 2011 IEEE Second International Conference on Smart Grid Communications (SmartGridComm)*, Brussels, Belgium, Oct. 2011, pp. 593–598.

[84] D.L.H. Aik and G. Andersson, "Voltage stability analysis of multi-infeed HVDC systems," *IEEE Transactions on Power Delivery*, vol. 12, no. 3, pp. 1309–1318, 1997.

[85] E. Rakhshani, H. Mehrjerdi, N. A. Al-Emadi, and K. Rouzbehi, "On sizing the required energy of HVDC based inertia emulation for frequency control," in *Proc. 2017 IEEE Power & Energy Society General Meeting*, Chicago, IL, Jul. 2017.

[86] T. M. Haileselassie and K. Uhlen, "Primary frequency control of remote grids connected by multi-terminal HVDC," in *Proc. 2010 IEEE Power & Energy Society General Meeting*, Minneapolis, 2010.

[87] Y. Li, Z. Xu, J. Ostergaard, and D. J. Hill, "Coordinated Control Strategies for Offshore Wind Farm Integration via VSC-HVDC for System Frequency Support," *IEEE Transactions on Energy Conversion*, p. 1, 2017.

[88] J. Dai, Y. Phulpin, A. Sarlette, and D. Ernst, "Coordinated primary frequency control among non-synchronous systems connected by a multi-terminal high-voltage direct current grid," *IET Generation, Transmission & Distribution*, vol. 6, no. 2, p. 99, 2012.

[89] Li Shen, M. Barnes, R. Preece, and J. V. Milanovic, "Frequency stabilisation using VSC-HVDC," in *Proc. 2016 IEEE Power and Energy Society General Meeting*, Boston, MA, USA, Aug. 2016, pp. 1–5.

[90] A. G. Phadke and J. S. Thorp, *Synchronized Phasor Measurements and their Applications*. New York: Springer, 2008.

[91] O. P. Dahal, S. M. Brahma, and H. Cao, "Comprehensive Clustering of Disturbance Events Recorded by Phasor Measurement Units," *IEEE Trans. Power Delivery*, vol. 29, no. 3, pp. 1390–1397, 2014.

[92] M. Biswal *et al.*, "Signal features for classification of power system disturbances using PMU data," in *Proc. 2016 Power Systems Computation Conference (PSCC)*, Genoa, Italy, May. 2016.

[93] M. Chantler *et al.,* "The use of fault-recorder data for diagnosing timing and other related faults in electricity transmission networks," (en), *IEEE Trans. Power Systems*, vol. 15, no. 4, pp. 1388–1393, Nov. 2000.

[94] L. Yue, Z. Liao, and S. Huang, "Fault diagnosis based on fault recorder data and temporal constraint network in HV transmission system," in *Proc. 2010 International Conference on Green Circuits and Systems (ICGCS)*, Shanghai, China, Jun. 2010, pp. 561–566.

[95] North American Electric Reliability Cooperation (NERC), "PRC-002-2: Disturbance Monitoring and Reporing Requirements," [Online] Available: http://www.nerc.com/_layouts/PrintStandard.aspx?standardnumber=PRC-002-2&title=Disturbance%20Monitoring%20and%20Reporting%20Requirements&jurisdiction=United%20States. Accessed on: Feb. 17 2017.

[96] A. J. Allen, S.-W. Sohn, S. Santoso, and W. M. Grady, "Algorithm for screening PMU data for power system events," in *Proc. 3rd IEEE PES Innovative Smart Grid Technologies Europe (ISGT Europe)*, Berlin, Germany, 2012.

[97] Le Xie, Y. Chen, and P. R. Kumar, "Dimensionality Reduction of Synchrophasor Data for Early Event Detection: Linearized Analysis," *IEEE Trans. Power Syst.*, vol. 29, no. 6, pp. 2784–2794, 2014.

[98] D.-I. Kim, T. Y. Chun, S.-H. Yoon, G. Lee, and Y.-J. Shin, "Wavelet-Based Event Detection Method Using PMU Data," (gl), *IEEE Trans. Smart Grid*, pp. 1–9, 2015.

[99] A. Allen, M. Singh, E. Muljadi, and S. Santoso, "PMU Data Event Detection: A User Guide for Power Engineers," National Renewable Energy Labortory, 2014. [Online] Available: www.nrel.gov/publications. Accessed on: Oct. 01 2016.

[100] S. Brahma *et al.,* "Real-Time Identification of Dynamic Events in Power Systems Using PMU Data, and Potential Applications—Models, Promises, and Challenges," *IEEE Trans. Power Delivery*, vol. 32, no. 1, pp. 294–301, 2017.

[101] W. Gao and J. Ning, "Wavelet-Based Disturbance Analysis for Power System Wide-Area Monitoring," *IEEE Trans. Smart Grid*, vol. 2, no. 1, pp. 121–130, 2011.

[102] C.-T. Chen, *Linear system theory and design,* 4th ed. New York, N.Y., Oxford: Oxford University Press, 2014.

[103] Jun Yan *et al.,* "Effective and efficient dimensionality reduction for large-scale and streaming data preprocessing," *IEEE Trans. Knowl. Data Eng.*, vol. 18, no. 3, pp. 320–333, 2006.

[104] A.K.C. Wong and Yang Wang, "Pattern discovery: A data driven approach to decision support," *IEEE Trans. Syst., Man, Cybern. C*, vol. 33, no. 1, pp. 114–124, 2003.

[105] O. P. Dahal, H. Cao, S. Brahma, and R. Kavasseri, "Evaluating performance of classifiers for supervisory protection using disturbance data from phasor measurement units," in *Proc. 4th IEEE PES Innovative Smart Grid Technologies Conference Europe (ISGT-Europe)*, Istanbul, Turkey, 2014.

[106] Jian Ma, Y. V. Makarov, C. H. Miller, and T. B. Nguyen, "Use multi-dimensional ellipsoid to monitor dynamic behavior of power systems based on PMU measurement," in *Proc. 2008 Power and Energy Society General Meeting*, Pittsburgh, PA, USA, Jul. 2008.

[107] M. Biswal, S. M. Brahma, and H. Cao, "Supervisory Protection and Automated Event Diagnosis Using PMU Data," (en), *IEEE Trans. Power Delivery*, vol. 31, no. 4, pp. 1855–1863, 2016.

[108] R. G. Kavasseri, Y. Cui, and S. M. Brahma, "A new approach for event detection based on energy functions," in *Proc. 2014 IEEE PES General Meeting*, National Harbor, MD, USA, Jul. 2014.

[109] H. Mori, "State-of-the-art overview on data mining in power systems," in *Proc. 2006 IEEE PES General Meeting*, Montreal, Canada, Jul. 2006.

[110] J. Han and M. Kamber, *Data mining: Concepts and techniques,* 3rd ed. Haryana, India, Burlington, MA: Elsevier, 2012.

[111] K. R. Padiyar, *Structure preserving energy functions in power systems: Theory and applications*. Hoboken: CRC Press, 2013.

[112] J. Hazra and A. K. Sinha, "Identification of Catastrophic Failures in Power System Using Pattern Recognition and Fuzzy Estimation," (en), *IEEE Trans. Power Syst.*, vol. 24, no. 1, pp. 378–387, 2009.

[113] R. Sun and V. A. Centeno, "Wide Area System Islanding Contingency Detecting and Warning Scheme," (da), *IEEE Trans. Power Syst.*, vol. 29, no. 6, 2014.

[114] T. B. Littler and D. J. Morrow, "Wavelets for the analysis and compression of power system disturbances," (en), *IEEE Trans. Power Delivery*, vol. 14, no. 2, pp. 358–364, 1999.

[115] F. Gustafsson, L. Ljung, and M. Millnert, *Signal processing*. Lund [Suecia]: Studentlitteratur AB, 2010.

[116] M. R. Maurya, P. K. Paritosh, R. Rengaswamy, and V. Venkatasubramanian, "A framework for on-line trend extraction and fault diagnosis," *Engineering Applications of Artificial Intelligence*, vol. 23, no. 6, pp. 950–960, 2010.

[117] X. Gu, F. Deng, and J. Chen, "Fault identification for the large-scale system using trend analysis," in *Proc. 33rd Chinese Control Conference (CCC)*, Nanjing, China, 2014, pp. 3301–3306.

[118] L. Ye and E. Keogh, "Time series shapelets," in *Proc. 15th ACM SIGKDD international conference*, Paris, France, 2009.

[119] L. Hou, J. T. Kwok, and J. M. Zurada, "Efficient Learning of Timeseries Shapelets," in *Proc. 13th Conference on Artificial Intelligence*, 2016, pp. 1209–1215.

[120] M. Panteli and D. S. Kirschen, "Situation awareness in power systems: Theory, challenges and applications," *Electric Power Systems Research*, vol. 122, pp. 140–151, 2015.

[121] M. F. Ahern, "Cybersecurity in Power Systems," *IEEE Potentials*, vol. 36, no. 5, pp. 8–12, 2017.

[122] Rose Tsang, "Cyberthreats, Vulnerabilities and Attacks on SCADA Networks," Jan. 2010.

[123] Kim Zetter, *Inside the cunning unprecedented hack of ukraine's power grid.* [Online] Available: http://www.wired.com/2016/03/inside-cunning-unprecedented-hack-ukraines-power-grid/. Accessed on: Sep. 15 2017.

[124] IEC TC57 WG15, "IEC 62351 Security Standards for the Power System Information Infrastructure: White Paper,"

[125] F. Schettler, B. Whitehouse, D. Westermann, and et al., "CENELEC Working-group TC8x/WG06 - System Aspects of HVDC Grids," ongoing.

[126] V. Crastan and D. Westermann, *Elektrische Energieversorgung 3: Dynamik, Regelung und Stabilität, Versorgungsqualität, Netzplanung, Betriebsplanung und -führung, Leit- und Informationstechnik, FACTS, HGÜ.* Berlin, s.l.: Springer Berlin, 2017.

[127] V. Staudt *et al.,* "Control concept including validation strategy for an AC/DC hybrid link (»Ultranet«)," in *Proc. 2014 IEEE Energy Conversion Congress and Exposition (ECCE)*, Pittsburgh, PA, USA, 2014, pp. 750–757.

[128] A.S. Debs and A.R. Benson, "Security Assessment of Power Systems," *Proceedings Engineering Foundation Conference on Systems Engineering for Power: Status and Prospects*, vol. 1975, pp. 144–176, 1975.

[129] G. Ejebe and B. Wollenberg, "Automatic Contingency Selection," *IEEE Trans. on Power Apparatus and Syst.*, vol. PAS-98, no. 1, pp. 97–109, Jan. 1979.

[130] J. Beerten and R. Belmans, "Analysis of Power Sharing and Voltage Deviations in Droop-Controlled DC Grids," (en), *IEEE Trans. Power Syst.*, vol. 28, no. 4, pp. 4588–4597, 2013.

[131] J. Beerten, *Modeling and Control of DC Grids (Modellering en controle van DC netten)*. Leuven, 2013.

[132] C. Reis and F.P.M. Barbosa, “A Comparison of Voltage Stability Indices,” in *Proc. 2006 IEEE Mediterranean Electrotechnical Conference (MELECON)*, Benalmadena, Spain, 2006, pp. 1007–1010.

[133] S. Huang, Y. Chen, C. Shen, W. Xue, and J. Wang, “Feasibility Study on Online DSA Through Distributed Time Domain Simulations in WAN,” *IEEE Trans. Power Syst.*, vol. 27, no. 3, pp. 1214–1224, 2012.

[134] A. Tiwari and V. Ajjarapu, “Event Identification and Contingency Assessment for Voltage Stability via PMU,” in *Proc 39th North American Power Symposium*, Las Cruces, NM, USA, 2007, pp. 413–420.

[135] R. Krebs, “Digital Twin: From Power System Database to Dynamic Digital Mirror,” IEEE PES General Meeting 2017. Chicago, Jul. 19 2017.

[136] S. Kämpfer, Ed., *Schaltanlagen-Handbuch,* 12th ed. Berlin: Cornelsen, 2011.

[137] T. Weckesser, H. Johannsson, and J. Ostergaard, “Impact of model detail of synchronous machines on real-time transient stability assessment,” in *2013 IREP Symposium Bulk Power System Dynamics and Control - IX Optimization, Security and Control of Emerging Power Grid (IREP)*, Rethymno, Greece, 2013.

[138] G.P.T. Roelofs, “Effects of load modelling on the behaviour of power systems,” *International Journal of Electrical Power & Energy Systems*, vol. 11, no. 4, pp. 289–292, 1989.

[139] T. Bi, H. Liu, Q. Feng, C. Qian, and Y. Liu, “Dynamic Phasor Model-Based Synchrophasor Estimation Algorithm for M-Class PMU,” *IEEE Trans. Power Delivery*, vol. 30, no. 3, pp. 1162–1171, 2015.

[140] D. R. Gurusinghe, A. D. Rajapakse, and D. Muthumuni, “Modeling of a Synchrophasor Measurement Unit in an Electromagnetic Transient Simulation Program,” in *Proc. of International Conference on Power System Transients (ICPST)*, Vancouver, 2013.

[141] F. Milano, *Power System Modelling and Scripting*. Berlin, Heidelberg: Springer-Verlag Berlin Heidelberg, 2010.

[142] R. Barth, P. Meibom, and C. Weber, “Simulation of short-term forecasts of wind and load for a stochastic scheduling model,” in *Proc. 2011 IEEE PES General Meeting*, Detroit, USA, Jul. 2011.

[143] M. Kleine, V. Staudt, A. Steimel, D. Meyer, and C. Heising, “Power-Transmission via a MMC-based HVDC System for the Rededication of Existing AC-Lines,” in *Proc. 2016 NEIS Conference*, Hamburg, Germany, 2016.

[144] ENTSO-E, “Common Grid Model Methodology: Consultation Version,” Feb. 2016.

[145] Y. Liang, "Improved coherency-based wide-band equivalents for real time digital simulators," in *Proc. IEEE PES General Meeting*, Detroit, MI, USA, Jul. 2011.

[146] U. D. Annakkage *et al.*, "Dynamic System Equivalents: A Survey of Available Techniques," *IEEE Trans. Power Delivery*, vol. 27, no. 1, pp. 411–420, 2012.

[147] O. Alsac and B. Stott, "Optimal Load Flow with Steady-State Security," (en), *IEEE Trans. on Power Apparatus and Systems*, vol. 93, no. 3, pp. 745–751, 1974.

[148] H. Dommel and W. Tinney, "Optimal Power Flow Solutions," *IEEE Trans. on Power Apparatus and Systems*, vol. PAS-87, no. 10, pp. 1866–1876, Oct. 1968.

[149] A. Monticelli, M. Pereira, and S. Granville, "Security-Constrained Optimal Power Flow with Post-Contingency Corrective Rescheduling," *IEEE Power Engineering Review*, vol. PER-7, no. 2, pp. 43–44, Feb. 1987.

[150] Feng Dong, "Practical applications of Preventive Security Constrained Optimal Power Flow," in *Proc. 2012 IEEE PES General Meeting*, San Diego, Jul. 2012.

[151] C.-H. Huang *et al.*, "A preventive security-constrained optimal power flow with hybrid genetic-ant colony optimization," in *Proc. 2010 International Symposium on Computer, Communication, Control and Automation (3CA)*, Tainan, Taiwan, 2010, pp. 349–352.

[152] F. Capitanescu *et al.*, "State-of-the-art, challenges, and future trends in security constrained optimal power flow," (en), *Electric Power Systems Research*, vol. 81, no. 8, pp. 1731–1741, 2011.

[153] A. Vergnol, J. Sprooten, B. Robyns, V. Rious, and J. Deuse, "Line overload alleviation through corrective control in presence of wind energy," *Electric Power Systems Research*, vol. 81, no. 7, pp. 1583–1591, 2011.

[154] K. W. Hedman, R. P. O'Neill, E. B. Fisher, and S. S. Oren, "Optimal Transmission Switching With Contingency Analysis," *IEEE Trans. Power Syst.*, vol. 24, no. 3, pp. 1577–1586, 2009.

[155] A. A. Mazi, B. F. Wollenberg, and M. H. Hesse, "Corrective Control of Power System Flows by Line and Bus-Bar Switching," *IEEE Trans. Power Syst.*, vol. 1, no. 3, pp. 258–264, 1986.

[156] W. Shao and V. Vittal, "Corrective Switching Algorithm for Relieving Overloads and Voltage Violations," *IEEE Trans. Power Syst.*, vol. 20, no. 4, pp. 1877–1885, 2005.

[157] A. Pizano-Martinez, C. R. Fuerte-Esquivel, and H. Ambriz-Perez, "Modeling of VSC-Based HVDC Systems for a Newton-Raphson OPF Algorithm," *IEEE Transactions on Power Systems*, vol. 22, no. 4, pp. 1794–1803, Nov. 2007.

[158] R. Wiget and G. Andersson, "DC optimal power flow including HVDC grids," in *Proc. 2013 IEEE Electrical Power & Energy Conference (EPEC)*, Halifax, NS, Canada, Aug. 2013.

[159] J. Beerten, S. Cole, and R. Belmans, "Modeling of Multi-Terminal VSC HVDC Systems With Distributed DC Voltage Control," *IEEE Transactions on Power Systems*, vol. 29, no. 1, pp. 34–42, Jan. 2014.

[160] T. Modeer, H.-P. Nees, and S. Norrga, "Loss comparison of different sub-module implementations for modular multilevel converters in HVDC applications," in *Proc. 14th European Conference on Power Electronics and Applications*, 2011.

[161] V. Saplamidis, R. Wiget, and G. Andersson, "Security constrained Optimal Power Flow for mixed AC and multi-terminal HVDC grids," in *Proc. 2015 IEEE Eindhoven PowerTech*, Eindhoven, Netherlands, 2015.

[162] T. Sennewald, F. Sass, and D. Westermann, "A Preventive Security Constrained Optimal Power Flow for Mixed AC-HVDC-Systems," in *Proc. 13th IET International Conference on AC and DC Power Transmission (ACDC 2017)*, Manchester, UK, Feb. 2017.

[163] S. Chatzivasileiadis and G. Andersson, "Security constrained OPF incorporating corrective control of HVDC," in *Proc. 18th Power Systems Computation Conference*, Wrocław, Poland, 2014.

[164] R. Wiget, E. Iggland, and G. Andersson, "Security Constrained Optimal Power Flow for HVAC and HVDC Grids," in *Proc. 18th Power Systems Computation Conference*, Wrocław, Poland, 2014.

[165] J. Cao, W. Du, and H. F. Wang, "An Improved Corrective Security Constrained OPF for Meshed AC/DC Grids With Multi-Terminal VSC-HVDC," *IEEE Trans. Power Syst.*, vol. 31, no. 1, pp. 485–495, 2016.

[166] R. Storm and K. Price, "Differential Evolution: a simple and efficient adaptive scheme for global Optimization over Continuous Spaces," *Berkley ICSI*, 1995.

[167] Y. Malachi and S. Singer, "A Genetic Algorithm for the Corrective Control of Voltage and Reactive Power," *IEEE Trans. Power Syst.*, vol. 21, no. 1, pp. 295–300, 2006.

[168] D. Thukaram, S. Lakpathi, K. Ravishankar, and S. Surendra, "Reactive power optimization with different objectives in large power systems including HVDC systems and FACTS devices," in *Proc. 2009 International Conference on Power Systems*, Kharagpur, India, 2009.

[169] U. Kilic and K. Ayan, "A new approach for optimal reactive power flow solution of multi-terminal HVDC systems using genetic algorithm," in *Proc. 2013 3rd International Conference on Electric Power and Energy Conversion Systems*, Istanbul, Turkey, Oct. 2013.

[170] M. Aragüés-Peñalba, A. Egea-Àlvarez, O. Gomis-Bellmunt, and A. Sumper, "Optimum voltage control for loss minimization in HVDC multi-terminal transmission systems for large offshore wind farms," (en), *Electric Power Systems Research*, vol. 89, pp. 54–63, 2012.

[171] W. Feng, L. B. Tjernberg, L. A. Tuan, A. Mannikoff, and A. Bergman, "An extended OPF incorporating multi-terminal VSC-HVDC and its application on transmission loss evaluation," in *Proc. 2013 IEEE Grenoble PowerTech*, Grenoble, France, 2013.

[172] R. H. Renner, *Interaction of HVDC Grids and AC Power Systems: Operation and Control*. Leuven, 2016.

[173] A.-K. Marten, F. Sass, and D. Westermann, "Mixed AC/DC OPF using differential evolution for global minima identification," in *Proc. IEEE PowerTech Eindhoven*, Eindhoven, Netherlands, 2015.

[174] A.-K. Marten and D. Westermann, "Local HVDC Grid Operation with Multiple TSO Coordination at a Global Optimum," in *Proc. 2014 IEEE International Energy Conference (Energycon)*, Dubrovnik, Croatia, Apr. 2014.

[175] G. O. Kalcon, G. P. Adam, O. Anaya-Lara, S. Lo, and K. Uhlen, "Small-Signal Stability Analysis of Multi-Terminal VSC-Based DC Transmission Systems," (af), *IEEE Trans. Power Syst.*, vol. 27, no. 4, pp. 1818–1830, 2012.

[176] M. Abedrabbo *et al.*, "Impact of DC grid contingencies on AC system stability," in *Proc. 13th IET International Conference on AC and DC Power Transmission (ACDC 2017)*, Manchester, UK, Feb. 2017.

[177] J. Machowski, J. W. Bialek, and J. R. Bumby, *Power system dynamics: Stability and control,* 2nd ed. Chichester, Chichester: Wiley, 2012.

[178] CIGRÈ Working Group B4.58, "Control methodologies for direct voltage and power flow in a meshed HVDC Grid," 2017.

[179] J. Beerten and D. van Hertem, "Analysis of power redispatch schemes for HVDC grid secondary voltage control," in *Proc. 2015 IEEE PES General Meeting*, Denver, USA, Jul. 2015.

[180] A. Egea-Alvarez, J. Beerten, D. van Hertem, and O. Gomis-Bellmunt, "Hierarchical power control of multiterminal HVDC grids," *Electric Power Systems Research*, vol. 121, pp. 207–215, 2015.

[181] T. M. Haileselassie, A. G. Endegnanew, and K. Uhlen, "Secondary control in multi-terminal VSC-HVDC transmission system," in *Proc. 2015 IEEE PES General Meeting*, Denver, USA, Jul. 2015.

[182] GARPUR Consortium, "Functional analysis of System Operation processes," Nov. 2015. [Online] Available: https://www.sintef.no/globalassets/project/garpur/deliverables/garpur-d6.1-functional-analysis-system-operation.pdf. Accessed on: Feb. 20 2018.

[183] Cigré Working Group B4.57 / B4-58, "The CIGRÉ B4 DC Grid Test System,"

[184] F. Sass, T. Sennewald, A.-K. Marten, and D. Westermann, "Mixed AC high-voltage direct current benchmark test system for security constrained optimal power flow calculation," *IET Generation, Transmission & Distribution*, vol. 11, no. 2, pp. 447–455, 2017.

[185] Rich Christie, *Power Systems Test Case Archive.* [Online] Available: https://www.ee.washington.edu/research/pstca/. Accessed on: 2016.

[186] The University of Edinburgh, *Power System Test Case Archive.* [Online] Available: http://www.maths.ed.ac.uk/optenergy/NetworkData/39buscase/. Accessed on: 2016.

[187] C. Grigg *et al.,* "The IEEE Reliability Test System-1996. A report prepared by the Reliability Test System Task Force of the Application of Probability Methods Subcommittee," (en), *IEEE Trans. Power Syst.*, vol. 14, no. 3, pp. 1010–1020, 1999.

[188] L.T.G. Lima, Thierry Van Cutsem, M. Glavic, and Costas Voumas, "Test Systems for Voltage Stability Analysis and Security Assessment: Technical Report PES-TR19," IEEE Power Engineering Society, Aug. 2015.

[189] Cigré Working Group B4.57, "Guide for the Development of Models for HVDC Converters in a HVDC Grid," Cigré, 2014.

[190] M. Baradar, M. R. Hesamzadeh, and M. Ghandhari, "Modelling of multi-terminal HVDC systems in optimal power flow formulation," in *Proc. 2012 IEEE Electrical Power and Energy Conference (EPEC)*, Aug. 2012.

[191] M. Vrakopoulou *et al.,* "A unified analysis of security-constrained OPF formulations considering uncertainty, risk, and controllability in single and multi-area systems," in *Proc. 2013 IREP Symposium*, Rethymno, Greece, 2013, pp. 1–19.

[192] E. Iggland, R. Wiget, S. Chatzivasileiadis, and G. Anderson, "Multi-Area DC-OPF for HVAC and HVDC Grids," (en), *IEEE Trans. Power Syst.*, vol. 30, no. 5, pp. 2450–2459, 2015.

[193] M. Vrakopoulou, S. Chatzivasileiadis, and G. Andersson, "Probabilistic security-constrained optimal power flow including the controllability of HVDC lines," in

Proc. 4th IEEE Innovative Smart Grid Technologies Europe (ISGT), Lyngby, Denmark, Oct. 2013.

[194] W. Feng, A. Le Tuan, L. B. Tjernberg, A. Mannikoff, and A. Bergman, “A New Approach for Benefit Evaluation of Multiterminal VSC–HVDC Using A Proposed Mixed AC/DC Optimal Power Flow,” (en), *IEEE Trans. Power Delivery*, vol. 29, no. 1, pp. 432–443, 2014.

[195] R. Eriksson, J. Beerten, M. Ghandhari, and R. Belmans, “Optimizing DC Voltage Droop Settings for AC/DC System Interactions,” (da), *IEEE Trans. Power Delivery*, vol. 29, no. 1, pp. 362–369, 2014.

[196] G. Hosemann, *Elektrische Energietechnik,* 30th ed. Berlin, Heidelberg: Springer, 2001.

[197] F. Kiessling, P. Nefger, and U. Kaintzyk, *Overhead Power Lines: Planning, Design, Construction*. London: Springer, 2003.

[198] A. G. Phadke and B. Kasztenny, “Synchronized Phasor and Frequency Measurement Under Transient Conditions,” *IEEE Transactions on Power Delivery*, vol. 24, no. 1, pp. 89–95, Dec. 2009.

[199] Institute of Electrical and Electronics Engineers, *IEEE guide for synchronous generator modeling practices and applications in power system stability analyses*. New York: IEEE, 2003.

[200] *IEEE Recommended Practice for Excitation System Models for Power System Stability Studies*, 2016.

[201] B. Stott, “Power system dynamic response calculations,” *Proceedings of the IEEE*, vol. 67, no. 2, pp. 219–241, 1979.

[202] B. R. Oswald, *Berechnung von Drehstromnetzen: Berechnung stationärer und nichtstationärer Vorgänge mit Symmetrischen Komponenten und Raumzeigern,* 2nd ed. Wiesbaden: Springer Vieweg, 2013.

[203] *IEEE Guide for Synchronous Generator Modeling Practices and Applications in Power System Stability Analyses*, IEEE Std 1110-2002, 2003.

[204] S. Cole and R. Belmans, “A proposal for standard VSC HVDC dynamic models in power system stability studies,” *Electric Power Systems Research*, vol. 81, no. 4, pp. 967–973, 2011.

[205] S. Cole, “Steady State and Synamic Modelling of VSC HVDC Systems for Power System Simulation (Dissertation),” Ph.D. Dissertation, Dep. Electrical Engineering, Katholieke Universiteit Leuven, Leuven, 2010.

[206] H.F.S. Latorre, “Modeling and Control of VSC-HVDC Transmissions (Dissertation),” Ph.D. Dissertation, Royal Institute of Technology Stockholm, Stockholm, 2011.

[207] N.-T. Trinh, M. Zeller, K. Wuerflinger, and I. Erlich, “Generic Model of MMC-VSC-HVDC for Interaction Study With AC Power System,” (en), *IEEE Trans. Power Syst.*, vol. 31, no. 1, pp. 27–34, 2016.

[208] C. O. Heyde, *Dynamic voltage security assessment for on-line control room application,* 1st ed. Magdeburg: Otto-von-Guericke-Univ, 2010.

[209] J. Beerten, S. D'Arco, and J. A. Suul, “Identification and Small-Signal Analysis of Interaction Modes in VSC MTDC Systems,” (en), *IEEE Trans. Power Delivery*, vol. 31, no. 2, pp. 888–897, 2016.

[210] S. D'Arco, J. A. Suul, and M. Molinas, “Implementation and analysis of a control scheme for damping of oscillations in VSC-based HVDC grids,” in *Proc. 16th International Power Electronics and Motion Control Conference (PEMC)*, Antalya, Turkey, 2014, pp. 586–593.

[211] J. Beerten, D. van Hertem, and R. Belmans, “VSC MTDC systems with a distributed DC voltage control - A power flow approach,” in *Proc. 2011 IEEE PES PowerTech*, Trondheim, Norway, 2011.

[212] S. Schlegel, R. Schwerdfeger, D. Westermann, and A. Kuester, “Modelling of transmission system operation in Europe for enhanced security of supply,” in *Proc. IEEE Eurocon 2013*, Zagreb, Croatia, Jul. 2013, pp. 1222–1226.

[213] A. Kubis and C. Rehtanz, “Application of a combined electro-thermal overhead line model in power flow and time-domain power system simulations,” *IET Gener. Transm. Distrib.*, vol. 11, no. 8, pp. 2041–2049, 2017.

[214] F. Sass, M. Wolfram, A. K. Marten, G. Scheibner, and D. Westermann, “Flexible Operation of VSC-HVDC and Phase Shifting Transformers for next generation of Transmission System Control Centres,” in *Proc. CIGRÉ Symposium 2017*, Dublin, Ireland, May. 2017.

[215] G. Pinares, L. B. Tjernberg, L. A. Tuan, C. Breitholtz, and A.-A. Edris, “On the analysis of the dc dynamics of multi-terminal VSC-HVDC systems using small signal modeling,” in *Proc. 2013 IEEE Grenoble PowerTech*, Grenoble, France, 2013.

[216] A. G. Endegnanew, K. Uhlen, T. M. Haileselassie, and O. Anaya-Lara, “Transient stability analysis in multi-terminal VSC-HVDC grids,” in *Proc. 2016 Power Systems Computation Conference (PSCC)*, Genoa, Italy, 2016.

[217] B. K. Johnson, R. H. Lasseter, F. L. Alvarado, and R. Adapa, “Expandable multiterminal DC systems based on voltage droop,” (ca), *IEEE Trans. Power Delivery*, vol. 8, no. 4, pp. 1926–1932, 1993.

[218] L. V. Kantorovich, “Mathematical Methods of Organizing and Planning Production,” *Management Science*, vol. 6, no. 4, pp. 366–422, 1960.

[219] G. B. Dantzig, *Linear Programming and Extensions*: Princeton University Press, 2016.

[220] N. Karmarkar, “A new polynomial-time algorithm for linear programming,” *Combinatorica*, vol. 4, no. 4, pp. 373–395, 1984.

[221] R. E. Griffith and R. A. Stewart, “A Nonlinear Programming Technique for the Optimization of Continuous Processing Systems,” *Management Science*, vol. 7, no. 4, pp. 379–392, 1961.

[222] L. Castaing, M.-S. Debry, G. Bareux, and O. Beck, “Optimal operation of HVDC links embedded in an AC network,” in *Proc. 2013 IEEE PowerTech*, Grenoble, France, Jun. 2013.

[223] K. Ponnambalam, V. H. Quintana, and A. Vannelli, “A fast algorithm for power system optimization problems using an interior point method,” in *Conference papers*, Baltimore, MD, USA, op. 1991, pp. 393–400.

[224] J. A. Momoh, S. X. Guo, E. C. Ogbuobiri, and R. Adapa, “The quadratic interior point method solving power system optimization problems,” *IEEE Trans. Power Syst.*, vol. 9, no. 3, pp. 1327–1336, 1994.

[225] H. Wei, H. Sasaki, and R. Yokoyama, “An application of interior point quadratic programming algorithm to power system optimization problems,” *IEEE Trans. Power Syst.*, vol. 11, no. 1, pp. 260–266, 1996.

[226] X. Yan and V. H. Quintana, “An efficient predictor-corrector interior point algorithm for security-constrained economic dispatch,” *IEEE Trans. Power Syst.*, vol. 12, no. 2, pp. 803–810, 1997.

[227] L. S. Vargas, V. H. Quintana, and A. Vannelli, “A tutorial description of an interior point method and its applications to security-constrained economic dispatch,” *IEEE Trans. Power Syst.*, vol. 8, no. 3, pp. 1315–1324, 1993.

[228] S.-S. Lee, Y. T. Yoon, S.-I. Moon, and J.-K. Park, “VSC-HVDC model-based power system optimal power flow algorithm and analysis,” in *Proc. IEEE Power and Energy Society general meeting (PES), 2013*, Vancouver, Canada, 2013.

[229] W. Huang, Z. Wei, G. Sun, Q. Li, and J. Liu, “A novel hybrid MTDC model for optimal power flow using interior-point method,” in *Proc. 5th IEEE International Conference on Electric Utility Deregulation and Restructuring and Power Technologies (DRPT2015)*, Changsha, China, 2015.

[230] J. A. Momoh, R. Adapa, and M. E. El-Hawary, “A review of selected optimal power flow literature to 1993. I. Nonlinear and quadratic programming approaches,” *IEEE Transactions on Power Systems*, vol. 14, no. 1, pp. 96–104, Feb. 1999.

[231] J. A. Momoh, M. E. El-Hawary, and R. Adapa, “A review of selected optimal power flow literature to 1993. II. Newton, linear programming and interior point

methods," *IEEE Transactions on Power Systems*, vol. 14, no. 1, pp. 105–111, Feb. 1999.

[232] W. A. Bukhsh, A. Grothey, McKinnon, Ken I. M., and P. A. Trodden, "Local Solutions of the Optimal Power Flow Problem," (en), *IEEE Trans. Power Systems*, vol. 28, no. 4, pp. 4780–4788, 2013.

[233] M. Dorigo, M. Birattari, and T. Stützle, "Ant Colony Optimization - Artificial Ants as a Computational Intelligence Technique," *IEEE computation intelligent conference*, vol. 1, pp. 28–39, 2006.

[234] J. Kennedy and R. Eberhart, "Particle swarm optimization," in *Proc. 1995 IEEE International Conference on Neural Networks*, Perth, Australia, Nov. 1995, pp. 1942–1948.

[235] K. Weicker, *Evolutionäre Algorithmen,* 3rd ed. Wiesbaden: Springer Fachmedien, 2015.

[236] W. Banzhaf, *Genetic programming: An introduction ; on the automatic evolution of computer programs and its applications*. San Francisco, Calif.: Kaufmann [u.a.], 2009.

[237] G. Lirui, H. Limin, Z. Liguo, L. Weina, and H. Jie, "Reactive Power Optimization for distribution systems based on Dual Population Ant Colony Optimization," in *Proc. 27th Chinese Control Conference*, Kunming, China, 2008, pp. 89–93.

[238] G. Y. Yang, Z. Y. Dong, and K. P. Wong, "A Modified Differential Evolution Algorithm With Fitness Sharing for Power System Planning," *IEEE Trans. Power Syst.*, vol. 23, no. 2, pp. 514–522, 2008.

[239] H. A. Hejazi, H. R. Mohabati, S. H. Hosseinian, and M. Abedi, "Differential Evolution Algorithm for Security-Constrained Energy and Reserve Optimization Considering Credible Contingencies," (en), *IEEE Trans. Power Syst.*, vol. 26, no. 3, pp. 1145–1155, 2011.

[240] K. Vaisakh and L. R. Srinivas, "Unit commitment by Genetic Evolving Ant Colony Optimization," in *Proc. 2009 World Congress on Nature & Biologically Inspired Computing*, Coimbatore, India, Dec. 2009, pp. 1162–1167.

[241] T. O. Ting, M.V.C. Rao, and C. K. Loo, "A Novel Approach for Unit Commitment Problem via an Effective Hybrid Particle Swarm Optimization," *IEEE Trans. Power Syst.*, vol. 21, no. 1, pp. 411–418, 2006.

[242] K. T. Chaturvedi, M. Pandit, and L. Srivastava, "Self-Organizing Hierarchical Particle Swarm Optimization for Nonconvex Economic Dispatch," *IEEE Trans. Power Syst.*, vol. 23, no. 3, pp. 1079–1087, 2008.

[243] A. I. Selvakumar and K. Thanushkodi, “A New Particle Swarm Optimization Solution to Nonconvex Economic Dispatch Problems,” *IEEE Trans. Power Syst.*, vol. 22, no. 1, pp. 42–51, 2007.

[244] H. R. Cai, C. Y. Chung, and K. P. Wong, “Application of Differential Evolution Algorithm for Transient Stability Constrained Optimal Power Flow,” *IEEE Trans. Power Syst.*, vol. 23, no. 2, pp. 719–728, 2008.

[245] B. Mahdad and K. Srairi, “Differential evolution for optimal power flow considering shunt FACTS under contingency situation,” in *Proc. 6th International Conference on Sciences of Electronic, Technologies of Information and Telecommunications (SETIT)*, Sousse, Tunisia, 2006, pp. 121–127.

[246] T. S. Chung and Y. Z. Li, “A hybrid GA approach for OPF with consideration of FACTS devices,” (en), *IEEE Power Eng. Rev.*, vol. 20, no. 8, pp. 54–57, 2000.

[247] Y. Xu, Z. Y. Dong, R. Zhang, K. P. Wong, and M. Lai, “Solving Preventive-Corrective SCOPF by a Hybrid Computational Strategy,” *IEEE Trans. Power Syst.*, vol. 29, no. 3, pp. 1345–1355, 2014.

[248] J. Vesterstrom and R. Thomsen, “A comparative study of differential evolution, particle swarm optimization, and evolutionary algorithms on numerical benchmark problems,” in *Proc. 2004 Congress on Evolutionary Computation*, Portland, OR, USA, 2004, pp. 1980–1987.

[249] C. N. Ravi and C. C. A. Rajan, “A comparative analysis of differential evolution and genetic algorithm for solving optimal power flow,” in *Proc. 2012 5th IEEE Power India Conference*, Murthal, Haryana, India, Dec. 2012.

[250] M. N. Suharto, M. Y. Hassan, M. S. Majid, M. P. Abdullah, and F. Hussin, “Optimal power flow solution using evolutionary computation techniques,” in *Proc. 2011 IEEE Region 10 Technical Conference (TENCON)*, Bali, Indonesia, Nov. 2011, pp. 113–117.

[251] A. K. Qin, V. L. Huang, and P. N. Suganthan, “Differential Evolution Algorithm With Strategy Adaptation for Global Numerical Optimization,” *IEEE Trans. Evol. Computat.*, vol. 13, no. 2, pp. 398–417, 2009.

[252] M. R. Nayak, K. R. Krishnanand, and P. K. Rout, “Modified differential evolution optimization algorithm for multi-constraint optimal power flow,” in *Proc. 2011 International Conference on Energy, Automation, and Signal (ICEAS)*, Bhubaneswar, India, 2011.

[253] G. Strbac, “Benders decomposition applied to OPF problems,” in *Proc. 1997 IEEE Colloquium on Optimal Power Flow*, London, UK, 1997.

[254] J. Mohammadi, G. Hug, and S. Kar, "A benders decomposition approach to corrective security constrained OPF with power flow control devices," in *Proc. 2013 IEEE Power & Energy Society (PES) General Meeting*, Vancouver, Jul. 2013, pp. 1–5.

[255] D. Phan and J. Kalagnanam, "Some Efficient Optimization Methods for Solving the Security-Constrained Optimal Power Flow Problem," *IEEE Trans. Power Syst.*, vol. 29, no. 2, pp. 863–872, 2014.

[256] R. Mallipeddi and P. N. Suganthan, "Ensemble of Constraint Handling Techniques," (af), *IEEE Trans. Evol. Computat.*, vol. 14, no. 4, pp. 561–579, 2010.

[257] P. S. Manoharan, P. S. Kannan, S. Baskar, and M. W. Iruthayarajan, "Penalty parameter-less constraint handling scheme based evolutionary algorithm solutions to economic dispatch," (da), *IET Generation, Transmission & Distribution*, vol. 2, no. 4, p. 478, Jun. 2008.

[258] B. Tessema and G. G. Yen, "A Self Adaptive Penalty Function Based Algorithm for Constrained Optimization," in *Proc. 2006 IEEE International Conference on Evolutionary Computation*, Vancouver, BC, Canada, 2006, pp. 246–253.

A. Anhang

A.1 Lokale Spannungsregelung der VSC und DC-Stabilität

Stabilitätsbetrachtungen innerhalb des DC-Systems beschränken sich auf das Phänomen der DC-Spannungsstabilität. Diese wird entsprechend der direkten Abhängigkeit von der Energiebilanz auf der Gleichspannungs-Seite auch als DC-Energiestabilität bezeichnet. Die Betrachtungen sind ebenfalls in den Klein- und Großsignal-Bereich gegliedert. Während erstere insbesondere die Ausbreitung von DC-seitigen Schwingungsmoden in Abhängigkeit zur Parametrierung der Umrichter-nahen Regler [55, 71, 209, 215] adressiert, umfasst die Großsignal-Stabilität signifikante DC-seitige Störungen, wie den Ausfall von Umrichtern. Das System ist stabil, wenn die verbleibenden Regler einen neuen stationären Zustand der DC-Spannung gewährleisten. So untersucht [216] beispielsweise die maximal zulässige Dauer einer Kurzunterbrechung eines Umrichters im vermaschten HGÜ-System.

Der Einsatz einer lokalen Spannungsregelung an allen Umrichterknoten eines vermaschten HGÜ-Netzes wird entsprechend des aktuellen Stands der Forschung als obligatorisch angesehen (vgl. [59, 61, 131]). Entsprechend einer jedem Umrichter vorgegebenen *p-u* (*i-u*)-Charakteristik werden Abweichungen zwischen der lokal gemessenen und der vorgegebenen DC-Spannung durch ein Anpassen des Wirkleistungsarbeitspunktes des jeweiligen Umrichters ausgeglichen. Vereinfacht lässt sich dies durch einen linearen Spannungs-Droop entsprechend Gleichung (A.1) realisieren. [59, 217] Weitere Verfahren werden u. a. in [60] oder [61] beschrieben, in dieser Arbeit allerdings nicht berücksichtigt.

$$\Delta p_{\mathrm{VSC}} = k_{DC} * (u_{\mathrm{DC,ref}} - u_{\mathrm{DC}}) \tag{A.1}$$

Die DC-Knotenspannungen unterliegen nach Gleichung (A.2) einer direkten Abhängigkeit zur Energiebilanz am Knoten. Diese ergibt sich aus der durch den Umrichter aufgenommenen (bzw. eingespeisten) Leistung und der durch den Leistungsfluss abgehenden Leistung in Abhängigkeit der Zeit.

$$u_{DC} = \frac{1}{C_{DC} \cdot u_{DC}} \int_{t_0}^{t_1} \left(p_{\mathrm{in}}(\tau) - p_{\mathrm{out}}(\tau) \right) \mathrm{d}\tau + u_{0,DC} \tag{A.2}$$

Durch die geringe Kapazität C_{DC} verhält sich die Knotenspannung sehr dynamisch, eine unausgeglichene Knotenleistung führt zu einer sofortigen Änderung des gesamten Spannungsprofils im HGÜ-System. Innerhalb des HGÜ-Systems werden die Leistungsflüsse zwischen den Knoten direkt durch die Knotenspannungen bzw. deren Differenz zueinander bestimmt (siehe Gleichung (A.3)).

$$p_{ij} = \frac{(u_{\mathrm{DC},i} - u_{\mathrm{DC},j})}{r_{ij}} u_{\mathrm{DC},i} \tag{A.3}$$

Unter Berücksichtigung der beschriebenen Zusammenhänge ist zunächst eine Gesamtkoordination der kurativen Arbeitspunkte erfolgen, um eine ausgeglichene Leistungsbilanz im stationären post-contingency Zustand zu gewährleisten. Weiterhin ist bei der Aktivierung der kurativen Arbeitspunkte (bzw. dem Übergang zwischen dem prä- und post-contingency Arbeitspunkt) ebenfalls die Leistungsbilanz zu berücksichtigen, um mögliche Wechselwirkungen mit der DC-Spannungsregelung zu vermeiden.

Eine kombinierte Berechnung der AC- und DC-Leistungsflüsse für ein vermaschtes AC-HGÜ-System unter Berücksichtigung einer verteilten DC-Spannungsregelung auf Basis von linearen Droop-Konstanten wird in [131] vorgestellt. Dieser Algorithmus wird im Verlauf dieser Arbeit auch zur Durchführung der Netzsicherheitsberechnung in Abschnitt 3.2 eingesetzt.

A.2 Differential Evolution zur Umsetzung eines C-SCOPF

Der in dieser Arbeit eingesetzte C-SCOPF beruht auf einer Lösung durch das Verfahren der Differential Evolution (DE) als Gruppenmitglied der Artificial Intelligence Methoden. Wesentliche Punkte sind unter anderem in [162, 173] beschrieben. In diesem Abschnitt wird die Auswahl der DE als geeignete Methode nachvollzogen und deren aktueller Stand der Forschung bezüglich der Anwendung und Umsetzung beschrieben.

a) Auswahl der Optimierungsmethode

Grundsätzlich lassen sich Verfahren zur Lösung von Optimierungsproblemen in zwei Klassen einteilen: So enthält die Klasse der konventionellen (deterministischen) Methoden u. a. Verfahren zur linearen Optimierung (Linear Programming - LP) [218, 219], das Interior Point (IP) Verfahren [220], sowie Ansätze für nicht-lineare Optimierung (Non-linear Programming – NLP) [221]. Die Einsatzmöglichkeiten im Bereich der elektrischen Energiesysteme umfassen die Optimierung von Sollwinkeln für Phase-Shifting-Transformer (PST) [222], Energieeinsatz- [223–225] und Economic Dispatch Problemen [226, 227] oder der Berechnung optimaler Arbeitspunkte von HGÜ-Verbindungen [158, 161, 222, 228, 229]. Sie zeichnen sich durch einen effizienten Berechnungsaufwand aus. Von Nachteil sind berichtete Probleme hinsichtlich des Konvergenzverhaltens bei ungünstig gewählten Startwerten, die insbesondere bei großen Lösungsräumen nicht zu vermeiden sind (vgl. u. a. [230, 231]).

Das in dieser Arbeit zu behandelnde Optimierung, bestehend aus einer vollständigen Abbildung der AC-Leistungsflüsse, einem vermaschten HGÜ-System, der Optimierung mehrerer Freiheitsgrade pro Umrichter, der Einsatz mehrerer Zielfunktionen und der Einschränkung des Lösungsraumes durch AC- und HGÜ-bezogene Nebenbedingungen, stellt eine nicht-lineare, nicht-konvexe hoch-dimensionale Problemstellung dar. Dies gefährdet die Konvergenz der konventionellen Algorithmen maßgeblich [230, 231]. Bei wachsender

Komplexität der Optimierungsaufgabe steigt auch die Gefahr der Konvergenz in lokalen Minima [232].

Den konventionellen Methoden steht die Klasse der Artificial Intelligence (AI) Methoden gegenüber. Diese zeichnen sich durch einen stochastischen und metaheuristischen Ansatz zur Lösung der Optimierungsprobleme aus. Familienmitglieder sind u. a. die Ant Colony Optimization [233], die Particel Swarm Optimization [234] und die Evolutionären Algorithmen [235], darunter der Genetic Algorithm [236] und die für diese Arbeit ausgewählte Differential Evolution (DE, [166]). Grundsätzlich werden Verhaltensweisen und Abläufe aus der Natur aufgegriffen und entsprechend abgewandelt. Der Methaheuristische Ansatz erlaubt auch eine Anwendung auf Blackbox-Systeme. Im Bereich der Energiesysteme umfasst der Einsatz von AI-Algorithmen die gesamte Bandbreite der Optimierungsprobleme, darunter Netzbetriebsplanung [237, 238], Kraftwerkseinsatzplanung [239–243], transiente Sicherheitsbetrachtungen [244] und Betrieb von FACTS-Elementen und HGÜ-Systemen [165, 245, 246].

Die AI Algorithmen zeichnen sich allgemein durch eine höhere Robustheit im Konvergenzverhalten und gegenüber Startwertproblemen aus. Durch die stochastische Untersuchung des gesamten Lösungsraumes sinkt ebenfalls die Gefahr einer Detektion von lokalen Minima anstelle einer global-optimalen Lösung [232]. Nachteilig gegenüber den konventionellen Einsätzen ist zum einen die Behandlung von Nebenbedingungen, da die AI-Methoden ursprünglich für unbeschränkte Optimierungsprobleme entwickelt wurde. Allerdings können diese durch geeignete Verfahren auf einen eingeschränkten Lösungsraum angepasst werden. Ebenfalls von Nachteil ist die Erfordernis, das Heuristische Verhalten der Algorithmen und somit deren Abtasten des Lösungsraumes, durch Steuervariablen zu definieren (vgl. [173]).

Eine Besonderheit stellen hybride Verfahren vor, die unterschiedliche Algorithmen beider Klassen kombinieren um deren identifizierte Vorteile gemeinsam zu erschließen. Mögliche Beispiele dafür sind u. a. [165, 247]. Aufbauend auf dem Vergleich unterschiedlicher AI Verfahren anhand Mathematischer Benchmark-Tests [248] oder expliziten OPF-Betrachtungen [249, 250], geht die Differential Evolution als für diese Arbeit geeignet hervor.

b) Details der Differential Evolution

Das Prinzip der Differential Evolution werden detailliert in [166] beschrieben. Die Methode ist in fünf wesentliche Schritte gegliedert, die untenstehend kurz erläutert werden. Abb. A.1 zeigt den Ablauf des Optimierungsprozesses und die Verarbeitung der internen Größen. Wesentliche Parameter sind die Anzahl der Populationen (*NP*) der Dimension (*D*), die Mutationskonstante (*F*) und die Kreuzungskonstante (*CR*). Im Verlauf der Differential Evolution werden für jede der *NP* Populationen angelegten Zustandsvektoren ($\boldsymbol{x}_j^{(0)}$) Trail-Vektoren ($\boldsymbol{t}_j^{(k)}$) erzeugt, die auf ihre Fitness bewertet und mit der Elterngeneration ($\boldsymbol{x}_j^{(k)}$) verglichen werden. Der Vektor mit der jeweils bessere Fitness in jeder Population *j* wird als neuer Elternvektor ($x_j^{(k+1)}$) ausgewählt, der Vektor mit der schlechteren Fitness wird dagegen ausgelöscht. Das Verfahren wird solange iterativ durchgeführt bis die definierten Konvergenzbedingungen erfüllt bzw. erreicht sind. Der so ermittelte Zustandsvektor mit der besten Fitness wird als $\boldsymbol{x}_{\text{best}}$ bezeichnet und ausgegeben.

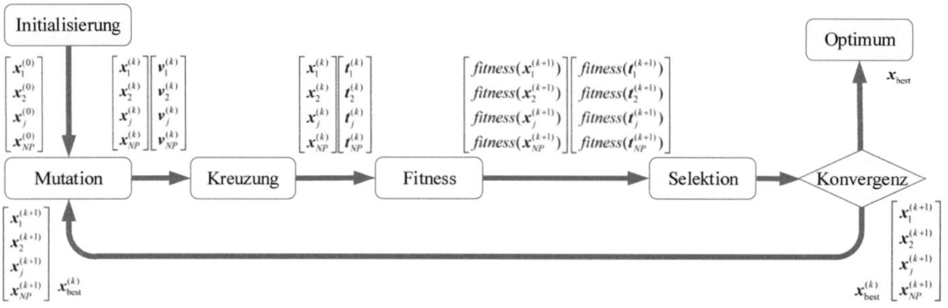

Abb. A.1: Ablaufdiagramm der Differential Evolution

Initialisierung: Die *NP* Populationen, des initialen Optimierungsvektors $x_j^{(0)}$ werden in einem ersten Schritt innerhalb der definierten Grenzen $\underline{\boldsymbol{x}}$ und $\overline{\boldsymbol{x}}$ für jede Population *j* zufällig verteilt.

$$\boldsymbol{x}_j^{(0)} = \underline{\boldsymbol{x}} + r * (\overline{\boldsymbol{x}} - \underline{\boldsymbol{x}}) \quad r \in U(0,1) \tag{A.4}$$

Mutation: Ausgehend von dem Optimierungsvektor im Zeitschritt *k* ($\boldsymbol{x}_j^{(k)}$) wird in jedem Schleifendurchlauf entsprechend einer ausgewählten Mutationsstrategie ein Mutationsvektor $\boldsymbol{v}_j^{(k)}$ für jede Population *j* angelegt. Das grundlegende Prinzip und der Einfluss von *F* werden in Gleichung (A.5) beschrieben.

$$\boldsymbol{v}_j^{(k)} = \boldsymbol{x}_j^{(k)} + F * \text{mutation}(\boldsymbol{x}_j^{(0)}, \boldsymbol{x}_j^{(1)}, \ldots, \boldsymbol{x}_j^{(k-1)}, \boldsymbol{x}_{\text{best}}^{(k)}) \tag{A.5}$$

Innerhalb der Differential Evolution existieren eine Vielzahl unterschiedlicher Mutationsstrategien, die sich in ihrer Komplexität und Struktur unterscheiden. Je nach gewählter Mutationsstrategie, werden sowohl historische Werte von $\boldsymbol{x}_{\text{j}}$, als auch der bis zum Zeitpunkt *k* als optimalen Zustandsvektor identifizierten Vektor $x_{best}^{(k)}$ berücksichtigt. Eine Übersicht gängiger Mutationsstrategien ist [166] zu entnehmen. Dabei ist eine problem-spezifische Auswahl einer geeigneten Strategie empfehlenswert, da ein direkter Einfluss auf das Konvergenzverhalten besteht. Qin et al. beschreiben diese Aspekte und erarbeiten einen Differential Evolution Solver, der im zeitlichen Verlauf die eingesetzten Mutationsstrategien automatisch und in Abhängigkeit zum bisherigen Konvergenzverlauf wechselt (Strategy Adapting Differential Evolution –SaDE) [251]. Dieser Ansatz wird im weiteren Verlauf dieser Arbeit eingesetzt. Die dabei berücksichtigten Mutationsstrategien werden in Tab. A.1 aufgeführt.

Der Faktor K repräsentiert die sog. Greedyness, die bei manchen Strategien zusätzlich erforderlich ist und wird in dieser Arbeit auf 0,75 festgelegt. Der Wert F bewegt sich im Bereich von [0,1 0,9] und wird ebenfalls entsprechend der SaDE automatisch angepasst [251].

Tab. A.1: Übersicht ausgewählter Mutationsstrategien [166, 251]

Name	Berechnung
DE/rand/1/BIN	$v_{j,i}^{(k)} = x_{j,r_1}^{(k)} + F*(x_{j,r_2}^{(k)} - x_{j,r_3}^{(k)}) \quad r_1, r_2, r_3 \in \mathbb{N}(1,D)$
DE/best/1/BIN	$v_{j,i}^{(k)} = x_{\text{best},i}^{(k)} + F*(x_{j,r_1}^{(k)} - x_{j,r_2}^{(k)}) \quad r_1, r_2 \in \mathbb{N}(1,D)$
DE/rand-to-best/1/BIN	$v_{j,i}^{(k)} = x_{j,i}^{(k)} + F*(x_{\text{best},i}^{(k)} - \boldsymbol{x}_{j,r_1}^{(k)}) + F*(x_{j,r_2}^{(k)} - x_{j,r_3}^{(k)}) \quad r_1, r_2, r_3 \in \mathbb{N}(1,D)$
DE/current-to-rand/2/BIN	$\boldsymbol{v}_j^{(k)} = \boldsymbol{x}_j^{(k)} + K*(\boldsymbol{x}_{r_3}^{(k)} - \boldsymbol{x}_j^{(k)}) + F*(\boldsymbol{x}_{r_1}^{(k)} - \boldsymbol{x}_{r_2}^{(k)}) \quad r_1, r_2, r_3 \in \mathbb{N}(1,D)$
DE/current-to-best/2/BIN	$\boldsymbol{v}_j^{(k)} = \boldsymbol{x}_j^{(k)} + K*(\boldsymbol{x}_{\text{best}}^{(k)} - \boldsymbol{x}_j^{(k)}) + F*(\boldsymbol{x}_{r_1}^{(k)} - \boldsymbol{x}_{r_2}^{(k)}) \quad r_1, r_2, r_3 \in \mathbb{N}(1,D)$

Kreuzung: Im Schritt der Kreuzung werden einzelne Elemente i des j-ten Zustandvektors $x_{j,i}^{(k)}$ mit Elementen des zuvor entstandenen Mutationsvektors $v_{j,i}^{(k)}$ entsprechend Gleichung (A.6) zu einem neuen Vektor $t_j^{(k)}$, dem sog. Trailvektor, kombiniert. Dieser Vorgang der Kreuzung erhöht die Diversität zwischen Eltern und Kinder Generation zusätzlich und wird durch die Kreuzungskonstante CR gesteuert. Diese wird ebenfalls entsprechend des eingesetzten SaDE-Ansatzes im Bereich von [0,8 0,95] variiert. Entsprechend [252] kommt zur Kreuzung der in Gleichung (A.6) gezeigte binomische Ansatz und nicht der ebenfalls verbreitete exponentielle Ansatz zur Anwendung.

$$t_{j,i}^{(k)} = \begin{cases} v_{j,i}^{(k)} & if(r \leq CR) \\ x_{j,i}^{(k)} & otherwise \end{cases} \quad r \in U(0,1) \tag{A.6}$$

Fitness: Im Rahmen der Optimierung ist nun die Erfüllung der Nebenbedingungen, sowie die Erfüllung der Zielfunktion für alle $\boldsymbol{x}_j^{(k)}$ und zu bewerten. Dies erfolgt durch die in Gleichung (A.7) beschriebene Funktion *fitness*($\boldsymbol{x},\boldsymbol{u}$), die sich aus Zielfunktion $F(\boldsymbol{x},\boldsymbol{u})$ und einem Strafterm *penalty*($\boldsymbol{x},\boldsymbol{u}$) zusammensetzt. Der Vektor $\boldsymbol{u}$ beinhaltet die Zustände des betrachteten Systems.

$$Fitness(\boldsymbol{x}_j^{(k)}, \boldsymbol{u}) = F(\boldsymbol{x}_j^{(k)}, \boldsymbol{u}) + penalty(\boldsymbol{x}_j^{(k)}, \boldsymbol{u}) \tag{A.7}$$

Das Verfahren erlaubt prinzipiell eine Berücksichtigung mehrerer Zielfunktionen. Dies ist im einfachsten Fall mit einer Gewichtung der n Individualziele entsprechend Gleichung

(A.8) möglich; Auf einen Einsatz aufwändigerer Methoden, darunter die Bender's-Decomposition wird dagegen in dieser Arbeit verzichtet (siehe dazu u. a. [253–255]).

$$F(\boldsymbol{x}_j^{(k)},\boldsymbol{u}) = a_1 * F_1(\boldsymbol{x}_j^{(k)},\boldsymbol{u}) + ... + a_n F_n(\boldsymbol{x}_j^{(k)},\boldsymbol{u}) \tag{A.8}$$

Allen AI Methoden ist gemein, dass sie ursprünglich für die Optimierung unbeschränkter Probleme entwickelt wurden. Da die Berücksichtigung von Nebenbedingungen zwingend für die OPF-Berechnung erforderlich ist, wurden im Laufe der Zeit unterschiedliche Verfahren entwickelt [256]. In dieser Arbeit kommt vereinfachend der am meisten verbreitete Ansatz der statischen Penalty-Funktion nach Gleichung (A.9) zum Einsatz. Ähnlich der Multi-Objective Betrachtungen aus Gleichung (A.8) werden die m Gleichheits- und Ungleichheitsbedingungen mit konstanten Faktoren (b_m) Gewichtet und in einem Strafterm zusammengefasst.

$$penalty(\boldsymbol{x}_j^{(k)},\boldsymbol{u}) = b_1 * penalty_1(\boldsymbol{x}_j^{(k)},\boldsymbol{u}) + ... + b_m penalty_m(\boldsymbol{x}_j^{(k)},\boldsymbol{u}) \tag{A.9}$$

Bei diesem vereinfachten Vorgehen besteht die Gefahr einer unzureichenden Parametrierung und einem damit verbundenen negativen Einfluss auf die Effizienz und das Konvergenzverhalten [256–258]. Abhilfe schaffen parameterlose [257] oder variabel-gewichtete Strafterme [258], die allerdings an dieser Stelle nicht zum Einsatz kommen.

Selektion: Im Schritt der Selektion wird aufbauend auf der Bewertung der Eltern und Kindergeneration der einzelnen Populationen j im Zeitschritt k ($\boldsymbol{x}_j^{(k)}$ und $\boldsymbol{t}_j^{(k)}$) entsprechend Gleichung (A.10) ausgewählt und für den nächsten Zeitschritt (k+1) als neue Elterngeneration der Population j weitergereicht.

$$\boldsymbol{x}_j^{(k+1)} = \begin{cases} \boldsymbol{t}_j^{(k)} & if(fitness(\boldsymbol{t}_j^{(k)},\boldsymbol{u}) < fitness(\boldsymbol{x}_j^{(k)},\boldsymbol{u})) \\ \boldsymbol{x}_j^{(k)} & otherwise \end{cases} \tag{A.10}$$

Nach Abschluss der Selektion wird aus den resultierenden $\boldsymbol{x}_j^{(k+1)}$ und deren *fitness* die beste Population (best) ausgewählt. Der Konvergenzverlauf der Optimierung wird anhand des Zeitverlaufs von $\boldsymbol{x}_{\text{best}}^{(k)}$ bewertet. Wird eine bestimmte Konvergenzgrenze unterschritten, wird die Optimierung beendet und das Optimum ausgegeben (vgl. Abb. A.1).

A.3 Daten AC-HGÜ-Benchmarknetz

An dieser Stelle werden die Daten zur stationären und dynamischen Abbildung des in Kapitel 4 vorgestellten AC-HGÜ-Benchmarknetz aufgeführt. Tab. A.2 und Tab. A.3 führen die Leistungsbilanzen der AC-Knoten für die Untersuchungsszenarien Base Case und Sonderfall auf. Die Topologie des AC- und HGÜ-Netzes wird durch Tab. A.4 und Tab. A.5

beschrieben. Zusätzlich werden Details zur Abbildung der *PU*-Knoten durch Synchronmaschinen (Tab. A.6), deren Zusammensetzung (Tab. A.7) und Modellparameter (Tab. A.8) zusammengefasst.

Tab. A.2: Übersicht AC-Knoten des AC-HGÜ-Benchmarknetz für den Base Case

#	Typ	P_{Last} /MW	Q_{Last} /Mvar	P_{Gen} /MW	P_{VSC} /MW	RZ	#	Typ	P_{Last} /MW	Q_{Last} /Mvar	P_{Gen} /MW	P_{VSC} /MW	RZ
1	Sl.	0	0	700	-	1	35	*PQ*	460	97	0	-	2
2	*PU*	0	0	1500	-	1	36	*PU*	0	0	512	-	2
3	*PU*	0	0	0	-550	1	37	*PQ*	451	190	0	-	2
4	*PU*	0	0	523	-	1	38	*PQ*	150	0	0	-	2
5	*PU*	0	0	1200	-	1	39	*PQ*	529	87	0	-	2
6	*PQ*	191	76	0	-	1	40	*PU*	0	0	0	1000	2
7	*PU*	0	0	0	-605	1	41	*PU*	0	0	200	-	2
8	*PQ*	287	73	0	-	1	42	*PQ*	709	180	0	-	2
9	*PQ*	186	74	0	-	1	43	*PU*	0	0	574	-	2
10	*PU*	0	0	436	-	1	44	*PQ*	474	92	0	-	2
11	*PQ*	271	55	0	-	1	45	*PQ*	668	109	0	-	2
12	*PQ*	171	87	0	-	1	46	*PQ*	614	95	0	-	2
13	*PU*	0	0	541	-	1	47	*PQ*	81	-50	0	-	2
14	*PQ*	199	60	0	-	1	48	*PU*	0	0	0	1000	2
15	*PQ*	113	52.5	0	-	1	49	*PQ*	0	0	0	-	2
16	*PQ*	38	7	0	-	1	50	*PU*	0	0	581	-	2
17	*PQ*	275	106	0	-	1	51	*PQ*	430	123	0	-	3
18	*PU*	0	0	681	-	1	52	*PQ*	309	102	0	-	3
19	*PQ*	165	46	0	-	1	53	*PQ*	100	30	0	-	3
20	*PQ*	178	82.5	0	-	1	54	*PU*	0	0	0	50	3
21	*PQ*	0	0	0	-	1	55	*PQ*	303	110	0	-	3
22	*PQ*	30	7	0	-	1	56	*PU*	0	0	496	-	3
23	*PU*	0	0	0	-600	1	57	*PU*	0	0	0	-550	3
24	*PQ*	32	7	0	-	1	58	*PQ*	324	157	0	-	3
25	*PU*	0	0	469	-	1	59	*PU*	0	0	431	-	3
26	*PQ*	395	89	0	-	2	60	*PQ*	115	42	0	-	3
27	*PU*	0	0	0	1000	2	61	*PQ*	187	75	0	-	3
28	*PQ*	665	99	0	-	2	62	*PQ*	319	95	0	-	3
29	*PU*	0	0	500	-	2	63	*PU*	0	0	488	-	3
30	*PQ*	366	100	0	-	2	64	*PU*	0	0	300	-	3
31	*PQ*	845	119	0	-	2	65	*PQ*	315	97	0	-	3
32	*PQ*	332	137	0	-	2	66	*PU*	0	0	537	-	3
33	*PU*	0	0	496	-	2	67	*PU*	0	0	800	-800	-
34	*PQ*	540	158	0	-	2							

Tab. A.3: Übersicht veränderte AC-Knoten des AC-HGÜ-Benchmarknetz im Sonderfall

#	Typ	P_{Last} /MW	Q_{Last} /Mvar	P_{Gen} /MW	P_{VSCf} /MW	RZ	#	Typ	P_{Last} /MW	Q_{Last} /Mvar	P_{Gen} /MW	P_{VSC} /MW	RZ
3	*PU*	0	0	800	-1600	1	48	*PU*	0	0	0	600	2
7	*PU*	0	0	0	-1410	1	54	*PU*	0	0	0	300	3
23	*PU*	0	0	0	0	1	57	*PU*	0	0	0	-300	3
27	*PU*	0	0	0	1000	2	67	*PU*	0	0	0	0	-
40	*PU*	0	0	0	1398	2							

Tab. A.4: Übersicht AC-Leitungen des AC-HGÜ-Benchmarknetz

#	Von	Nach	*l* in m	#	Von	Nach	*l* in m	#	Von	Nach	*l* in m
1	1	5	100	35	19	23	100	69	40	41	100
2	1	7	100	36	20	21	100	70	41	42	100
3	1	8	100	37	21	22	100	71	42	43	100
4	1	14	100	38	21	23	100	72	42	49	100
5	2	3	100	39	21	23	100	73	43	44	100
6	2	9	100	40	22	25	100	74	43	49	100
7	2	12	100	41	22	56	100	75	44	45	100
8	3	4	100	42	24	49	100	76	44	48	100
9	3	10	100	43	25	43	100	77	45	46	100
10	3	12	100	44	26	27	100	78	45	50	100
11	3	9	100	45	26	30	100	79	47	48	100
12	4	14	100	46	26	31	100	80	46	48	100
13	4	19	100	47	26	40	100	81	47	50	100
14	5	6	100	48	27	28	100	82	47	51	100
15	5	7	100	49	27	31	100	83	47	59	100
16	5	8	100	50	28	35	100	84	52	53	100
17	6	7	100	51	28	37	100	85	52	54	100
18	7	15	100	52	29	35	100	86	52	64	100
19	7	16	100	53	29	39	100	87	54	65	100
20	8	9	100	54	29	44	100	88	54	66	100
21	10	11	100	55	30	31	100	89	55	57	100
22	10	22	100	56	30	32	100	90	55	63	100
23	11	12	100	57	32	40	100	91	56	58	100
24	11	13	100	58	33	34	100	92	56	59	100
25	12	13	100	59	33	35	100	93	57	58	100
26	13	53	100	60	33	51	100	94	57	63	100
27	14	15	100	61	34	51	100	95	58	60	100
28	14	18	100	62	35	36	100	96	58	61	100
29	16	17	100	63	35	47	100	97	59	60	100
30	16	18	100	64	36	37	100	98	61	62	100
31	17	24	100	65	36	38	100	99	62	63	100
32	18	20	100	66	37	38	100	100	62	66	100
33	18	24	100	67	39	40	100	101	65	66	100
34	19	20	100	68	39	43	100	102	66	64	100

Tab. A.5: Übersicht DC-Leitungen des AC-HGÜ-Benchmarknetz

#	Startknoten	Zielknoten	Länge	HS	NS1
1	1	2	300	✓	✓
2	3	4	300	✓	✓
3	4	5	300	✓	
4	6	7	300	✓	✓
5	1	3	300	✓	
6	2	8	300	✓	
7	8	5	300	✓	
8	4	6	300	✓	
9	2	4	300	✓	
10	5	7	300	✓	
11	3	9	300		✓
12	4	8	600	✓	

Tab. A.6: Abbildung der Erzeugungsknoten

#	AC-Knoten	Typ	T_A in s	P_{min}/P_{max} in MW	Q_{min}/Q_{max} in Mvar	k_{PR}	T_{H2}
1	1	3	7,35	400/1000	-500/1000	4	50
2	4	1	6,22	220/560	-350/350	2	40
3	10	1	7,60	220/560	-350/350	3	50
4	13	2	6,90	250/630	-300/300	2	50
5	18	2	7,96	300/720	-400/400	6	60
6	25	1	4,06	220/560	-250/250	2	40
7	29	2	3,82	250/630	-350/350	2	35
8	33	3	6,79	350/850	-500/500	3	50
9	36	2	6,67	300/720	-400/400	3	50
10	41	3	7,35	350/850	-450/450	2	40
11	43	2	7,30	220/720	-250/500	5	55
12	50	2	7,52	300/720	-400/400	6	55
13	56	1	8,12	220/560	-250/250	5	55
14	59	2	7,37	300/720	-350/350	2	35
15	63	1	5,07	250/520	-300/250	3	45
16	64	1	5,24	250/560	-400/250	1	30
17	66	2	5,65	250/630	-400/300	3	50

Tab. A.7: Zusammensetzung der Erzeugung an Erzeugungsknoten in MW

#	Kohle	Gas	Wind	Photovoltaik	sonstige
1	127,2	174,5	17,7	65,3	315,2
2	0,0	215,9	8,4	115,4	240,0
3	216,0	20,3	3,95	5,0	1190,8
4	212,1	24,3	12,2	69,5	222,9
5	595,3	36,5	3,8	13,5	31,9
6	0,0	207	2,0	200,6	59,6
7	59,4	40,6	0,11	275,4	124,5
8	220,5	28,4	3,8	7,0	236,3
9	217,4	56,7	3,4	52,6	127,9
10	93,3	24,3	9,9	14,9	57,5
11	466,1	8,1	0,5	57,3	42,0
12	475,0	36,5	3,8	44,8	20,8
13	465,5	4,2	6,9	2,5	16,8
14	8,5	125,8	0,3	39,9	256,2
15	161,2	64,9	0,1	174,4	87,4
16	0,0	32,4	8,8	68,4	190,4
17	246,0	12,2	8,7	164,4	105,7

Tab. A.8: Parameter zur Abbildung der Synchronmaschine 4ter Ordnung

Typ	S_b *in* MW	r_a in pu	x_d in pu	x_d‘ in pu	x_q in pu	x_q‘ in pu	$T'_{d,0}$ in s	$T'_{q,0}$ in s
1	500	0.0030	2,0	0,3	2,0	0,55	6,0	0,8
2	700	0.0020	1,5	0,2	1,5	0,35	7,0	1,4
3	1000	0.0015	1,0	0,15	1,0	0,3	8,0	2,0

A.4 Parametervariation

Die in Abschnitt 5.1.2 eingesetzten Parametervariationen zur Abbildung von Modellfehlern beruhen jeweils auf eine Gauß-Verteilung und werden in Tab. A.9, Tab A.10 und Tab. A.11 aufgeführt.

Tab. A.9: Streuung der Anlaufzeitkonstante der Generatoren (ΔT_A in s)

#	2%	5%	10%	#	2%	5%	10%	#	2%	5%	10%
1	-0,04	0,10	0,05	7	-0,02	0,02	0,09	13	-0,03	0,09	0,08
2	0,00	0,02	0,00	8	0,05	0,00	-0,17	14	0,03	0,02	0,10
3	-0,01	0,05	-0,03	9	-0,03	-0,04	0,05	15	-0,02	-0,02	0,05
4	0,05	-0,08	0,08	10	0,01	0,01	0,01	16	0,02	0,05	0,07
5	0,11	-0,09	0,27	11	-0,11	-0,08	-0,02	17	0,05	-0,16	0,03
6	0,05	-0,09	0,06	12	-0,02	-0,15	-0,04				

Tab. A.10: Streuung der Wirkleistungserzeugung der Generatoren (ΔP_{Gen} in MW)

#	2%	5%	10%	#	2%	5%	10%	#	2%	5%	10%
1	1,17	-8,74	17,19	7	0,30	7,65	-2,64	13	0,50	11,29	13,96
2	-2,53	5,95	-6,81	8	-7,07	-8,49	-6,31	14	7,41	5,78	11,38
3	-1,97	-0,06	2,32	9	1,37	-9,32	-1,87	15	-6,20	-3,92	-2,14
4	0,50	6,62	-2,84	10	0,70	1,20	-4,16	16	-3,24	2,24	2,67
5	3,31	1,61	9,36	11	-1,38	2,52	-2,07	17	8,75	4,75	-2,27
6	-3,07	-3,05	7,86	12	1,46	3,96	-3,64				

Tab. A.11: Streuung der Leitungslänge (Δl in km)

#	2%	5%	10%	#	2%	5%	10%	#	2%	5%	10%
1	-1,02	0,58	-0,07	35	-0,36	0,85	0,73	69	-0,38	-0,87	0,54
2	-0,31	1,97	1,16	36	-0,13	3,05	1,00	70	-0,32	-0,44	-0,97
3	0,12	-0,29	1,50	37	0,65	2,00	-2,64	71	1,57	0,79	0,68
4	-1,37	-2,63	2,22	38	0,82	0,68	0,95	72	-1,38	2,48	0,18
5	-0,54	0,86	1,38	39	-0,67	2,14	3,79	73	-0,62	-0,07	4,64
6	0,36	1,67	-0,65	40	-1,04	0,12	-0,66	74	0,84	-3,26	-2,52
7	-0,79	2,60	-2,52	41	-0,88	2,41	-1,15	75	-1,09	-0,05	2,21
8	0,80	-0,22	-0,30	42	-0,60	-1,26	-3,93	76	1,05	0,18	-1,51
9	-0,34	1,13	-2,21	43	-1,13	-1,66	1,65	77	0,60	0,33	2,36
10	-0,06	-0,63	3,18	44	-0,57	-1,23	-1,19	78	0,92	0,34	2,80
11	-0,38	0,71	0,12	45	0,21	-1,24	-1,78	79	1,45	0,35	-0,08
12	-2,79	-2,08	1,16	46	0,55	0,35	1,39	80	-1,65	-0,93	0,56
13	-1,42	-1,42	-3,13	47	0,04	-0,64	0,72	81	0,07	-2,14	3,60
14	0,07	-0,20	-2,52	48	0,54	0,45	0,06	82	0,75	1,96	-2,11
15	0,00	-3,22	3,99	49	-0,78	-0,65	1,61	83	-2,56	-1,15	1,52
16	1,00	-0,98	1,39	50	-0,34	-0,71	-1,87	84	-0,62	-1,83	-1,30
17	0,47	2,81	0,77	51	-0,71	0,49	-2,56	85	-0,12	1,17	0,54
18	0,72	0,26	-3,41	52	-0,32	0,67	-0,37	86	-0,05	-0,66	-1,07
19	0,36	0,73	-2,23	53	-0,14	-1,86	2,73	87	1,11	1,58	-1,43
20	0,41	-4,11	-0,57	54	-1,00	1,07	0,72	88	-0,39	1,88	-3,64
21	0,56	-1,59	2,18	55	1,61	0,41	-1,88	89	-0,40	-2,83	2,85
22	-0,36	-2,85	3,58	56	1,18	1,65	-0,59	90	-0,25	2,14	1,71
23	0,25	2,31	-4,99	57	1,21	1,47	-4,64	91	-1,67	1,25	-0,87
24	0,78	-1,09	2,12	58	0,79	2,58	-0,89	92	0,71	1,17	1,03
25	-0,27	-0,08	-0,63	59	-0,71	0,83	-2,97	93	0,01	0,85	0,89
26	-0,73	-0,35	-1,54	60	0,10	-0,82	-1,90	94	0,24	0,68	-2,41
27	1,74	-0,82	2,17	61	0,44	1,82	-0,46	95	-0,02	1,82	-0,28
28	-0,71	-0,10	-2,44	62	1,42	2,28	-2,86	96	-0,57	0,30	-2,30
29	2,63	1,27	-0,08	63	-0,52	-0,85	-0,46	97	0,10	1,98	-1,44
30	-0,72	-0,26	3,16	64	0,95	-0,45	-0,17	98	1,72	-1,34	0,35
31	-0,54	-1,92	1,45	65	0,50	2,61	-0,34	99	0,39	1,83	-1,37
32	-0,77	1,28	-1,53	66	0,45	0,40	-1,96	100	1,16	-1,77	-2,40
33	0,30	3,71	3,68	67	-0,13	-3,26	-1,32	101	0,48	-1,82	-0,83
34	-0,28	-0,97	0,82	68	-1,15	3,36	1,59	102	0,41	-1,39	-1,97

A.5 Ergebnisse lokale Identifikation - Sonderfall

Die Auswirkungen von Modellfehlern auf die Komponente *lokale Identifikation des Systemzustandes* werden in Tab. A.12 für den Sonderfall paralleler HGÜ-Verbindungen aufgeführt.

Tab. A.12: Lokale Identifikation mit Parametervariation (2%)

	VSC	1	2	3	4	5	6	7	8	9	10	11	12	13	14
Erzeugungsprofil (2%)	1	3	0	2	3	2	3	0	3	3	X	X	1	1	3
	2	3	3	3	1	3	3	1	3	1	X	X	1	1	1
	3	3	3	3	3	3	3	3	3	3	3	3	X	3	1
	5	1	3	3	3	3	1	3	3	1	3	3	1	3	3
	6	0	3	0	0	0	0	1	3	0	1	1	1	X	1
	7	3	3	3	3	0	3	1	3	3	1	1	1	X	1
	8	1	1	3	3	3	3	1	3	3	3	3	1	3	X
Leitungsparameter (2%)	1	3	1	2	3	2	3	0	3	3	X	X	3	3	1
	2	3	3	3	1	3	1	1	1	3	X	X	3	3	1
	3	3	3	3	3	3	3	3	3	3	3	3	X	3	1
	5	1	3	3	1	3	1	3	3	3	3	3	3	3	1
	6	0	3	0	0	0	0	3	3	0	1	1	3	X	1
	7	1	3	3	3	0	3	3	3	3	1	1	3	X	1
	8	1	1	1	1	3	1	1	3	3	3	3	3	3	X
Anlaufzeitkonst. (2%)	1	3	0	2	3	2	3	0	3	3	X	X	3	3	3
	2	3	3	3	3	3	3	3	3	3	X	X	3	3	3
	3	3	3	3	3	3	3	3	3	3	3	3	X	3	3
	5	3	3	3	3	3	3	3	3	3	3	3	3	3	3
	6	0	3	0	0	0	0	3	3	0	3	3	3	X	3
	7	3	3	3	3	0	3	3	3	3	3	3	3	X	3
	8	3	3	3	3	3	3	3	3	3	3	3	3	3	X

A.6 C-SCOPF Ergebnisse

Die vollständigen Ergebnisse der C-SCOPF Berechnungen innerhalb der Komponente *Berechnung kurativer Arbeitspunkte* werden, gegliedert in die drei Stufen, für den Base Case in Tab. A.13 bis

Tab. A.15, und den Sonderfall in Tab. A.16 und Tab. A.17 aufgeführt.

Tab. A.13: C-SCOPF Ergebnisse Base Case für ΔP_{kur} in MW und ΔU_{kur} in kV Stufe 1

#		VSC1	VSC2	VSC3	VSC4	VSC5	VSC6	VSC7	VSC8	*f*	*Feas*
1	ΔP_{kur}	202,5	0,1	-162,3	0,0	0,0	0,0	-40,5	-0,5	406,1	Ja
	ΔU_{kur}	0,2	-0,2	-0,6	-0,4	-0,5	-0,5	-0,6	-0,3	-0,4	
2	ΔP_{kur}	0,0	0,0	27,0	-15,5	-9,1	0,0	-0,1	-1,6	53,3	Ja
	ΔU_{kur}	0,1	0,0	0,1	0,0	0,0	0,0	0,0	0,0	0,1	
3	ΔP_{kur}	0,0	-0,6	166,3	-0,2	-3,9	-112,5	-38,3	-6,3	328,1	Ja
	ΔU_{kur}	0,1	-0,2	0,4	-0,3	-0,5	-0,9	-0,8	-0,4	-0,2	
4	ΔP_{kur}	0,0	-18,5	0,0	33,7	-0,5	0,0	0,0	-14,1	66,9	Ja
	ΔU_{kur}	-0,1	-0,1	0,0	0,0	-0,1	0,0	0,0	-0,1	-0,1	
5	ΔP_{kur}	9,7	-399,9	-3,5	370,2	-9,7	24,6	144,4	-125,6	1087,6	Ja
	ΔU_{kur}	0,4	-0,1	0,9	1,5	1,1	1,7	1,9	0,1	0,9	
6	ΔP_{kur}	59,3	1,5	6,1	188,2	2,6	3,7	119,0	-368,5	749,0	Ja
	ΔU_{kur}	0,2	-0,2	0,3	0,4	-0,1	0,5	0,5	-1,3	0,1	
7	ΔP_{kur}	0,0	201,8	0,0	0,0	0,0	0,0	0,0	-198,5	400,3	Ja
	ΔU_{kur}	-0,3	-0,2	-0,4	-0,5	-0,8	-0,6	-0,7	-1,1	-0,6	
8	ΔP_{kur}	-26,1	303,0	-10,1	169,4	-53,7	-6,0	2,7	-371,0	942,0	Ja
	ΔU_{kur}	0,5	0,6	0,5	0,5	-0,2	0,3	0,0	-0,9	0,2	
9	ΔP_{kur}	-1,0	-179,9	3,0	41,5	-197,7	99,4	255,5	-14,2	792,4	Ja
	ΔU_{kur}	-0,7	-0,9	-0,4	-0,2	-0,4	0,6	0,9	-0,7	-0,3	
10	ΔP_{kur}	0,0	0,0	52,5	0,0	-3,0	0,0	-41,7	-6,1	103,4	Ja
	ΔU_{kur}	0,0	-0,1	0,1	-0,1	-0,2	-0,2	-0,3	-0,2	-0,1	
11	ΔP_{kur}	0,0	-98,4	102,3	0,0	0,0	229,5	-225,0	-4,0	659,3	Ja
	ΔU_{kur}	0,1	-0,2	0,4	0,1	-0,3	0,4	-0,6	-0,3	0,0	
12	ΔP_{kur}	31,2	10,0	124,7	170,4	0,2	66,8	-14,4	-373,9	791,5	Nein
	ΔU_{kur}	0,3	-0,2	0,7	0,4	-0,4	0,4	0,0	-1,4	0,1	
13	ΔP_{kur}	0,0	-187,9	0,1	214,6	-10,6	0,1	0,0	-12,8	426,1	Ja
	ΔU_{kur}	-0,4	-0,6	-0,1	0,1	-0,2	0,0	-0,1	-0,4	-0,2	
14	ΔP_{kur}	27,7	X	2,0	-0,5	0,0	0,0	-46,8	-960,1	1037,5	Ja
	ΔU_{kur}	3,5	3,9	3,0	2,5	1,2	2,0	1,5	-0,3	2,3	
15	ΔP_{kur}	0,00	-78,42	0,0	0,0	Ausfall	0,00	-152,6	-758,9	1004,21	Ja
	ΔU_{kur}	4,2	2,9	5,5	5,6		0,0	4,33	4,48	2,05	
16	ΔP_{kur}	0,0	-122,3	0,0	-5,2	-459,3	155,1	Ausfall	-1000	1742,0	Nein
	ΔU_{kur}	-1,3	-1,0	-1,6	-2,0	-2,6	-2,7		-4,9	-2,4	
17	ΔP_{kur}	478,5	-1499	-0,7	527,8	-1837	-0,4	-102,3	Ausfall	4446,8	Nein
	ΔU_{kur}	7,7	6,0	6,6	5,6	3,3	3,5	1,5		5,4	

Tab. A.14: C-SCOPF Ergebnisse Base Case für ΔP_{kur} in MW, ΔQ_{kur} in Mvar und ΔU_{kur} in kV Stufe 2

#		VSC1	VSC2	VSC3	VSC4	VSC5	VSC6	VSC7	VSC8	*f*	*Feas*
1	ΔP_{kur}	177,8	0,0	-84,0	0,0	-0,2	-92,9	0,0	0,0	355,0	Ja
	ΔQ_{kur}	0,0	0,0	25,0	0,0	0,0	0,0	0,0	0,0	25,0	

#		VSC1	VSC2	VSC3	VSC4	VSC5	VSC6	VSC7	VSC8	*f*	*Feas*
	ΔU_{kur}	0,5	0,0	-0,1	-0,3	-0,3	-0,6	-0,5	-0,1	-0,4	
	ΔP_{kur}	0,0	0,0	27,0	-15,5	-9,1	0,0	-0,1	-1,6	53,3	
2	ΔQ_{kur}	0,0	0,0	0,0	0,0	0,0	0,0	0,0	0,0	0,0	Ja
	ΔU_{kur}	0,1	0,0	0,1	0,0	0,0	0,0	0,0	0,0	0,1	
	ΔP_{kur}	0,0	-0,6	166,3	-0,2	-3,9	-112,5	-38,3	-6,3	328,1	
3	ΔQ_{kur}	0,0	0,0	0,0	0,0	0,0	0,0	0,0	0,0	0,0	Ja
	ΔU_{kur}	0,1	-0,2	0,4	-0,3	-0,5	-0,9	-0,8	-0,4	-0,2	
	ΔP_{kur}	0,0	-18,5	0,0	33,7	-0,5	0,0	0,0	-14,1	66,9	
4	ΔQ_{kur}	0,0	0,0	0,0	0,0	0,0	0,0	0,0	0,0	0,0	Ja
	ΔU_{kur}	-0,1	-0,1	0,0	0,0	-0,1	0,0	0,0	-0,1	-0,1	
	ΔP_{kur}	144,2	-430,4	21,3	331,0	-0,2	0,6	0,0	-56,0	983,6	
5	ΔQ_{kur}	0,0	0,0	0,0	0,0	0,0	0,0	0,0	0,0	0,0	Ja
	ΔU_{kur}	0,8	-0,3	0,9	1,0	0,6	0,9	0,7	0,0	0,6	

#		VSC1	VSC2	VSC3	VSC4	VSC5	VSC6	VSC7	VSC8	*f*	*Feas*
	ΔP_{kur}	19,1	-7,8	58,9	244,7	-4,4	8,6	15,0	-322,3	680,7	
6	ΔQ_{kur}	0,0	0,0	0,0	0,0	0,0	0,0	0,0	0,0	0,0	Ja
	ΔU_{kur}	-0,1	-0,5	0,2	0,2	-0,5	0,0	-0,2	-1,5	-0,2	
	ΔP_{kur}	0,0	201,8	0,0	0,0	0,0	0,0	0,0	-198,5	400,3	
7	ΔQ_{kur}	0,0	0,0	0,0	0,0	0,0	0,0	0,0	0,0	0,0	Ja
	ΔU_{kur}	-0,3	-0,2	-0,4	-0,5	-0,8	-0,6	-0,7	-1,1	-0,6	
	ΔP_{kur}	-26,1	303,0	-10,1	169,4	-53,7	-6,0	2,7	-371,0	942,0	
8	ΔQ_{kur}	0,0	0,0	0,0	0,0	0,0	0,0	0,0	0,0	0,0	Ja
	ΔU_{kur}	0,5	0,6	0,5	0,5	-0,2	0,3	0,0	-0,9	0,1	
	ΔP_{kur}	-1,0	-179,9	3,0	41,5	-197,7	99,4	255,5	-14,2	792,4	
9	ΔQ_{kur}	0,0	0,0	0,0	0,0	0,0	0,0	0,0	0,0	0,0	Ja
	ΔU_{kur}	-0,7	-0,9	-0,4	-0,2	-0,4	0,6	0,9	-0,7	-0,3	
	ΔP_{kur}	0,0	0,0	52,5	0,0	-3,0	0,0	-41,7	-6,1	103,4	
10	ΔQ_{kur}	0,0	0,0	0,0	0,0	0,0	0,0	0,0	0,0	0,0	Ja
	ΔU_{kur}	0,0	-0,1	0,1	-0,1	-0,2	-0,2	-0,3	-0,2	-0,1	
	ΔP_{kur}	0,0	-187,9	0,1	214,6	-10,6	0,1	0,0	-12,8	659,3	
11	ΔQ_{kur}	0,0	-0,1	0,0	0,0	0,0	0,1	0,1	0,0	0,0	Ja
	ΔU_{kur}	-0,4	-0,6	-0,1	0,1	-0,2	0,0	-0,1	-0,4	0,0	
	ΔP_{kur}	-0,1	-0,1	13,0	-0,7	-3,0	-3,8	-4,9	0,0	25,5	
12	ΔQ_{kur}	0,0	0,0	0,0	0,0	179,2	0,1	0,0	37,7	217,1	Ja
	ΔU_{kur}	0,1	0,1	0,1	0,0	0,0	0,0	0,0	0,0	0,0	
	ΔP_{kur}	0,0	-187,9	0,1	214,6	-10,6	0,1	0,0	-12,8	426,1	
13	ΔQ_{kur}	0,0	-0,1	0,0	0,0	0,0	0,1	0,1	0,0	0,4	Ja
	ΔU_{kur}	-0,4	-0,6	-0,1	0,1	-0,2	0,0	-0,1	-0,4	-0,2	
	ΔP_{kur}	-0,6		-69,7	-85,7	-394,9	-3,8	-188,8	-250,0	993,5	
14	ΔQ_{kur}	0,0	Ausfall	-0,1	0,1	0,0	0,0	0,0	171,1	171,1	Ja
	ΔU_{kur}	3,0		2,0	1,6	0,1	0,7	-0,2	1,3	1,6	
15	ΔP_{kur}	0,00	-78,42	0,0	0,0	Ausfall	0,00	-152,6	-758,9	989,9	Ja
	ΔQ_{kur}	0,00	0,00	0,0	0,0		0,00	0,00	-3,32	3,32	

#		VSC1	VSC2	VSC3	VSC4	VSC5	VSC6	VSC7	VSC8	*f*	*Feas*
	ΔU_{kur}	3,40	3,06	3,76	4,17		4,33	4,48	2,05	3,84	
	ΔP_{kur}	-0,2	-847,0	0,0	0,0	-309,7	181,5		-470,6	1809,0	
16	ΔQ_{kur}	0,0	0,0	0,0	0,0	0,0	0,0	Ausfall	0,0	0,1	Nein
	ΔU_{kur}	-1,0	-1,1	-1,0	-0,9	-0,5	-1,2		-2,2	-1,3	
	ΔP_{kur}	-56,9	-618,4	4,1	151,1	-1960	23,2	8,4		2822,7	
17	ΔQ_{kur}	0,2	1900,4	-0,4	0,5	554,8	0,6	1,2	Ausfall	2458,1	Nein
	ΔU_{kur}	3,3	4,3	2,7	2,1	0,0	0,4	-1,4		2,1	

Tab. A.15: C-SCOPF Ergebnisse Base Case für ΔP_{kur} in MW, ΔQ_{kur} in Mvar und ΔU_{DC} in kV Stufe 3

#		VSC1	VSC2	VSC3	VSC4	VSC5	VSC6	VSC7	VSC8	|Δ|	*Feas*
	ΔP_{kur}	192,3		-190,6	1,1		-7,3	2,9		394,3	
1	ΔQ_{kur}	0,1		0,0	0,0		0,0	0,1		0,3	Ja
	ΔU_{DC}	0,4	0,1	-0,4	-0,1	-0,1	-0,1	-0,1	0,0	-0,1	
	ΔP_{kur}	11,8			-0,5	0,0	39,3	0,0	-49,2	53,3	
2	ΔQ_{kur}	0,0			0,0	0,0	0,0	0,0	0,0	0,0	Ja
	ΔU_{kur}	0,0	0,0	0,0	0,0	0,0	0,2	0,1	-0,2	0,0	
	ΔP_{kur}	0,0		248,7	-243,2					491,8	
3	ΔQ_{kur}	0,0		0,0	0,0					0,0	Ja
	ΔU_{DC}	0,4	0,1	0,8	-0,2	-0,1	-0,2	-0,2	0,0	0,2	
	ΔP_{kur}	0,0		0,0	33,9		0,0		-33,0	66,9	
4	ΔQ_{kur}	0,0		0,0	0,0		0,0		0,0	0,0	Ja
	ΔU_{kur}	0,0	0,0	0,0	0,0	0,0	0,0	0,0	-0,1	0,0	
	ΔP_{kur}	509,0	-495,3	0,0						1004,3	
5	ΔQ_{kur}	0,0	0,0	0,0						0,0	Ja
	ΔU_{DC}	3,5	1,3	2,7	1,9	1,7	1,8	1,8	1,5	2,1	
	ΔP_{kur}		-331,9	281,8		-7,6	0,0	69,0		690,3	
6	ΔQ_{kur}		0,0	0,0		0,0	0,0	0,0		0,0	Ja
	ΔU_{kur}	-0,6	-1,4	0,2	-0,6	-0,7	-0,5	-0,4	-1,1	-0,6	
	ΔP_{kur}		506,7	0,0	0,0	-501,2		0,0		1007,9	
7	ΔQ_{kur}		-190,6	0,0	0,0	0,0		0,0		190,6	Ja
	ΔU_{DC}	-0,2	0,2	-0,6	-1,1	-2,4	-1,5	-1,9	-1,1	-1,0	
	ΔP_{kur}		88,1	217,0	222,6	2,7			-423,4	865,7	
8	ΔQ_{kur}		-1,4	0,0	0,0	0,1			369,3	369,4	Ja
	ΔU_{kur}	-0,7	-1,3	0,0	-0,6	-1,5	-0,9	-1,2	-2,7	-1,0	
	ΔP_{kur}			0,0	411,5	-403,0				814,5	
9	ΔQ_{kur}			0,0	0,0	0,0				0,0	Ja
	ΔU_{DC}	1,0	0,9	1,1	1,2	-0,2	0,8	0,3	0,3	0,7	
	ΔP_{kur}	0,0		77,0	-75,6					152,5	
10	ΔQ_{kur}	0,0		0,0	0,0					0,0	Ja
	ΔU_{kur}	0,7	0,6	0,8	0,5	0,5	0,5	0,5	0,5	0,6	
	ΔP_{kur}				0,0		304,6	-303,4		608,0	
11	ΔQ_{kur}				0,0		0,0	0,0		0,0	Ja
	ΔU_{DC}	0,0	0,0	0,0	0,1	-0,3	0,5	-0,8	-0,2	-0,1	
	ΔP_{kur}	-0,1		13,0	-0,7	-3,0	-3,8	-4,9	0,0	25,5	
12	ΔQ_{kur}	0,0		0,0	0,0	179,2	0,1	0,0	37,7	217,1	Ja
	ΔU_{kur}	0,1	0,1	0,1	0,0	0,0	0,0	0,0	0,0	0,0	
	ΔP_{kur}	0,0	-187,9	0,1	214,6	-10,6	0,1	0,0	-12,8	426,1	
13	ΔQ_{kur}	0,0	-0,1	0,0	0,0	0,0	0,1	0,1	0,0	0,4	Ja
	ΔU_{DC}	-0,4	-0,6	-0,1	0,1	-0,2	0,0	-0,1	-0,4	-0,2	
	ΔP_{kur}	0,0								0,0	
14	ΔQ_{kur}	0,0		Ausfall						0,0	Nein
	ΔU_{kur}	0,0	0,0		0,0	0,0	0,0	0,0	0,0	0,0	

#		VSC1	VSC2	VSC3	VSC4	VSC5	VSC6	VSC7	VSC8	|Δ|	*Feas*
	ΔP_{kur}	0,00	-78,42				0,00	-152,6	-758,9	989,9	
15	ΔQ_{kur}	0,00	0,00			Ausfall	0,00	0,00	-3,32	3,32	Ja
	ΔU_{DC}	3,40	3,06	3,76	4,17		4,33	4,48	2,05	3,84	
	ΔP_{kur}	-680,1		151,4	66,7					898,1	
16	ΔQ_{kur}	0,0		0,0	0,0			Ausfall		0,0	Nein
	ΔU_{kur}	-3,8	-1,7	-1,9	-0,9	1,0	-1,4		-0,4	-1,4	
	ΔP_{kur}	1,4	0,0		74,1	-1531				1606,8	
17	ΔQ_{kur}	0,0	1654,4		0,0	554,9			Ausfall	2209,3	Nein
	ΔU_{kur}	2,2	2,6	1,7	1,2	0,3	-0,2	-1,5		1,4	

Tab. A.16: C-SCOPF Ergebnisse Sonderfall für ΔP_{kur} in MW und ΔU_{kur} in kV Stufe 1

#		HGÜ-Verb. 1		HGÜ-Verbindung 2			HGÜ-Verb. 3		|Δ|	*Feas*
		VSC1	VSC2	VSC3	VSC5	VSC8	VSC6	VSC7		
1	ΔP_{VSC}	71,0	-68,6	96,0	-17,6	-72,9	0,0	0,0	326,1	Ja
	ΔU_{DC}	-0,5	-0,9	0,4	-0,1	-0,6	0,0	0,0	-0,2	
2	ΔP_{VSC}	5,4	0,0	543,8	-524,3	-0,2	0,0	0,0	1073,8	Ja
	ΔU_{DC}	0,0	0,0	2,9	0,0	-1,9	0,0	0,0	0,1	
3	ΔP_{VSC}	0,0	0,0	423,8	0,0	-397,7	0,0	0,0	822,2	Ja
	ΔU_{DC}	0,0	0,0	2,2	0,0	-2,2	0,	0,0	0,0	
4	ΔP_{VSC}	0,0	0,0	73,3	-76,6	-0,3	0,0	0,0	66,9	Nein
	ΔU_{DC}	0,0	0,0	0,3	0,0	-0,4	0,0	0,0	-0,1	
5	ΔP_{VSC}	0,0	0,0	649,8	13,9	-621,7	0,3	-0,4	1287,4	Ja
	ΔU_{DC}	0,0	-0,3	3,2	0,0	-3,4	0,1	0,0	-0,1	
6	ΔP_{VSC}	0,0	0,0	272,3	-265,4	0,0	0,0	0,0	538,6	Ja
	ΔU_{DC}	0,0	0,0	1,2	0,0	0,2	0,0	0,0	0,2	
7	ΔP_{VSC}	52,1	-54,0	656,6	-627,1	0,0	0,0	0,0	1389,8	Ja
	ΔU_{DC}	0,0	0,3	1,7	-2,1	0,0	0,0	0,0	0,0	
8	ΔP_{VSC}	0,0	0,0	534,8	-8,3	-493,4	0,0	0,0	1036,7	Nein
	ΔU_{DC}	0,0	0,0	2,7	0,0	-2,7	0,0	0,0	0,0	
9	ΔP_{VSC}	0,0	0,0	450,4	-429,1	0,0	0,0	0,0	880,9	Ja
	ΔU_{DC}	0,0	0,0	2,8	0,0	-0,1	0,0	0,0	0,4	
10	ΔP_{VSC}	Ausfall	0,0	630,5	0,0	-595,5	0,0	0,0	1226,1	Ja
	ΔU_{DC}		0,0	2,7	0,0	-3,0	0,0	0,0	-0,1	
11	ΔP_{VSC}	0,0	Ausfall	656,6	102,4	-718,4	0,0	0,0	1477,4	Nein
	ΔU_{DC}	0,0		2,9	0,0	-3,7	0,0	0,0	-0,1	
12	ΔP_{VSC}	496,1	-483,0	Ausfall	774,1	826,2	498,4	-492,0	3569,8	Nein
	ΔU_{DC}	0,3	-0,2		0,0	5,0	-0,2	-3,1	-1,4	
13	ΔP_{VSC}	1189,7	1167,0	2300,1	0,0	1920,9	-301,3	Ausfall	6577,7	Nein
	ΔU_{DC}	0,0	6,8	2,9	0,0	-3,1	0,0		0,9	
14	ΔP_{VSC}	188,0	-185,6	1873,3	1234,8	Ausfall	0,0	0,0	3481,7	Nein
	ΔU_{DC}	0,4	0,0	1,1	0,0		0,0	0,0	0,2	

Tab. A.17: C-SCOPF Ergebnisse Sonderfall für ΔP_{kur} in MW, ΔQ_{kur} in Mvar und ΔU_{kur} in kV Stufe 2

#		HGÜ-Verb. 1		HGÜ-Verbindung 2			HGÜ-Verb. 3		|Δ|	Feas
		VSC1	VSC2	VSC3	VSC5	VSC8	VSC6	VSC7		
	ΔP_{kur}	71,0	-68,6	96,0	-17,6	-72,9	0,0	0,0	326,1	
1	ΔQ_{kur}	0,0	0,0	0,0	0,0	0,0	0,0	0,0	0,0	Ja
	ΔU_{kur}	-0,5	-0,9	0,4	-0,1	-0,6	0,0	0,0	-0,2	
	ΔP_{kur}	5,4	0,0	543,8	-524,3	-0,2	0,0	0,0	1073,8	
2	ΔQ_{kur}	0,0	0,0	0,0	0,0	0,0	0,0	0,0	0,0	Ja
	ΔU_{kur}	0,0	0,0	2,9	0,0	-1,9	0,0	0,0	0,1	
	ΔP_{VSC}	0,0	0,7	348,7	10,7	-338,6	0,0	0,0	698,8	
3	ΔQ_{kur}	0,0	-23,9	0,0	0,0	427,2	0,0	0,0	451,1	Ja
	ΔU_{DC}	0,0	0,0	1,7	0,0	-1,9	0,0	0,0	0,0	
	ΔP_{VSC}	0,0	0,0	73,3	-76,6	-0,3	0,0	0,0	66,9	
4	ΔQ_{kur}	0,0	0,0	0,0	0,0	0,0	0,0	0,0	0,0	Nein
	ΔU_{DC}	0,0	0,0	0,3	0,0	-0,4	0,0	0,0	-0,1	
	ΔP_{VSC}	0,0	0,0	598,4	0,0	-555,4	0,0	0,0	1154,7	
5	ΔQ_{kur}	0,0	0,0	0,0	0,0	358,8	0,0	0,0	358,8	Ja
	ΔU_{DC}	0,0	0,0	3,4	0,0	-3,4	0,0	0,0	0,0	
	ΔP_{VSC}	0,0	0,0	272,3	-265,4	0,0	0,0	0,0	538,6	
6	ΔQ_{kur}	0,0	0,0	0,0	0,0	0,0	0,0	0,0	0,0	Ja
	ΔU_{DC}	0,0	0,0	1,2	0,0	0,2	0,0	0,0	0,2	
	ΔP_{VSC}	52,1	-54,0	656,6	-627,1	0,0	0,0	0,0	1389,8	
7	ΔQ_{kur}	0,0	0,0	0,0	0,0	0,0	0,0	0,0	0,0	Ja
	ΔU_{DC}	0,0	0,3	1,7	-2,1	0,0	0,0	0,0	0,0	
	ΔP_{VSC}	0,0	0,0	348,3	-333,5	-0,3	0,0	0,0	682,2	
8	ΔQ_{kur}	0,0	0,0	0,0	142,5	28,4	0,0	0,0	170,9	Ja
	ΔU_{DC}	0,0	0,0	0,7	-1,3	0,0	0,0	0,0	-0,1	
	ΔP_{VSC}	0,0	0,0	450,4	-429,1	0,0	0,0	0,0	880,9	
9	ΔQ_{kur}	0,0	0,0	0,0	0,0	0,0	0,0	0,0	0,0	Ja
	ΔU_{DC}	0,0	0,0	2,8	0,0	-0,1	0,0	0,0	0,4	
	ΔP_{VSC}		0,0	630,5	0,0	-595,5	0,0	0,0	1226,1	
10	ΔQ_{kur}	Ausfall	0,0	0,0	0,0	0,0	0,0	0,0	0,0	Ja
	ΔU_{DC}		0,0	2,7	0,0	-3,0	0,0	0,0	-0,1	
	ΔP_{VSC}	0,0		636,1	0,0	-588,6	0,0	0,0	1224,7	
11	ΔQ_{kur}	0,0	Ausfall	0,0	0,0	151,5	0,0	0,0	151,5	Ja
	ΔU_{DC}	0,0		2,6	-1,0	-4,7	-3,2	-3,2	-1,4	
	ΔP_{VSC}	496,1	-483,0		774,1	826,2	498,4	-492,0	3569,8	
12	ΔQ_{kur}	0,0	0,0	Ausfall	0,0	0,0	0,0	0,0	0,0	Nein
	ΔU_{DC}	0,3	-0,2		0,0	5,0	-0,2	-3,1	-1,4	
	ΔP_{VSC}	-1190	1167,0	2300,1	0,0	-1920	-301,3		6577	
13	ΔQ_{kur}	0,0	0,0	0,0	0,0	0,0	0,0	Ausfall	0,0	Nein
	ΔU_{DC}	0,0	6,8	2,9	0,0	-3,1	0,0		0,9	

B. Abkürzungsverzeichnis

AC	Alternating Current
ACE	Area Control Error
AI	Artifical Intellingence
AVR	Automatic Voltage Control
CE-OH	ENTSO-E Continental Europe Operation Handbook
CFP	Characteristic Fault Pattern
CGM	Common Grid Model
CIGRÉ	Conseil International des Grands Réseaux Électrique
CORESO	Coordinantion of Electricity System Operators
C-SCOPF	Corrective Security Constrained Optimal Power Flow
DACF / D2CF	Day ahead / two day ahead Congestion Forecast
DC	Direct Current
DE	Differential Evolution
EE	Erneuerbare Energieträger
EEG	Erneuerbare Energien Gesetz
ENTSO-E	European Network of Transmission System Operators for Electricity
FACTS	Flexible AC Transmission System,
FRT	Fault-Ride-Through
HGÜ	Hochspannungsgleichstromüberragung
HVDC-NC	Network Code on HVDC Connections
IEEE	Institute of Electrical and Electronics Engineers
OPF	Optimal Power Flow
PLL	Phase Locked Loop
PMU	Phasor Measurement Unit
P-SCOPF	Preventive Security Constrained Optimal Power Flow
PSO	Particle Swarm Optimization
PSS	Power System Stabilizer
RAS	Remedial Action Scheme
RZ	Regelzone
SPS	Special Protection Scheme
TSC	TSO Security Cooperation
ÜNB	Übertragungsnetzbetrieber
VSC	Voltage Source Converter
WAMS	Wide Area Monitoring System

C. Formelverzeichnis

$\chi(t)$	Beliebiger Messwert im Zeitverlauf
c	Contingency Szenario
C'	Kapazitätsbelag
$C_{DC,Kabel}$	Kapazitätsbelag 400-kV-DC-Kabel
$C_{DC,OHL}$	Kapazitätsbelag 400-kV-OHL (Freileitung)
c_{ident}	Lokal identifizierte Contingency
$c_{ident,line}$	Lokal identifizierte Contingency (anhand Leitungsströmen)
$c_{ident,\delta}$	Lokal identifizierte Contingency (anhand Spannungswinkel)
CR	Kreuzungskonstante der Differential Evolution
D	Dämpfungskonstante Synchronmaschine
F	Mutationskonstante der Differential Evolution
k_{AC}	AVR, Verstärkung
k_{DC}	Droop DC-Spannungsregelung der HGÜ-Umrichter
$k_{i,id}$ / $k_{i,iq}$	*I*-Anteil *d-/q*-Stromregler der HGÜ-Umrichter
$k_{i,P}$	*I*-Anteil Wirkleistungsregler der HGÜ-Umrichter
$k_{i,psek}$ / $k_{i,qsek}$	*I*-Anteil der Sekundärregelung für Wirk- /Blindleistung der HGÜ-Umrichter
$k_{i,Q}$	*I*-Anteil Blindleistungsregler der HGÜ-Umrichter
$k_{p,id}$ / $k_{p,iq}$	*P*-Anteil *d-/q*-Stromregler der HGÜ-Umrichter
$k_{p,P}$	*P*-Anteil Wirkleistungsregler der HGÜ-Umrichter
$k_{p,psek}$ /$k_{p,qsek}$	*P*-Anteil der Sekundärregelung für Wirk- /Blindleistung der HGÜ-Umrichter
$k_{p,Q}$	*P*-Anteil Blindleistungsregler der HGÜ-Umrichter
KPI_{ident}	Identifikationsrate der Methode zur lokalen Identifikation
k_{PR}	Verstärkung der Primärregelung Synchronmaschine
k_{SR}	Verstärkung der Sekundärregelung Synchronmaschine
L'	Induktivitätsbelag
$L_{Drossel}$	Induktivität Anschlussdrossel der HGÜ-Umrichter
n_C	Anzahl kritischer Contingencies
n_{irr}	Anzahl der Fehlidentifikationen
n_S	Anzahl der Streuszenarien zur Vorberechnung der CFP
n_{VSC}	Anzahl der VSCs im Netz
NP	Populationsanzahl der Differential Evolution
p_{VSC}	Abgegebene Wirkleistung der HGÜ-Umrichter
$p_{VSC,ref}$	Lokal vorgegebener Wirkleistungs-Arbeitspunkt der HGÜ-Umrichter
$p_{VSC,ref,0}$	Zentral vorgegebener Wirkleistungs-Arbeitspunkt der HGÜ-Umrichter

$p^{c}_{\mathrm{VSC,kur}}$	Kurativer Wirkleistungs-Arbeitspunkt der HGÜ-Umrichter für kritische Contingency
$\Delta p^{c}_{\mathrm{kur}}$	Kurative Arbeitspunktanpassung der Wirkleistung für kritische Contingency c
q_{VSC}	Abgegebene Blindleistung der HGÜ-Umrichter
$q_{\mathrm{VSC,ref}}$	Lokal vorgegebener Blindleistungs-Arbeitspunkt der HGÜ-Umrichter
$q_{\mathrm{VSC,ref,0}}$	Zentral vorgegebener Blindleistungs-Arbeitspunkt der HGÜ-Umrichter
$q^{c}_{\mathrm{VSC,kur}}$	Kurativer Blindleistungs-Arbeitspunkt der HGÜ-Umrichter für kritische Contingency c
$\Delta q^{c}_{\mathrm{kur}}$	Kurative Arbeitspunktanpassung der Blindleistung für kritische Contingency c
R'	Widerstandbelag
r_{a}	Rotorwiderstand Synchronmaschine
R_{Drossel}	Widerstand Anschlussdrossel VSC
$T'_{\mathrm{d,0}}$	Transiente Zeitkonstante *d*-Achse Synchronmaschine
$T'_{\mathrm{q,0}}$	Transiente Zeitkonstante *q*-Achse Synchronmaschine
T_3	AVR, Lead-Glied Synchronmaschine
T_4	AVR, Lag-Glied
T_{A}	Anlaufzeitkonstante Synchronmaschine
T_{e}	AVR, Zeitkonstante Erregerwicklung
T_{G}	Zeitkonstante Drehzahlregler Synchronmaschine
T_{H1}	Zeitkonstante Boiler Synchronmaschine
T_{H2}	Zeitkonstante Boiler Synchronmaschine
T_{r}	AVR, Zeitkonstante Filter
u_{DC}	DC-Spannung
$u_{\mathrm{DC,ref}}$	Lokal vorgegebener Arbeitspunkt der DC-Spannungsregelung
$u_{\mathrm{DC,ref,0}}$	Zentral vorgegebener Arbeitspunkt der DC-Spannungsregelung
$u^{c}_{\mathrm{DC,kur}}$	Kurativer Arbeitspunkt der DC-Spannung für kritische Contingency c
$\Delta u^{c}_{\mathrm{kur}}$	Kurative Arbeitspunktanpassung der DC-Spannung für kritische Contingency c
X	Zustandsvektor der Optimierung
x'_{d}	Transiente Reaktanz *d*-Achse Synchronmaschine
x'_{q}	Transiente Reaktanz *q*-Achse Synchronmaschine
x_{d}	Synchrone Reaktanz *d*-Achse Synchronmaschine
x_{q}	Synchrone Reaktanz *q*-Achse Synchronmaschine
α	Individuelle Verstärkung der Sekundärregelung Synchronmaschine
VSC^{c}_{ident}	HGÜ-Umrichter mit lokale Identifikation für kritische Contingency c
VSC^{c}_{stat}	HGÜ-Umrichter ohne lokale Identifikation für kritische Contingency c

D. Abbildungs- und Tabellenverzeichnis

Abb. 1.1: Stromerzeugung in Mrd. kWh in Deutschland [8] ... 1

Abb. 1.2: Historische Entwicklung des Redispatch-Aufwandes (Einspeisemanagement, Strom- und Spannungsbedingter Redispatch) in Deutschland nach [18–20] ... 2

Abb. 1.3: Maßnahmen zur Erhöhung der nutzbaren Übertragungskapazität [22] ... 3

Abb. 1.4: Zustandsraumdarstellung a) vor und b) nach Eintritt eines Betriebsmittel-ausfalles inkl. Ausführung der kurativen Maßnahme; c) Zustandsgraph ... 4

Abb. 1.5: HGÜ-basierter Netzausbau nach a) NEP 2030, Stand 2017 (DC-Szenarien I) [12] und b) ENTSO-E TYNDP, Stand 2018 [13] ... 5

Abb. 1.6: Beispielhafte Struktur eines AC-Netzes mit überlagertem HGÜ-Netz ... 6

Abb. 1.7: Übersicht der in dieser Arbeit behandelten Themenkomplexe ... 9

Abb. 2.1: Zeitbereiche des Netzbetriebs nach [48, 49] ... 11

Abb. 2.2: Übersicht der Systemzustände entsprechend ENTSO-E NC-OS und CE-OH ... 12

Abb. 2.3: Einteilung und Gliederung der AC-Stabiltät nach CIGRÉ Study Committee 38 und IEEE Power System Dynamic Performance Committee ... 14

Abb. 2.4: Übersicht der Netzbetriebsführung unter Berücksichtigung AC- und HGÜ-seitiger Phänomene, Instanzen und systemübergreifender Funktionen im Zeitbereich ... 16

Abb. 2.5: Ergänzung der Netzbetriebsführung durch Instanzen des HGÜ-Systems Forschung (rot markiert) mit Fokus auf AC-Phänomene ... 22

Abb. 2.6: Lokale Erfassung von Messdaten mittels PMUs und RTUs ... 23

Abb. 2.7: Klassifizierung mittels Feature Extraction und Classifiern ... 25

Abb. 3.1 Erklärung der kurativen Maßnahmen: a) Zustandsraumdarstellung, b) AC-HGÜ-Netzausschnitt, c) Zeitverlauf der AC-Leitungsbelastung (Bel.) ... 32

Abb. 3.2: Einordnung des vorgestellten Ansatzes in hierarchische Struktur der Netzbetriebsführung (u. a. nach [125, 126]) ... 34

Abb. 3.3: Einordnung des vorgestellten Ansatzes in den Zeitbereich der Netzbetriebsführung ... 34

Abb. 3.4: Gliederung des HGÜ-RAS in einzelne Komponenten auf zentraler und lokaler Ebene ... 35

Abb. 3.5: Bereitstellung der Contingency Liste (CP) durch Komponente *Netzsicherheitsrechnung* innerhalb des HGÜ-RAS ... 37

Abb. 3.6: Eingangs – und Ausgangsgrößen der Netzsicherheitsrechnung im Zeitschritt k bei n_C kritischen Contingencies ... 37

Abb. 3.7: Lokale Identifikation des Events durch die Komponente zur Identifikation des Systemzustandes innerhalb des HGÜ-RAS ... 39

Abb. 3.8: Vereinfachte Darstellung der Identifikation mittels Feature Extraction ... 39

Abb. 3.9: Einsatz eines gleitenden Zeitfensters zur Feature Extraction der Zeitreihe $\chi(t)$ ... 40

Abb. 3.10: Beispiele der Identifikation mittels Feature Extraction für die vier charakteristische Fälle a)-d) bei drei kritischen Contingencies nach Leitungsausfällen ... 42

Abb. 3.11: Lokal verfügbare Informationen an AC-Sammelschiene der HGÜ-Umrichter 43
Abb. 3.12: Eingangs- und Ausgangsgrößen der Bestimmung der Characteristic Fault Pattern (CFP) für kritische Contingencies 44
Abb. 3.13: Ablauf der Identifikation im online Betrieb an einem Umrichter 46
Abb. 3.14: Eingangs- und Ausgangsgrößen bei der Bestimmung der lokalen Identifizierbarkeit (VSC^{c}_{ident} und VSC^{c}_{stat}) unter Anwendung von Streuszenarien (c_1-c_4) 48
Abb. 3.15: Erweiterung der lokalen Identifikation um b) dezentrale und c) zentrale Instanzen .50
Abb. 3.16: Zyklische Vorberechnung kurativer Umrichter-Arbeitspunkte für kritische Contingencies durch Komponente *Berechnung kurativer Arbeitspunkte* innerhalb des HGÜ-RAS 51
Abb. 3.17: Eingangs- und Ausgangsgrößen bei der Berechnung kurativer Arbeitspunkte auf Basis der Netzsicherheitsrechnung 53
Abb. 3.18: Eingangs- und Ausgangsgrößen bei der Berechnung kurativer Arbeitspunkte unter zusätzlicher Berücksichtigung der lokalen Identifikation 58
Abb. 3.19: Möglicher Austausch der ÜNB während der C-SCOPF-Berechnung [67] 60
Abb. 3.20: Lokale Aktivierung der AP-Anpassungen entsprechend des identifizierten Events durch Komponente *Aktivierung Kurativer AP* innerhalb des HGÜ-RAS 61
Abb. 3.21: Beispiel für eine Übergangstrajektorie zwischen stationärem (2) und kurativem Arbeitspunkt (3) unter a) Einhaltung und b) Verletzung der Stabilitätsgrenze 62
Abb. 3.22: Zentrale und lokale Anpassung von Umrichter-Arbeitspunkten nach aktuellem Stand der Forschung (u. a. [61, 125, 178]) 64
Abb. 3.23: Lineare Droop-Charakteristik der DC-Spannungsregelung 65
Abb. 3.24: Anpassung der Umrichter-Arbeitspunkte um Δp_{kur} und $\Delta u_{\text{DC,kur}}$ nach a) Variante 1 und b) Variante 2 66
Abb. 3.25: Anpassung der Umrichter-Arbeitspunkte nach Variante 3 durch autonomen lokalen Regler (rot) 67
Abb. 3.26: a) Umsetzung einer lokalen AC-Spannungsregelung nach [47] und b) lokale Anpassung der Blindleistung im Rahmen des HGÜ-RAS 68
Abb. 3.27: Zeitliche Einordnung des HGÜ-RAS in die Prozesse der Netzbetriebsplanung (blau) und Netzbetriebsführung (rot), nach [182] 70
Abb. 3.28: a) Erweiterung der bestehenden Netzsicherheit um kurative Maßnahmen b) Prinzipielle Anpassung der bestehenden Redispatch-Planung 71
Abb. 4.1: AC-Netztopologie des entwickelten AC-HGÜ-Benchmarknetz 77
Abb. 4.2: HGÜ-Netztopologie des AC-HGÜ-Benchmarknetzes inkl. offshore Windpark 78
Abb. 4.3: Eingangs-, Ausgangsgrößen und Zustände der Synchronmaschine 4ter Ordnung und Maschinen-naher Regler 80
Abb. 4.4: Abbildung des Turbinenreglers mit Primär- und Sekundärregelung [141] 81
Abb. 4.5: Aufbau des eingesetzten vereinfachten AVR [141] 82
Abb. 4.6: Abbildung der AC- und DC-Seite des Umrichters für RMS-Betrachtungen 83

Abb. 4.7: Umsetzung der a) Wirk- und b) Blindleistungsregler inklusive Sekundärregelung nach Abschnitt 3.5.2 84
Abb. 4.8: Regelung und Regelstrecke des Umrichters in *d*-*q*-Koordinaten [189] 84
Abb. 4.9: Angepasste Topologie der HGÜ-Verbindungen für Sonderfall parallele HGÜ-Verbindungen 87
Abb. 5.1: Ablauf der Evaluierung ohne Parametervariation bzw. mit Parametervariation 90
Abb. 5.2: Gegenüberstellung der stationären (schwarz) und kurativen Arbeitspunkte in Stufe 1 (rot) für ausgewählte kritische Events im Base Case 101
Abb. 5.3: Gegenüberstellung der stationären (schwarz) und kurativen Arbeitspunkte aus Stufe 1 (grün) und Stufe 2 (rot) für ausgewählte kritische Events im Base Case ... 104
Abb. 5.4: Gegenüberstellung der stationären (schwarz) und kurativen Arbeitspunkte aus Stufe 2 (grün) und Stufe 3 (rot) für ausgewählte kritische Events im Base Case ... 106
Abb. 5.5: Darstellung von Zustandsgrößen bei Ausfall AC-Leitung 42 (t=0,5 s) mit anschließender Aktivierung kurativer Maßnahmen (t=0.7 s) 110
Abb. 5.6: Darstellung von Zustandsgrößen bei Ausfall Kraftwerk 11 (t=0,5 s) mit anschließender Aktivierung kurativer Maßnahmen (t=0.7 s) 111
Abb. 5.7: Darstellung der DC-Spannung bei Aktivierung der kurativen Maßnahmen (t=0.7 s) 113
Abb. 5.8: Struktur des einfachen HGÜ-Testnetz mit vier HGÜ-Umrichtern 113
Abb. 5.9: Lokale Aktivierung kurativer Arbeitspunkte (bei t=0,7 s) durch Variante 1, Zeitverläufe von a) P_{VSC} und b) U_{DC} 114
Abb. 5.10: Lokale Aktivierung kurativer Arbeitspunkte (bei t=0,7 s) durch Variante 2, Zeitverläufe von a) P_{VSC} und b) U_{DC} 115
Abb. 5.11: Lokale Aktivierung kurativer Arbeitspunkte (bei t=0,7 s) durch Variante 3, Zeitverläufe von a) P_{VSC} und b) U_{DC} 115
Abb. 5.12: Darstellung von Zustandsgrößen bei Ausfall AC-Leitung 42 (t=0,5 s) mit verzögerter Aktivierung kurativer Maßnahmen ab t=0.7 s 118
Abb. 5.13: Ausfall von AC-Leitung 47: a) Zeitverlauf der AC-Leitungsauslastung und b) Schematische AC-Netzdarstellung 120
Abb. 5.14: Ausfall von AC-Leitung 47: a) Zeitverlauf von P_{VSC} und b) Zeitverlauf HGÜ-Leitungsauslastung bei aktiviertem HGÜ-RAS 120
Abb. 5.15: Ausfall von AC-Leitung 47: Vergleich der Auslastungen für a) ausgewählte AC-Leitungen und b) alle HGÜ-Leitungen 121
Abb. 5.16: Ausfall von AC-Leitung 47: a) Zeitverlauf von P_{VSC}, b) Zeitverlauf AC-Leitungsauslastung bei aktiviertem HGÜ-RAS 122
Abb. 5.17: Ausfall von AC-Leitung 47: Zeitverlauf von U_{DC} bei aktiviertem HGÜ-RAS 123
Abb. 5.18: Ausfall von KW 11: a) Zeitverlauf von P_{Gen} und b) Schematische AC-Netzdarstellung 123
Abb. 5.19: Ausfall von KW 11: a) Zeitverlauf der AC-Leitungsauslastung und b) Zeitverlauf von P_{VSC} 124

Abb. 5.20: Approximierter Zeitverlauf der AC-Leitungsauslastung bei aktivierter Leistungs-Frequenz-Regelung inkl. Sekundärregelung 125
Abb. 5.21: Ausfall von VSC5: a) Zeitverlauf von P_{VSC} bei Aktivierung der DC-Spannungsregelung ohne HGÜ-RAS, b) Schematische AC-Netzdarstellung 126
Abb. 5.22: Ausfall von VSC5: Zeitverlauf a) der AC-Leitungsauslastung b) der Netzfrequenz 126
Abb. 5.23: Ausfall von VSC5: Zeitverlauf von a) P_{VSC} und b) U_{DC} bei aktiviertem HGÜ-RAS 127
Abb. 5.24: Ausfall von VSC5: Vergleich der Auslastungen für a) ausgewählte AC-Leitungen und b) alle HGÜ-Leitungen 128
Abb. 5.25: Ausfall von VSC2 und HGÜ-Verbindung 1: a) Zeitverlauf der AC-Leitungsauslastung und b) Schematische AC-Netzdarstellung 129
Abb. 5.26: Ausfall von VSC2 und HGÜ-Verbindung 1: a) Zeitverlauf von P_{VSC} und b) Vergleich der Auslastung ausgewählter AC-Leitungen 130
Abb. 5.27: Ausfall von VSC2 und HGÜ-Verbindung 1: Zeitverlauf von U_{AC} 130
Abb. 5.28: Ausfall von VSC2 und HGÜ-Verbindung 1: a) Zeitverlauf Q_{VSC} bei aktiviertem HGÜ-RAS und b) Zeitverlauf von Q_{Gen} 131
Abb. 6.1: Beitrag VSC-basierter HGÜ-Systeme zu Aspekten der AC-Systemsicherheit 135
Abb. 6.2: Gliederung des HGÜ-RAS in einzelne Komponenten 136
Abb. A.1: Ablaufdiagramm der Differential Evolution 164

Tab. 4.1: Merkmale und Eigenschaften bestehender AC-Referenznetze mit Erweiterungen um HGÜ-Systeme 76
Tab. 4.2: Daten für 400 kV AC-Freileitung Typ Al/St 240/40 [197] 76
Tab. 4.3: Betriebsgrenzen der installierten Umrichter 78
Tab. 4.4: Daten für 400-kV HGÜ-Freileitung [183] 78
Tab. 4.5: Typische Parameter zur Modellierung der Synchronmaschine nach [54] 81
Tab. 4.6: Parameter und Wertebereich für Synchronmaschinen-nahe Regler 82
Tab. 4.7: Parameter der Umrichter-Drossel und HGÜ-Leitungen 83
Tab. 4.8: Parameter und Wertebereich für Umrichter-nahe Regler 85
Tab. 4.9: Liste der kritischen Contingencies im Base Case 86
Tab. 4.10: Liste der kritischen Contingencies im Sonderfall parallele HGÜ-Verbindungen 88
Tab. 5.1: Parametrierung der Methode zur lokalen Identifikation 91
Tab. 5.2: Ergebnisse der lokalen Identifikation im Base Case ohne Modellfehler 92
Tab. 5.3: Ergebnisse der lokalen Identifikation im Sonderfall ohne Modellfehler 92
Tab. 5.4: Angewandte Parametervariation mittels Gauß-Verteilung 93
Tab. 5.5: Ergebnisse der lokalen Identifikation im Base Case bei Variation des Erzeugungs-Profils 94
Tab. 5.6: Ergebnisse der lokalen Identifikation im Base Case bei Variation der AC-Leitungsparameter 95

Tab. 5.7: Ergebnisse der lokalen Identifikation im Base Case bei Variation der Anlaufzeitkonstanten ... 96
Tab. 5.8: Einfluss der untersuchten Modellfehler auf die lokale Identifizierbarkeit (KPI_{ident}) und Anzahl der Fehlidentifikationen (n_{irr}) im Base Case ... 96
Tab. 5.9: Kombinierte Ergebnisse der lokalen Identifikation im Base Case ... 97
Tab. 5.10: Kombinierte Ergebnisse der lokalen Identifikation im Sonderfall ... 98
Tab. 5.11: Eingesetzte Parameter für Nebenbedingungen der C-SCOPF Berechnung ... 99
Tab. 5.12: Ausgewählte Ergebnisse für Stufe 1 des C-SCOPF im Base Case (ΔP_{kur} in MW und ΔU_{kur} in kV) ... 100
Tab. 5.13: Ausgewählte Ergebnisse für Stufe 1 des C-SCOPF im Sonderfall (ΔP_{kur} in MW und ΔU_{kur} in kV) ... 102
Tab. 5.14: Ausgewählte Ergebnisse für Stufe 2 des C-SCOPF im Base Case (ΔP_{kur} in MW, ΔQ_{kur} in Mvar und ΔU_{kur} in kV) ... 103
Tab. 5.15: Ausgewählte Ergebnisse für Stufe 2 des C-SCOPF im Sonderfall (ΔP_{kur} in MW, ΔQ_{kur} in Mvar und ΔU_{kur} in kV) ... 105
Tab. 5.16: Ausgewählte Ergebnisse für Stufe 3 des C-SCOPF im Base Case (ΔP_{kur} in MW, ΔQ_{kur} in Mvar und ΔU_{kur} in kV) ... 106
Tab. 5.17: Ausgewählte Ergebnisse für Stufe 3 des C-SCOPF im Sonderfall (ΔP_{kur} in MW, ΔQ_{kur} in Mvar und ΔU_{kur} in kV) ... 107
Tab. 5.18: Kurative Anpassung der Wirkleistung mit drei Leistungsgradienten ... 109
Tab. 5.19: Vergleich vorgestellter Aktivierungsmethoden hinsichtlich der Abweichung zwischen Soll- und Ist-Werten von DC-Spannung und Wirkleistung ... 116
Tab. 5.20: Kurative Anpassung der Wirkleistung bei einer zeitversetzter Aktivierung um $\Delta t_{Aktivierung}$ ... 117
Tab. 5.21: Übersicht der zum betrachteten Untersuchungsfälle zur vollständigen Erprobung des HGÜ-RAS ... 132

Tab. A.1: Übersicht ausgewählter Mutationsstrategien [166, 251] ... 165
Tab. A.2: Übersicht AC-Knoten des AC-HGÜ-Benchmarknetz für den Base Case ... 167
Tab. A.3: Übersicht veränderte AC-Knoten des AC-HGÜ-Benchmarknetz im Sonderfall ... 168
Tab. A.4: Übersicht AC-Leitungen des AC-HGÜ-Benchmarknetz ... 168
Tab. A.5: Übersicht DC-Leitungen des AC-HGÜ-Benchmarknetz ... 169
Tab. A.6: Abbildung der Erzeugungsknoten ... 169
Tab. A.7: Zusammensetzung der Erzeugung an Erzeugungsknoten in MW ... 170
Tab. A.8: Parameter zur Abbildung der Synchronmaschine 4ter Ordnung ... 170
Tab. A.9: Streuung der Anlaufzeitkonstante der Generatoren (ΔT_A in s) ... 170
Tab. A.10: Streuung der Wirkleistungserzeugung der Generatoren (ΔP_{Gen} in MW) ... 171
Tab. A.11: Streuung der Leitungslänge (Δl in km) ... 171
Tab. A.12: Lokale Identifikation mit Parametervariation (2%) ... 172
Tab. A.13: C-SCOPF Ergebnisse Base Case für ΔP_{kur} in MW und ΔU_{kur} in kV Stufe 1 ... 173

Tab. A.14: C-SCOPF Ergebnisse Base Case für ΔP_{kur} in MW, ΔQ_{kur} in Mvar und ΔU_{kur} in kV Stufe 2 173

Tab. A.15: C-SCOPF Ergebnisse Base Case für ΔP_{kur} in MW, ΔQ_{kur} in Mvar und ΔU_{DC} in kV Stufe 3 176

Tab. A.16: C-SCOPF Ergebnisse Sonderfall für ΔP_{kur} in MW und ΔU_{kur} in kV Stufe 1 177

Tab. A.17: C-SCOPF Ergebnisse Sonderfall für ΔP_{kur} in MW, ΔQ_{kur} in Mvar und ΔU_{kur} in kV Stufe 2 178